CAX工程应用丛书

AutoCAD

2016 中文版 建筑设计
应用案例精解

张日晶 编著

U0332995

清華大学出版社

北京

内 容 简 介

本书主要针对 AutoCAD 2016 进行相关知识的讲解，不仅有基础知识，还有综合实例的讲解。全书共分 8 章，其中第 1 章介绍建筑理论基础，主要讲述建筑理论概述及建筑制图的基础知识。第 2 章通过小实例对基本绘图命令逐一进行介绍。第 3 章介绍二维编辑命令。第 4 章以某住宅小区建筑设计图为例介绍建筑施工图的绘制。第 5 章以别墅施工图为例介绍建筑施工图设计。第 6 章以居民楼建筑电气设计图为例介绍建筑电气设计综合实例。第 7 章以居民楼水暖设计为例介绍建筑水暖设计综合实例。第 8 章以别墅建筑结构设计为例介绍建筑结构设计综合实例。本书内容由浅入深，实例丰富有趣，对读者的 AutoCAD 建筑绘图学习有很好的指导作用。

本书既适合读者自学，也适合从事建筑设计工作的工程技术人员学习和参考，同时可作为大、中专院校的教材和参考书。

图书在版编目（CIP）数据

AutoCAD 2016 中文版建筑设计应用案例精解 / 张日晶编著.—北京：清华大学出版社，2017
（CAX 工程应用丛书）

ISBN 978-7-302-45595-0

Ⅰ.①A…　Ⅱ.①张…　Ⅲ.①建筑设计－计算机辅助设计－AutoCAD 软件　Ⅳ.①TU201.4

中国版本图书馆 CIP 数据核字（2016）第 283902 号

责任编辑：夏毓彦
封面设计：王　翔
责任校对：闫秀华
责任印制：李红英

出版发行：清华大学出版社
　　　　网　　　址：http://www.tup.com.cn，http://www.wqbook.com
　　　　地　　　址：北京清华大学学研大厦 A 座　　　　邮　　编：100084
　　　　社 总 机：010-62770175　　　　　　　　　　　邮　　购：010-62786544
　　　　投稿与读者服务：010-62776969，c-service@tup.tsinghua.edu.cn
　　　　质 量 反 馈：010-62772015，zhiliang@tup.tsinghua.edu.cn
印 刷 者：北京富博印刷有限公司
装 订 者：北京市密云县京文制本装订厂
经　　销：全国新华书店
开　　本：190mm×260mm　　印　张：26　　字　　数：674 千字
　　　　　附光盘 1 张
版　　次：2017 年 1 月第 1 版　　　　　印　　次：2017 年 1 月第 1 次印刷
印　　数：1～3500
定　　价：69.00 元

产品编号：064158-01

前言

　　建筑设计是指建筑物在建造之前，设计者按照建设任务，把施工过程和使用过程中所存在的或可能发生的问题，事先作好通盘的设想，拟定好解决这些问题的办法、方案，用图纸和文件表达出来。建筑设计是为人类建立生活环境的综合艺术和科学，是一门涵盖极广的专业。

　　完整的建筑设计包括建筑施工图和建筑效果图两部分，二者各有侧重，又相辅相成，共同组成建筑设计的完整过程。

　　目前应用于建筑设计的各种 CAD 软件很多，也各有优势。优秀的 CAD 软件，已经得到建筑设计从业人员的广泛认同，成为最流行的建筑设计 CAD 软件。

一、编写目的

　　建筑行业是使用 AutoCAD 的大户之一。AutoCAD 也是我国建筑设计领域接受最早、应用最广泛的 CAD 软件，它几乎成了建筑绘图的默认软件，在国内拥有强大的用户群体。AutoCAD 教学还是我国建筑学专业和相关专业 CAD 教学的重要组成部分。就本书而言，我们不求事无巨细地将 AutoCAD 知识点全面讲解清楚，而是针对本专业或本行业需要，利用 AutoCAD 大体知识脉络作为线索，以实例作为"抓手"，帮助读者掌握利用 AutoCAD 进行本行业工程设计的基本技能和技巧。

二、本书特点

● 专业性强

　　本书作者是 Autodesk 公司中国认证考试官方教材指定执笔作者，有多年的计算机辅助设计领域工作经验和教学经验。本书是作者总结多年的设计经验以及教学的心得体会，精心编著，力求全面细致地展现出 AutoCAD 软件在建筑设计应用领域的各种功能和协调使用方法。

● 实例丰富

　　本书除详细介绍基本建筑单元绘制方法外，还以住宅小区居民楼为例，论述了在建筑设计中如何使用 AutoCAD 绘制总平面图、平面图、立面图、剖面图以及详图等各种建筑图形。通过实例的演练，能够帮助读者找到一条学习 AutoCAD 建筑设计的终南捷径。

● 涵盖面广

　　本书在有限的篇幅内，包罗了 AutoCAD 常用的功能以及常见的建筑设计讲解，涵盖了

建筑设计基本理论、AutoCAD 绘图基础知识、各种建筑设计图样绘制方法等知识。经过作者精心提炼和改编，不仅保证了读者能够学好知识点，更重要的是能帮助读者掌握实际的操作技能并且突出技能提升。

三、本书光盘

● **46 段大型高清多媒体教学视频（动画演示）**

为了方便读者学习，本书对大多数实例，专门制作了 40 多段多媒体图像、语音视频录像（动画演示），读者可以先看视频，像看电影一样轻松愉悦地学习本书内容。

● **4 套 AutoCAD 绘图技巧、快捷命令速查手册等辅助学习资料**

本书赠送了 AutoCAD 绘图技巧大全、快捷命令速查手册、常用工具按钮速查手册、AutoCAD 2016 常用快捷键速查手册等多种电子文档，方便读者使用。

● **5 套大型建筑图纸设计方案及常用图块文件 80 个**

为了帮助读者拓展视野，本光盘特意赠送多套大型建筑图集，包括平面图、立面图、剖面图及详图和总平面图，总长 13 个小时，以及建筑设计中常用的图块文件 80 个。

● **全书实例的源文件和素材**

本书附带了很多实例，光盘中包含实例和练习实例的源文件和素材，读者可以安装 AutoCAD 2016 软件，打开并使用它们。

四、本书服务

有关本书的最新信息、疑难问题、图书勘误等内容，我们将及时发布到网站上，请读者朋友登录 www.sjzswsw.com，找到该书后留言，我们会逐一答复。

五、作者团队

本书由三维书屋工作室策划，胡仁喜和孟培主要编写，康士廷、王敏、刘昌丽、王玮、张日晶、王艳池、闫聪聪、王培合、王义发、王玉秋、杨雪静、卢园、李亚莉等也参与了部分章节的编写，在此一并表示感谢。

虽然作者几易其稿，但由于时间仓促加之水平有限，书中纰漏与失误在所难免，恳请广大读者登录网站 www.sjzswsw.com 或联系 win760520@126.com 批评指正。也欢迎加入三维书屋图书学习交流群 QQ：379090620 交流探讨。

编　者

目录

第1章

建筑理论基础

知识导引

在国内，AutoCAD 软件在建筑设计中的应用是最广泛的，掌握好该软件，是每个建筑学子必不可少的技能。为了使读者能够顺利地学习和把握这些知识和技能，在正式讲解之前有必要对建筑设计工作的特点、建筑设计过程以及 AutoCAD 在此过程中大致充当的角色作一个初步了解。此外，不管是手工绘图还是计算机绘图，都要运用常用的建筑制图知识，遵照国家有关制图标准、规范来进行。因此，在正式讲解 AutoCAD 绘图之前，也有必要对这部分知识和要点作一个简要回顾。

内容要点

- 建筑理论概述
- 建筑制图的基础知识

1.1 概述

首先，本节从分析建筑要素的复杂性和特殊性入手，进而说明建筑设计工作的特点。其次，简要介绍设计过程中个阶段的特点和主要任务，使读者对建筑设计业务有一个大概的了解。最后，着重说明 CAD 及 AutoCAD 软件在建筑设计过程中的应用情况，旨在让读者把握好 CAD 软件在建筑设计中所扮演角色，从而找准方向，有的放矢地学习。

1.1.1 建筑设计概述

我们一般所认为的建筑，是指人类通过物质、技术手段建造起来，在适应自然条件的基础上，力图满足自身活动需求的各种空间环境。小到住宅、村舍，大到宫殿、寺庙，以及现代各种公共空间，如政府、学校、医院、商场等，都可以归到建筑之列。建设活动是人类生产活动中的一个重要组成部分，而建筑设计又是建设活动中的一个重要环节。广义上的建筑设计包括建筑专业设计、结构专业设计、设备专业设计以及概预算的设计工作。狭义上的建

筑设计仅仅指其中的建筑专业设计部分，在本书中提到的建筑设计也基本上指这方面。

建筑包括功能、物质技术条件、形象和历史文化内涵等基本要素，其类型及特征受物质技术条件、经济条件、社会生产关系和文化发展状况等因素影响很大。有人说，建筑是技术和艺术的完美结合；有人说，建筑是凝固的音乐；有人说，建筑是历史文化的载体；有人说建筑是一种羁绊的艺术。古罗马著名建筑师维特鲁维把经济、适用、美观定为建筑作品普遍追求的目标。我国 50 年代曾制定"实用、经济、在可能条件下注意美观"的建筑方针；前不久，业界又开展了经济、适用、美观的相关讨论。不管怎样，建筑作品的产生，体现着多学科、多层次的交叉融合。相应地，建筑设计既体现技术设计特征，也表现着艺术创作的特点；既要满足经济适用的要求，又要不逊于思想文化的传达。

不同历史时期，建筑类型及特点不尽相同。由于社会的发展、工业文明的不断推进，世界建筑业从上个世纪至今表现出了前所未有的蓬勃势头。各种各样的建筑类型日益增多，人们对建筑功能的需求日益增强，各种建筑功能日益复杂化。在这样的形势下，建筑设计的难度和复杂程度已不是一个人或一个专业能够总揽全部的了，也不是过去凭借个人经验和意识、绘绘图纸就能实现的了。建筑设计往往需要综合考虑建筑功能、形式、造价、自然条件、社会环境、历史文化等因素，然后系统分析各因素之间的必然联系及其对建筑作品的贡献程度等。目前的建筑设计一般都要在本专业团队共同协作和不同专业之间协同配合的条件下才能最终完成。

尽管计算机不可能全部代替人脑，但借助计算机进行辅助设计已经是必由之路。尽管目前计算机技术在建筑设计领域的应用普遍停留在制图和方案表现上，但各种辅助设计软件已是设计人员不可或缺的工具，它们为设计人员减轻了工作量，提高了设计速度。在这一点上，辅助设计软件是功不可没的。因此，对于建筑学子来说，掌握一门计算机绘图技能是非常有必要的。

1.1.2　建筑设计过程简介

建筑设计过程一般分为方案设计、初步设计、施工图设计三个阶段。对于技术要求简单的民用建筑工程，经有关主管部门同意，并且合同中有不做初步设计的约定，可在方案审批后直接进入施工图设计。国家出台的《建筑工程设计文件编制深度规定》（2003 年版）对各阶段设计文件的深度作了具体的规定。

1．方案设计阶段

方案设计是在明确设计任务书和建设方要求的前提下，遵照国家有关设计标准和规范，综合考虑建筑的功能、空间、造型、环境、材料、技术等因素，做出一个设计方案，形成一定形式的方案设计文件。方案设计文件总体上包括设计说明书、总图、建筑设计图纸以及设计委托或合同规定的透视图、鸟瞰图、模型或模拟动画等方面。方案设计文件一方面要向建设方展示设计思想和方案成果，最大限度地突出方案的优势；另一方面要满足下一步编制初步设计的需要。

2．初步设计阶段

初步设计是方案设计和施工图设计之间承前启后的阶段。它在方案设计的基础上，吸取各方面意见和建议，推敲、完善、优化设计方案，初步考虑结构布置、设备系统和工程概算，进一步解决各工种之间的技术协调问题，最终形成初步设计文件。初步设计文件总体上包括设计说明书、设计图纸和工程概算书三个部分，涉及设备表、材料表等内容。

3．施工图设计阶段

施工图设计是在方案设计和初步设计的基础上，综合建筑、结构、设备各个工种的具体要求，将它们反映在图纸上，完成建筑、结构、设备全套图纸，目的在于满足设备材料采购、非标准设备制作和施工的要求。施工图设计文件总体上包括所有专业设计图纸和合同要求的工程预算书。建筑专业设计文件应包括图纸目录、施工图设计说明、设计图纸（包括总图、平、立、剖、大样图、节点详图）和计算书。计算书由设计单位存档。

1.2　建筑制图的基础知识

建筑设计图纸是交流设计思想、传达设计意图的技术文件。尽管 AutoCAD 功能强大，它毕竟不是专门为建筑设计定制的软件，一方面需要用户在正确的操作下才能实现其绘图功能，另一方面需要用户遵循统一制图规范，在正确的制图理论及方法的指导下来操作，从而生成合格的图纸。因此，即使在当今大量采用计算机绘图的形势下，仍然有必要掌握基本绘图知识。笔者在本节中将必备的制图知识做一个简单介绍，已掌握该部分内容的读者可跳过不阅。

1.2.1　建筑制图概述

1．建筑制图的概念

建筑图纸是建筑设计人员用来表达设计思想、传达设计意图的技术文件，是方案投标、技术交流和建筑施工的要件。建筑制图是根据正确的制图理论及方法，按照国家统一的建筑制图规范将设计思想和技术特征清晰、准确地表现出来。建筑图纸包括方案图、初设图、施工图等类型。国家标准《房屋建筑制图统一标准》（GB/T 50001-2010）、《总图制图标准》（GB/T 50103-2010）、《建筑制图标准》（GB/T 50104-2010）是建筑专业手工制图和计算机制图的依据。

2．建筑制图的方式

建筑制图有手工制图和计算机制图两种方式。手工制图又分为徒手绘制和工具绘制两种。手工制图应该是建筑师必须掌握的技能，也是学习 AutoCAD 软件或其他绘图软件的基础。手工制图体现出一种绘图素养，直接影响计算机图面的质量，而其中的徒手绘画，往往是建筑师职场上的闪光点和敲门砖，不可偏废。采用手工绘图的方式可以绘制全部的图纸文

件，但是需要花费大量的精力和时间。计算机制图是指操作计算机绘图软件画出所需图形，并形成相应的图形电子文件，从而进一步通过绘图仪或打印机将图形文件输出，形成具体的图纸过程。它快速、便捷，便于文档存储和图纸的重复利用，从而大大提高设计效率。因此，目前手绘主要用在方案设计的前期，而后期成品方案图以及初设图、施工图都采用计算机绘制完成。

总之，这两种技能同等重要，不可偏废。在本书里，我们重点讲解应用 AutoCAD 2016 绘制建筑图的方法和技巧，对于手绘不做具体介绍。读者若需要加强这项技能，可以参看其他相关书籍。

3．建筑制图程序

建筑制图的程序是跟建筑设计的程序相对应的。从整个设计过程来看，遵循方案图、初设图、施工图的顺序来进行。后面阶段的图纸在前一阶段的基础上作深化、修改和完善。就每个阶段来看，一般遵循平面、立面、剖面、详图的过程来绘制。至于每种图样的制图程序，将在后面章节结合 AutoCAD 操作来讲解。

1.2.2 建筑制图的要求及规范

1．图幅、标题栏及会签栏

图幅即图面的大小，分为横式和立式两种。根据国家标准的规定，按图面的长和宽的大小确定图幅的等级。建筑常用的图幅有 A0（也称 0 号图幅，其余类推）、A1、A2、A3 及 A4，每种图幅的长宽尺寸见表 1-1，表中的尺寸代号意义见图 1-1、图 1-2。

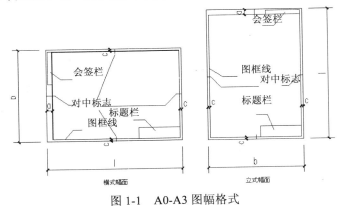

图 1-1　A0-A3 图幅格式

4

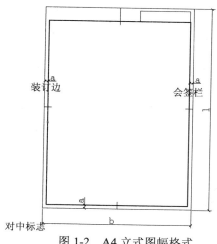

图 1-2　A4 立式图幅格式

表1-1　图幅标准　　　　　　　　　　　　　　　　（mm）

尺寸代号＼图幅代号	A0	A1	A2	A3	A4
b×l	841×1189	594×841	420×594	297×420	210×297
c	10			5	
a	25				

A0~A3 图纸可以在长边加长，但短边一般不应加长，加长尺寸如表 1-2 所示。如有特殊需要，可采用 b×l=841×891 或 1189×1261 的幅面。

表1-2　图纸长边加长尺寸　　　　　　　　　　　　（mm）

图幅	长边尺寸	长边加长后尺寸
A0	1189	1486　1635　1783　1932　2080　2230　2378
A1	841	1051　1261　1471　1682　1892　2102
A2	594	743　891　1041　1189　1338　1486　1635　1783　1932　2080
A3	420	630　841　1051　1261　1471　1682　1892

标题栏包括设计单位名称、工程名称、签字区、图名区及图号区等内容。一般图标格式如图 1-3 所示，如今不少设计单位采用自己个性化的图标格式，但是仍必须包括这几项内容。

会签栏是为各工种负责人审核后签名用的表格，它包括专业、姓名、日期等内容，如图 1-4 所示。对于不需要会签的图纸，可以不设此栏。

设计单位名称	工程名称区	图号区
签字区	图名区	

40′(30,50)

180

图 1-3　标题栏格式

（专业）	（实名）	（签名）	（日期）

| 25 | 25 | 25 | 25 |

100

图 1-4　会签栏格式

此外，需要微缩复制的图纸，其一个边上应附有一段准确米制尺度，四个边上均应附有对中标志。米制尺度的总长应为 100mm，分格应为 10mm。对中标志应画在图纸各边长的中点处，线宽应为 0.35mm，伸入框内应为 5mm。

2．线型要求

建筑图纸主要由各种线条构成，不同的线型表示不同的对象和不同的部位，代表着不同的含义。为了图面能够清晰、准确、美观地表达设计思想，工程实践中采用了一套常用的线型，并规定了它们的使用范围，现统计如表 1-3 所示。

图线宽度 b，宜从下列线宽中选取：2.0、1.4、1.0、0.7、0.5、0.35mm。不同的 b 值，产生不同的线宽组。在同一张图纸内，各不同线宽组中的细线，可以统一采用较细的线宽组中的细线。对于需要微缩的图纸，线宽不宜小于或等于 0.18mm。

表1-3　常用线型统计表

名称	线型		线宽	适用范围
实线	粗	————	b	建筑平面图、剖面图、构造详图中被剖切的主要构件的截面轮廓线；建筑立面图外轮廓线；图框线；剖切线；总图中的新建建筑物轮廓线
实线	中	————	0.5b	建筑平、剖面中被剖切的次要构件的轮廓线；建筑平、立、剖面图构配件的轮廓线；详图中的一般轮廓线
实线	细	————	0.25b	尺寸线、图例线、索引符号、材料线及其他细部刻画用线等
虚线	中	– – – –	0.5b	主要用于构造详图中不可见的实物轮廓；平面图中的起重机轮廓；拟扩建的建筑物轮廓
虚线	细	– – – –	0.25b	其他不可见的次要实物轮廓线

6

（续表）

名称	线型		线宽	适用范围
点划线	细	———　·　——　——　·　——	0.25b	轴线、构配件的中心线、对称线等
折断线	细	——————／\／———————	0.25b	省画图样时的断开界线
波浪线	细	〜〜〜〜〜〜〜	0.25b	构造层次的断开界线，有时也表示省略画出时的断开界线

3．尺寸标注

尺寸标注的一般原则是：

（1）尺寸标注应力求准确、清晰、美观大方。同一张图纸中，标注风格应保持一致。

（2）尺寸线应尽量标注在图样轮廓线以外，从内到外依次标注从小到大的尺寸，不能将大尺寸标在内，而小尺寸标在外，如图 1-5 图所示。

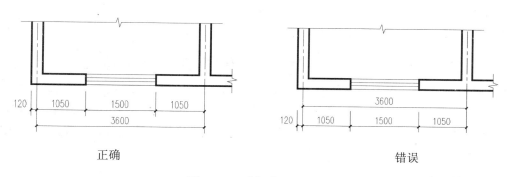

正确　　　　　　　　　　　　　　　　　错误

图 1-5　尺寸标注正误对比

（3）最内一道尺寸线与图样轮廓线之间的距离不应小于 10mm，两道尺寸线之间的距离一般为 7～10mm。

（4）尺寸界线朝向图样的端头距图样轮廓的距离应大于或等于 2mm，不宜直接与之相连。

（5）在图线拥挤的地方，应合理安排尺寸线的位置，不宜与图线、文字及符号相交；可以考虑将轮廓线用作尺寸界线，但不能作为尺寸线。

（6）室内设计图中连续重复的构配件等，当不易标明定位尺寸时，可在总尺寸的控制下，定位尺寸不用数值而用"均分"或"EQ"字样表示，如图 1-6 所示。

图 1-6　均分尺寸

4．文字说明

在一幅完整的图纸中用图线方式表现得不充分和无法用图线表示的地方，就需要进行文字说明，例如设计说明、材料名称、构配件名称、构造做法、统计表及图名等。文字说明是图纸内容的重要组成部分，制图规范对文字标注中的字体、字号、字体字号搭配等方面做了一些具体规定。

（1）一般原则：字体端正，排列整齐，清晰准确，美观大方，避免过于个性化的文字标注。

（2）字体：一般标注推荐采用仿宋字。大标题、图册封面、地形图等的汉字，也可书写成其他字体，但应易于辨认。

字型示例如下：

仿宋：建筑（小四）建筑（四号）建筑（二号）

黑体：建筑（四号）建筑（小二）

楷体：建筑 建筑（二号）

字母、数字及符号：0123456789abcdefghijk％ @ 或

0123456789abcdefghijk％@

（3）字的大小：标注的文字高度要适中。同一类型的文字采用同一字号。较大的字用于概括性的说明内容，较小的字用于细致的说明内容。文字的字高，应从如下系列中选用：3.5、5、7、10、14、20mm。如需书写更大的字，其高度应按$\sqrt{2}$的比值递增。注意字体及大小搭配的层次感。

5．常用图示标志

（1）详图索引符号及详图符号

平、立、剖面图中，在需要另设详图表示的部位，标注一个索引符号，以表明该详图的位置，这个索引符号即详图索引符号。详图索引符号采用细实线绘制，圆圈直径 10mm。如图 1-7 所示，图中(d)、(e)、(f)、(g)用于索引剖面详图，当详图就在本张图纸时，采用(a)，详图不在本张图纸时，采用(b)、(c)、(d)、(e)、(f)、(g)的形式。

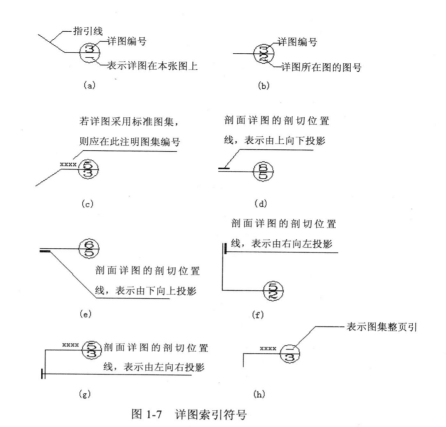

图 1-7 详图索引符号

详图符号即详图的编号，用粗实线绘制，圆圈直径 14 mm，如图 1-8 所示。

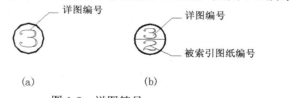

图 1-8 详图符号

（2）引出线

由图样引出一条或多条线段指向文字说明，该线段就是引出线。引出线与水平方向的夹角一般采用 0°、30°、45°、60°、90°，常见的引出线形式如图 1-9 所示。图中(a)、(b)、(c)、(d)为普通引出线，(e)、(f)、(g)、(h)为多层构造引出线。使用多层构造引出线时，应注意构造分层的顺序与文字说明的分层顺序一致。文字说明可以放在引出线的端头（如图 1-9(a)～(h)所示），也可放在引出线水平段之上（如图 1-9(i)所示）。

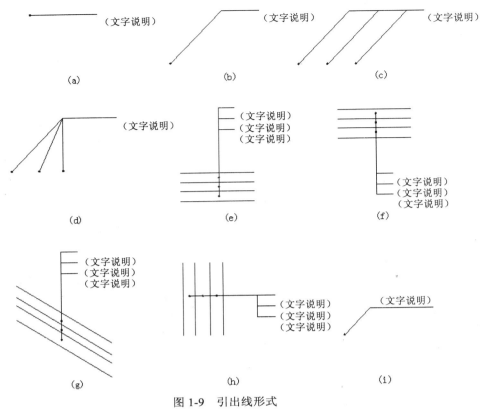

图 1-9 引出线形式

（3）内视符号

内视符号标注在平面图中，用于表示室内立面图的位置及编号，建立平面图和室内立面图之间的联系。内视符号的形式如图 1-10 所示。图中立面图编号可用英文字母或阿拉伯数字表示，黑色的箭头指向表示立面的方向；图中(a)为单向内视符号，(b)为双向内视符号，(c)为四向内视符号，A、B、C、D 顺时针标注。

(a)

(b)

(c)

图 1-10 内视符号

其他符号图例统计如表 1-4、表 1-5 所示。

表1-4 建筑常用符号图例

符号	说明	符号	说明
3.600 3.600	标高符号，线上数字为标高值，单位为 m。下面一个在标注位置比较拥挤时采用	i=5%	表示坡度

（续表）

符号	说明	符号	说明
① Ⓐ	轴线号	1/1 1/A	附加轴线号
1 ⌐ ⌐ 1	标注剖切位置的符号，标数字的方向为投影方向，"1" 与剖面图的编号 "1-1" 对应	2 ── ── 2	标注绘制断面图的位置，标数字的方向为投影放向，"2" 与断面图的编号 "1-2" 对应
	对称符号。在对称图形的中轴位置画此符号，可以省画另一半图形		指北针
	方形坑槽		圆形坑槽
	方形孔洞		圆形孔洞
@	表示重复出现的固定间隔，例如 "双向木格栅@500"	Φ	表示直径，如 Φ30
平面图 1:100	图名及比例	① 1：5	索引详图名及比例
宽×高或Φ 底（顶或中心）标高	墙体预留洞	宽×高或Φ 底（顶或中心）标高	墙体预留槽
	烟道		通风道

表1-5 总图常用图例

符号	说明	符号	说明
× ▲	新建建筑物。用粗线绘制。需要时，表示出入口位置 ▲ 及层数 X。轮廓线以±0.00 高度处的外墙定位轴线或外墙线为准。需要时，地上建筑用中实线绘制，地下建筑用细虚线绘制		原有建筑。用细线绘制

（续表）

符号	说明	符号	说明
	拟扩建的预留地或建筑物。用中粗虚线绘制		新建地下建筑或构筑物。用粗虚线绘制
	拆除的建筑物。用细实线表示		建筑物下面的通道
	广场铺地		台阶，箭头指向表示向上
	烟囱。实线为下部直径，虚线为基础。必要时，可注写烟囱高度和上下口直径		实体性围墙
	通透性围墙		挡土墙。被挡土在"突出"的一侧
	填挖边坡。边坡较长时，可在一端或两端局部表示		护坡。边坡较长时，可在一端或两端局部表示
X323.38 Y586.32	测量坐标	A123.21 B789.32	建筑坐标
32.36(±0.00)	室内标高	32.36	室外标高

6. 常用材料符号

建筑图中经常应用材料图例来表示材料，在无法用图例表示的地方，也采用文字说明。为了方便读者学习，我们将常用的图例汇集如表1-6所示。

表1-6　常用材料图例

材料图例	说明	材料图例	说明
	自然土壤		夯实土壤
	毛石砌体		普通砖

（续表）

材料图例	说明	材料图例	说明
	石材		砂、灰土
	空心砖		松散材料
	混凝土		钢筋混凝土
	多孔材料		金属
	矿渣、炉渣		玻璃
	纤维材料		防水材料，上下两种根据绘图比例大小选用
	木材		液体，须注明液体名称

7．常用绘图比例

下面列出常用绘图比例，读者根据实际情况灵活使用。

（1）总图：1:500，1:1000，1:2000；

（2）平面图：1:50，1:100，1:150，1:200，1:300；

（3）立面图：1:50，1:100，1:150，1:200，1:300；

（4）剖面图：1:50，1:100，1:150，1:200，1:300；

（5）局部放大图：1:10，1:20，1:25，1:30，1:50；

（6）配件及构造详图：1:1，1:2，1:5，1:10，1:15，1:20，1:25，1:30，1:50。

1.2.3 建筑制图的内容及编排顺序

1．建筑制图的内容

建筑制图的内容包括总图、平面图、立面图、剖面图、构造详图、透视图、设计说明、图纸封面和图纸目录等方面。

2．图纸编排顺序

图纸编排顺序一般为图纸目录、总图、建筑图、结构图、给水排水图、暖通空调图、电气图等。对于建筑专业，一般顺序为目录、施工图设计说明、附表（装修做法表、门窗表等）、平面图、立面图、剖面图、详图等。

第 2 章

基本绘图命令综合实例

知识导引

通过本章的学习，我们可以了解有关 AutoCAD 2016 绘制平面图的基本知识。熟练掌握 AutoCAD 2016 绘制一维几何元素，包括直线、圆及圆弧等，同时利用这些一维元素去构建平面图形。掌握了这些基础，我们才能去绘制比较复杂的二维图形。

内容要点

- 线类、圆类、平面图形命令
- 多段线与样条曲线
- 多线

2.1 直线功能的应用——标高实例

直线类命令包括直线段、射线和构造线。这几个命令是 AutoCAD 中最简单的绘图命令。本节将通过一个标高绘制的简单实例来重点学习一下直线命令，具体的绘制流程图如图 2-1 所示。

图 2-1 标高图形绘制流程图

2.1.1 相关知识点

【执行方式】

- 命令行: LINE
- 菜单: 绘图→直线
- 工具栏: 绘图→直线
- 功能区: 默认→绘图→直线

【操作步骤】

命令行中的提示与操作如下:

> 命令: LINE✓
> 指定第一点:（输入直线段的起点，用鼠标指定点或者给定点的坐标）
> 指定下一点或 [放弃(U)]:（输入直线段的端点，也可以用鼠标指定一定角度后，直接输入直线的长度）
> 指定下一点或 [放弃(U)]:（输入下一直线段的端点，输入选项"U"表示放弃前面的输入；单击鼠标右键或按 Enter 键，结束命令）
> 指定下一点或 [闭合(C)/放弃(U)]:（输入下一直线段的端点，或输入选项"C"使图形闭合，结束命令）

【选项说明】

（1）若采用按 Enter 键响应"指定第一点:"提示，系统会把上次绘线（或弧）的终点作为本次操作的起始点。特别地，若上次操作为绘制圆弧，按 Enter 键响应后则会绘出通过圆弧终点的与该圆弧相切的直线段，该线段的长度由鼠标在屏幕上指定的一点与切点之间线段的长度确定。

（2）在"指定下一点"提示下，用户可以指定多个端点，从而绘出多条直线段。但是，每一条直线段都是一个独立的对象，可以进行单独的编辑操作。

（3）绘制两条以上的直线段后，若采用输入选项"C"响应"指定下一点"提示，系统会自动连接起始点和最后一个端点，从而绘出封闭的图形。

（4）若采用输入选项"U"响应提示，则擦除最近一次绘制的直线段。

（5）若设置正交方式（按下状态栏上的"正交"按钮），则只能绘制水平直线或垂直线段。

（6）若设置动态数据输入方式（按下状态栏上的"DYN"按钮），则可以动态输入坐标或长度值。下面的命令同样可以设置动态数据输入方式，效果与非动态数据输入方式类似。除了特别需要，以后不再强调，而只按非动态数据输入方式输入相关数据。

2.1.2 操作步骤

绘制如图 2-2 所示的标高符号。命令行提示与操作如下:

> 命令: _line 指定第一点: 100,100✓ （1 点）

指定下一点或 [放弃(U)]：@40,-135↙

指定下一点或 [放弃(U)]：@40<-135↙（2 点，也可以按下状态栏上的"DYN"按钮，在鼠标位置为 135 °时，动态输入 40，如图 2-3 所示，下同）

指定下一点或[放弃(U)]：@40<135↙（3 点，相对极坐标数值输入方法，此方法便于控制线段长度）

指定下一点或 [闭合(C)/放弃(U)]：@180,0↙（4 点，相对直角坐标数值输入方法，此方法便于控制坐标点之间正交距离）

指定下一点或 [闭合(C)/放弃(U)]：↙（回车结束直线命令）

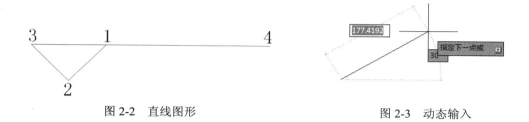

图 2-2　直线图形　　　　　图 2-3　动态输入

 提 示　一般每个命令有 3 种执行方式，这里只给出了命令行执行方式，其他两种执行方式的操作方法与命令行执行方式相同。

2.1.3　拓展实例——窗户

读者可以利用上面所学的直线命令相关知识完成室内设计制图中常用的窗户的绘制，如图 2-4 所示。

Step 01　单击"默认"选项卡"绘图"面板中的"直线"按钮，绘制连续直线，如图 2-5 所示。

Step 02　单击"默认"选项卡"绘图"面板中的"直线"按钮，绘制中间线段，如图 2-4 所示。

　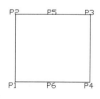

图 2-4　窗户　　　　图 2-5　绘制直线

2.2 圆功能的应用——喷泉水池实例

圆类命令主要包括"圆""圆弧""椭圆""椭圆弧"以及"圆环"等，这几个命令是 AutoCAD 中最简单的圆类命令。

本节将通过一个喷泉水池绘制的简单实例来重点学习一下圆命令，具体的绘制流程图如图 2-6 所示。

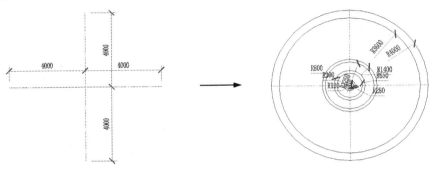

图 2-6 喷泉水池绘制流程图

2.2.1 相关知识点

【执行方式】

- 命令行：CIRCLE
- 菜单：绘图→圆
- 工具栏：绘图→圆 ⊙
- 功能区：默认→绘图→圆 ⊙

【操作步骤】

> 命令：CIRCLE↙
> 指定圆的圆心或 [三点(3P)/两点(2P)/ 切点、切点、半径(T)]：(指定圆心)
> 指定圆的半径或 [直径(D)]：(直接输入半径数值或用鼠标指定半径长度)
> 指定圆的直径 <默认值>：(输入直径数值或用鼠标指定直径长度)

【选项说明】

（1）三点(3P)：用指定圆周上三点的方法画圆。

（2）两点(2P)：指定直径的两端点画圆。

（3）切点、切点、半径(T)：按先指定两个相切对象，后给出半径的方法画圆。图 2-7 给出了以"相切、相切、半径"方式绘制圆的各种情形（其中加黑的圆为最后绘制的圆）。

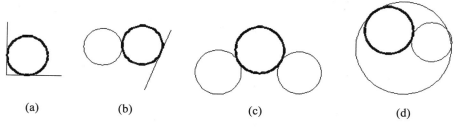

(a)　　　　　(b)　　　　　(c)　　　　　(d)

图 2-7　圆与另外两个对象相切的各种情形

单击"绘图"工具栏中的"圆"按钮 ⊘ ，菜单中多了一种"相切、相切、相切"的方法，当选择此方式时（如图 2-8 所示），系统提示：

指定圆上的第一个点：_tan 到：（指定相切的第一个圆弧）
指定圆上的第二个点：_tan 到：（指定相切的第二个圆弧）
指定圆上的第三个点：_tan 到：（指定相切的第三个圆弧）

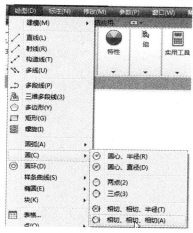

图 2-8　绘制圆的菜单方法

2.2.2　操作步骤

绘制如图 2-9 所示的喷泉水池。操作步骤如下：

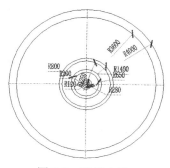

图 2-9　喷泉水池

Step 01 单击"默认"选项卡"绘图"面板中的"直线"按钮，绘制一条长为 8000 的水平直线。重复"直线"命令，以中点为起点向上绘制一条长为 4000 的垂直直线，重复"直线"命令，以中点为起点向下绘制一条长为 4000 的垂直直线。

Step 02 单击"默认"选项卡"绘图"面板中的"圆"按钮 ⊙，绘制圆，命令行中提示与操作如下：

```
命令：CIRCLE
指定圆的圆心或 [三点(3P)/两点(2P)/切点、切点、半径(T)]：  （指定中心线交点）
指定圆的半径或 [直径(D)]：120
```

Step 03 重复"圆"命令，绘制同心圆，圆的半径分别为：200，280，650，800，1250，1400，3600，4000。

结果如图 2-6 所示。

2.2.3 拓展实例——圆餐桌

读者可以利用上面所学的圆命令相关知识完成圆餐桌的绘制，如图 2-10 所示。

图 2-10 绘制圆餐桌

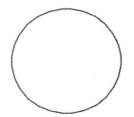

图 2-11 绘制圆

Step 01 单击"默认"选项卡"绘图"面板中的"圆"按钮 ⊙，绘制圆餐桌内轮廓，如图 2-11 所示。

Step 02 单击"默认"选项卡"绘图"面板中的"圆"按钮 ⊙，绘制圆桌外轮廓。

2.3 圆弧功能的应用——梅花圆桌实例

圆弧是圆的一部分。在工程造型中，圆弧的使用比圆更普遍。通常我们强调的"流线形"造型或圆润的造型实际上就是圆弧造型。本节将通过一个简单的室内设计单元——梅花圆桌的绘制过程来重点学习一下圆弧命令，具体的绘制如图 2-12 所示。

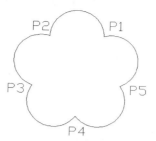

图 2-12　绘制梅花圆桌

2.3.1　相关知识点

【执行方式】

- 命令行：ARC（缩写名：A）
- 菜单：绘图→弧
- 工具栏：绘图→圆弧
- 功能区：默认→绘图→圆弧下拉菜单

【操作步骤】

> 命令：ARC✓
>
> 指定圆弧的起点或［圆心（C）］：（指定起点）
>
> 指定圆弧的第二点或［圆心（C）/端点（E）］：（指定第二点）
>
> 指定圆弧的端点：（指定端点）

【选项说明】

（1）用命令行方式画圆弧时，可以根据系统提示选择不同的选项，具体功能和单击菜单栏中的"绘图"→"圆弧"中子菜单提供的 11 种方式相似。这 11 种方式如图 2-13 所示。

（2）需要强调的是"继续"方式，绘制的圆弧与上一线段或圆弧相切，继续画圆弧段，因此提供端点即可。

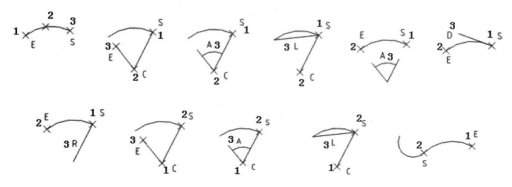

图 2-13　11 种画圆弧的方法

2.3.2 操作步骤

绘制如图 2-12 所示的梅花桌。单击"默认"选项卡"绘图"面板中的"圆弧"按钮，
命令行提示与操作如下：

> 命令:ARC↙
> 指定圆弧的起点或[圆心(C)]:140,110↙
> 指定圆弧的第二个点或[圆心(C)/端点(E)]:E↙
> 指定圆弧的端点:@40<180↙
> 指定圆弧的中心点(按住 Ctrl 键以切换方向)或 [角度(A)/方向(D)/半径(R)]:R↙
> 指定圆弧的半径(按住 Ctrl 键以切换方向):20↙
> 命令:ARC↙
> 指定圆弧的起点或[圆心(C)]:（用鼠标指定刚才绘制圆弧的端点 P2）
> 指定圆弧的第二个点或[圆心(C)/端点(E)]:E↙
> 指定圆弧的端点:@40<252↙
> 指定圆弧的中心点(按住 Ctrl 键以切换方向)或 [角度(A)/方向(D)/半径(R)]:A↙
> 指定夹角(按住 Ctrl 键以切换方向):180↙
> 命令:ARC↙
> 指定圆弧的起点或[圆心(C)]:（用鼠标指定刚才绘制圆弧的端点 P3）
> 指定圆弧的第二个点或[圆心(C)/端点(E)]:C↙
> 指定圆弧的圆心:@20<324↙
> 指定圆弧的端点(按住 Ctrl 键以切换方向)或 [角度(A)/弦长(L)]: A↙
> 指定夹角(按住 Ctrl 键以切换方向): 180↙
> 命令:ARC↙
> 指定圆弧的起点或[圆心(C)]:（用鼠标指定刚才绘制圆弧的端点 P4）
> 指定圆弧的第二个点或[圆心(C)/端点(E)]:C↙
> 指定圆弧的圆心:@20<36↙
> 指定圆弧的端点(按住 Ctrl 键以切换方向)或 [角度(A)/弦长(L)]: l↙
> 指定弦长(按住 Ctrl 键以切换方向): 40↙
> 命令:ARC↙
> 指定圆弧的起点或[圆心(C)]:（用鼠标指定刚才绘制圆弧的端点 P5）
> 指定圆弧的第二个点或[圆心(C)/端点(E)]:E↙
> 指定圆弧的端点:（用鼠标指定刚才绘制圆弧的端点 P1）
> 指定圆弧的中心点(按住 Ctrl 键以切换方向)或 [角度(A)/方向(D)/半径(R)]: D↙
> 指定圆弧起点的相切方向(按住 Ctrl 键以切换方向): @20,6↙

最后图形如图 2-12 所示。

2.3.3　拓展实例——椅子

读者可以利用上面所学的圆弧命令相关知识完成椅子的绘制，如图 2-14 所示。

Step 01 单击"默认"选项卡"绘图"面板中的"直线"按钮 ✏、"圆弧"按钮 ⌒，绘制基础图形，如图 2-15 所示。

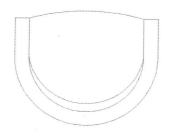

图 2-14　绘制椅子

图 2-15　绘制基础图形

Step 02 单击"默认"选项卡"绘图"面板中的"直线"按钮 ✏、"圆弧"按钮 ⌒，绘制线段及圆弧，如图 2-16 所示。

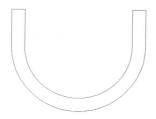

图 2-16　绘制线段和圆弧

Step 03 单击"默认"选项卡"绘图"面板中的 "圆弧"按钮 ⌒，绘制剩余圆弧，如图 2-14 所示。

2.4　矩形功能的应用——台阶三视图

矩形是最简单的封闭直线图形。本节将通过一个简单的室内设计单元——台阶三视图的绘制过程来重点学习一下矩形命令，具体的绘制流程图如图 2-17 所示。

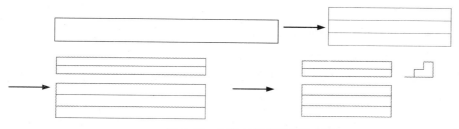

图 2-17　台阶三视图绘制流程图

23

2.4.1 相关知识点

【执行方式】

- 命令行：RECTANG（缩写名：REC）
- 菜单：绘图→矩形
- 工具栏：绘图→矩形 □
- 功能区：默认→绘图→矩形 □

【操作步骤】

命令：RECTANG↙
指定第一个角点或 [倒角(C)/标高(E)/圆角(F)/厚度(T)/宽度(W)]：
指定另一个角点或 [面积(A)/尺寸(D)/旋转(R)]：

【选项说明】

（1）第一个角点：通过指定两个角点确定矩形，如图 2-18(a)所示。

（2）倒角(C)：指定倒角距离，绘制带倒角的矩形（如图 2-18(b)所示），每一个角点的逆时针和顺时针方向的倒角可以相同，也可以不同，其中第一个倒角距离是指角点逆时针方向倒角距离，第二个倒角距离是指角点顺时针方向倒角距离。

（3）标高(E)：指定矩形标高（Z 坐标），即把矩形画在标高为 Z，和 XOY 坐标面平行的平面上，并作为后续矩形的标高值。

（4）圆角(F)：指定圆角半径，绘制带圆角的矩形，如图 2-18(c)所示。

（5）厚度(T)：指定矩形的厚度，如图 2-18(d)所示。

（6）宽度(W)：指定线宽，如图 2-18(e)所示。

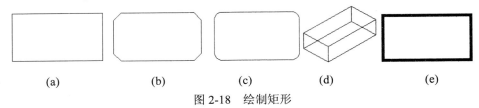

(a)   (b)   (c)   (d)   (e)

图 2-18　绘制矩形

（7）尺寸(D)：使用长和宽创建矩形。第二个指定点将矩形定位在与第一角点相关的 4 个位置之一内。

（8）面积(A)：指定面积和长或宽创建矩形。选择该项，系统提示：

输入以当前单位计算的矩形面积 <20.0000>：（输入面积值）
计算矩形标注时依据 [长度(L)/宽度(W)] <长度>：（回车或输入 W）
输入矩形长度 <4.0000>：（指定长度或宽度）

指定长度或宽度后，系统自动计算另一个维度并绘制出矩形。如果矩形被倒角或圆角，那么长度或宽度计算中会考虑此设置，如图 2-19 所示。

（9）旋转(R)：旋转所绘制的矩形的角度。选择该项，系统提示：

指定旋转角度或 [拾取点(P)] <135>： （指定角度）

指定另一个角点或 [面积(A)/尺寸(D)/旋转(R)]： （指定另一个角点或选择其他选项）如图 2-20 所示。

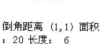

倒角距离 (1,1) 面积
: 20 长度: 6

圆角半径: 1.0 面
积: 20 宽度: 6

图 2-19 按面积绘制矩形

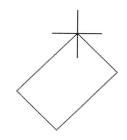

图 2-20 按指定旋转角度创建矩形

2.4.2 操作步骤

绘制如图 2-21 所示的台阶三视图（俯视图、主视图、左视图）。

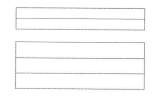

图 2-21 台阶三视图

Step 01 首先缩放图形至合适的比例，命令行中提示与操作如下：

命令：'_zoom
指定窗口角点，输入比例因子(nX 或 nXP)，或[全部(A)/中心点(C)/动态(D)/范围(E)/上一个(P)/比例(S)/窗口(W)]<实时>:_c↙
指定中心点:1400,600 ↙
输入比例或高度<1549.7885>:2000↙

Step 02 单击"默认"选项卡"绘图"面板中的"矩形"按钮□，绘制矩形，命令行中提示与操作如下：

命令：_rectang
指定第一个角点或[倒角(C)/标高(E)/圆角(F)/厚度(T)/宽度(W)]:0,0↙
指定另一个角点或[面积(A)/尺寸(D)/旋转(R)]:@2000,210↙

绘制结果如图 2-22 所示。

图 2-22 绘制矩形

25

Step 03 单击"默认"选项卡"绘图"面板中的"矩形"按钮□，绘制台阶俯视图，命令行中提示与操作如下：

```
命令: _rectang
指定第一个角点或[倒角(C)/标高(E)/圆角(F)/厚度(T)/宽度(W)]:0,210↙
指定另一个角点或[面积(A)/尺寸(D)/旋转(R)]:@2000,210↙
命令: _rectang↙
指定第一个角点或[倒角(C)/标高(E)/圆角(F)/厚度(T)/宽度(W)]:0,420↙
指定另一个角点或[面积(A)/尺寸(D)/旋转(R)]:@2000,210↙
```

绘制结果如图 2-23 所示。

Step 04 单击"默认"选项卡"绘图"面板中的"矩形"按钮□，绘制台阶主视图，命令行中提示与操作如下：

```
命令: _rectang
指定第一个角点或[倒角(C)/标高(E)/圆角(F)/厚度(T)/宽度(W)]:0,950↙
指定另一个角点或[面积(A)/尺寸(D)/旋转(R)]:@2000,150↙
命令: _rectang ↙
指定第一个角点或[倒角(C)/标高(E)/圆角(F)/厚度(T)/宽度(W)]:0,950 ↙
指定另一个角点或[面积(A)/尺寸(D)/旋转(R)]:@2000,-150 ↙
```

绘制结果如图 2-24 所示。

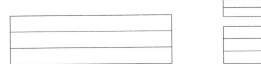

图 2-23　绘制台阶俯视图　　　　图 2-24　绘制台阶主视图

Step 05 单击"默认"选项卡"绘图"面板中的"直线"按钮╱，绘制台阶左视图，命令行中提示与操作如下：

```
命令: _line
指定第一个点:2300,800↙
指定下一点或 [放弃(U)]:@210,0↙
指定下一点或 [放弃(U)]:@0,150↙
指定下一点或 [闭合(C)/放弃(U)]:@210,0↙
指定下一点或 [闭合(C)/放弃(U)]:@0,150↙
指定下一点或 [闭合(C)/放弃(U)]:@210,0↙
指定下一点或 [闭合(C)/放弃(U)]:@0,-300↙
指定下一点或 [闭合(C)/放弃(U)]:c↙
```

绘制结果如图 2-21 所示。

2.4.3　拓展实例——边桌

读者可以利用上面所学的矩形命令相关知识完成边桌的绘制，如图 2-25 所示。

图 2-25　边桌

Step 01　单击"默认"选项卡"绘图"面板中的"矩形"按钮 ▢ ，绘制方桌内轮廓，如图 2-26 所示。

图 2-26　绘制矩形

Step 02　单击"默认"选项卡"绘图"面板中的"矩形"按钮 ▢ ，绘制方桌外轮廓。

2.5　多边形功能的应用——八角桌

正多边形是相对复杂的一种平面图形，人类曾经为准确找到手工绘制正多边形的方法而长期求索。伟大数学家高斯为发现正十七边形的绘制方法而引以为毕生的荣誉，以致他的墓碑被设计成正十七边形。现在利用 AutoCAD 可以轻松的绘制任意边的正多边形，执行正多边形命令。本节将通过一个简单的室内设计单元——八角桌的绘制过程来重点学习一下多边形命令，具体的绘制流程图如图 2-27 所示。

图 2-27　八角桌绘制流程图

2.5.1　相关知识点

【执行方式】

- 命令行：POLYGON
- 菜单：绘图→多边形
- 工具栏：绘图→多边形 ⬠
- 功能区：默认→绘图→多边形 ⬠

【操作步骤】

> 命令：POLYGON↙
> 输入侧边数 <4>：（指定多边形的边数，默认值为4）
> 指定正多边形的中心点或 [边(E)]：（指定中心点）
> 输入选项 [内接于圆(I)/外切于圆(C)]<I>：（指定内接于圆或外切于圆，I 表示内接，如图 2-25(a)所示，C 表示外切，如图 2-25(b)所示。
> 指定圆的半径：（指定外接圆或内切圆的半径）

【选项说明】

如果选择"边"选项，那么只要指定多边形的一条边，系统就会按逆时针方向创建正多边形，如图 2-28(c)所示。

(a)   (b)   (c)

图 2-28　画正多边形

2.5.2　操作步骤

本实例主要是执行多边形命令绘制外轮廓，再利用偏移命令绘制内轮廓，如图 2-29 所示。

Step 01 单击"默认"选项卡"绘图"面板中的"多边形"按钮⬠，绘制外轮廓线。命令行中提示与操作如下：

> 命令：polygon
> 输入侧面数 <8>：8
> 指定多边形的中心点或 [边(E)]：0,0
> 输入选项 [内接于圆(I)/外切于圆(C)] <I>：c
> 指定圆的半径：100

绘制结果如图 2-30 所示。

   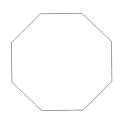

图 2-29　绘制八角桌　　　　　　图 2-30　绘制轮廓线图

Step 02　用同样方法绘制另一个多边形，中心点在（0,0）的正八边形，其内切圆半径为 95。绘制结果如图 2-29 所示。

2.5.3　拓展实例——石雕造型

读者可以利用上面所学的多边形命令相关知识完成石雕造型的绘制，如图 2-31 所示。

Step 01　单击"默认"选项卡"绘图"面板中的"圆"按钮⊙、"圆环"按钮◎、"圆弧"按钮╱和"矩形"按钮▭，绘制石雕基本图形，如图 2-32 所示。

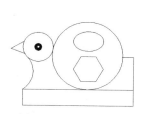

图 2-31　石雕造型

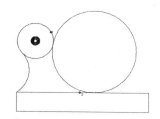

图 2-32　绘制切圆

Step 02　单击"默认"选项卡"绘图"面板中的"直线"按钮╱和"多边形"按钮⬠，绘制石雕造型剩余部分，如图 2-31 所示。

2.6　点功能的应用——楼梯

点在 AutoCAD 中有多种不同的表示方式，用户可以根据需要进行设置。也可以设置等分点和测量点。本节将通过一个简单的室内设计单元——楼梯的绘制过程来重点学习一下点相关命令，具体的绘制流程图如图 2-33 所示。

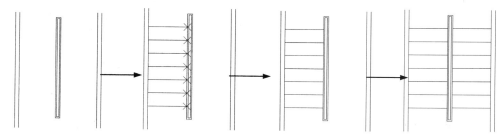

图 2-33　楼梯绘制流程图

2.6.1　相关知识点

1. 绘制点

【执行方式】

● 命令行：POINT

- 菜单：绘图→点→单点或多点
- 工具栏：绘图→点
- 功能区：默认→绘图→点

【操作步骤】

```
命令：_point
当前点模式：PDMODE=0  PDSIZE=0.0000
指定点：（指定点所在的位置）
```

【选项说明】

（1）通过菜单方法操作时（如图 2-34 所示），"单点"选项表示只输入一个点，"多点"选项表示可输入多个点。

（2）可以打开状态栏中的"对象捕捉"开关设置点捕捉模式，帮助用户拾取点。

（3）点在图形中的表示样式共有 20 种，可通过命令 DDPTYPE 或拾取菜单：格式→点样式，弹出"点样式"对话框来设置，如图 2-35 所示。

图 2-34　"点"子菜单

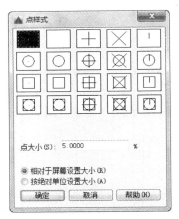

图 2-35　"点样式"对话框

2．等分点

【执行方式】

- 命令行：DIVIDE（缩写名：DIV）
- 菜单：绘图→点→定数等分
- 功能区：单击"默认"选项卡"绘图"面板中的"定数等分"按钮

【操作步骤】

```
命令：DIVIDE
```

选择要定数等分的对象：（选择要等分的实体）

输入线段数目或〔块(B)〕：（指定实体的等分数，绘制结果如图 2-36(a) 所示

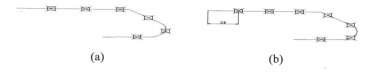

(a)　　　　　　　　　　　(b)

图 2-36　绘制等分点和测量点

【选项说明】

（1）等分数范围 2～32767。

（2）在等分点处，按当前点样式设置画出等分点。

（3）在第二提示行选择"块(B)"选项时，表示在等分点处插入指定的块（BLOCK）（见第 10 章）。

3．测量点

【执行方式】

- 命令行：MEASURE（缩写名：ME）
- 菜单：绘图→点→定距等分
- 功能区：单击"默认"选项卡"绘图"面板中的"定距等分"按钮。

【操作步骤】

命令：MEASURE✓

选择要定距等分的对象：（选择要设置测量点的实体）

指定线段长度或〔块(B)〕：（指定分段长度，绘制结果如图 2-36(b) 所示

【选项说明】

（1）设置的起点一般是指指定线的绘制起点。

（2）在第二提示行选择"块(B)"选项时，表示在测量点处插入指定的块，后续操作与上节等分点类似。

（3）在等分点处，按当前点样式设置画出等分点。

（4）最后一个测量段的长度不一定等于指定分段长度。

2.6.2　操作步骤

绘制如图 2-37 所示的楼梯。命令行提示与操作如下：

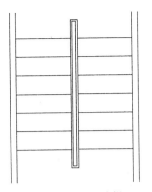

图 2-37　绘制楼梯

Step 01　单击"默认"选项卡"绘图"面板中的"直线"按钮，绘制墙体与扶手，如图 2-38 所示。

Step 02　设置点样式。单击菜单栏中的"格式"→"点样式"命令，在打开的"点样式"对话框中选择"X"样式。

Step 03　单击"默认"选项卡"绘图"面板中的"定数等分"按钮，以左边扶手的外面线段为对象，数目为 8，绘制等分点，如图 2-39 所示。命令行中提示与操作如下：

命令：_divide
选择要定数等分的对象：（选择左边扶手外面线段）
输入线段数目或 [块(B)]：8

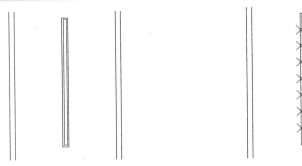

图 2-38　绘制墙体与扶手　　　　　　图 2-39　绘制等分点

Step 04　单击"默认"选项卡"绘图"面板中的"直线"按钮，分别以等分点为起点，左边墙体上的点为终点绘制水平线段，如图 2-40 所示。

Step 05　单击"默认"选项卡"修改"面板中的"删除"按钮（此命令会在以后章节中详细讲述），删除绘制的等分点，如图 2-41 所示。命令行中提示与操作如下：

命令：_erase
选择对象：（选择等分点）

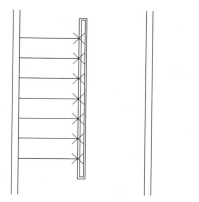

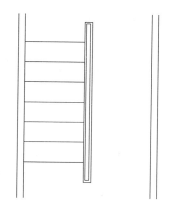

图 2-40　绘制水平线段

图 2-41　删除点

Step 06 用相同的方法绘制另一侧楼梯，最终结果如图 2-42 所示。

图 2-42　绘制楼梯

2.6.3　拓展实例——桌布

读者可以利用上面所学的点命令相关知识完成桌布的绘制，如图 2-43 所示。

Step 01 单击"默认"选项卡"绘图"面板中的"矩形"按钮 口，绘制桌布轮廓，如图 2-44 所示。

Step 02 单击"默认"选项卡"绘图"面板中的"多点"按钮 ，绘制桌布上的装饰点，如图 2-43 所示。

图 2-43　桌布

图 2-44　桌布轮廓

2.7 多段线功能的应用——圈椅

多段线是一种由线段和圆弧组合而成的、不同线宽的多线，这种线由于其组合形式多样、线宽变化，弥补了直线或圆弧功能的不足，适合绘制各种复杂的图形轮廓，因而得到广泛的应用。本节将通过一个简单的室内设计单元——圈椅的绘制过程来重点学习一下多段线相关命令，具体的绘制流程图如图 2-45 所示。

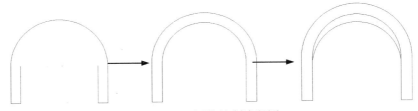

图 2-45　圈椅绘制流程图

2.7.1　相关知识点

【执行方式】

- 命令行：PLINE（缩写名：PL）
- 菜单：绘图→多段线
- 工具栏：绘图→多段线
- 功能区：默认→绘图→多段线

【操作步骤】

> 命令：PLINE✓
> 指定起点：（指定多段线的起点）
> 当前线宽为 0.0000
> 指定下一个点或 [圆弧(A)/半宽(H)/长度(L)/放弃(U)/宽度(W)]：（指定多段线的下一点）

【选项说明】

多段线主要由连续的、不同宽度的线段或圆弧组成，如果在上述提示中选"圆弧"，则命令行提示：

> 指定圆弧的端点(按住 Ctrl 键以切换方向)或[角度(A)/圆心(CE)/闭合(CL)/方向(D)/半宽(H)/直线(L)/半径(R)/第二个点(S)/放弃(U)/宽度(W)]：

绘制圆弧的方法与"圆弧"命令相似。

2.7.2　操作步骤

绘制如图 2-46 所示的圈椅。

Step 01　单击"默认"选项卡"绘图"面板中的"多段线"按钮⊃，绘制外部轮廓，命令行中提示与操作如下：

```
命令：_pline
指定起点：（适当指定一点）
当前线宽为 0.0000
指定下一点或 [圆弧(A)/半宽(H)/长度(L)/放弃(U)/宽度(W)]：@0,-600
指定下一点或 [圆弧(A)/闭合(C)/半宽(H)/长度(L)/放弃(U)/宽度(W)]：@150,0
指定下一点或 [圆弧(A)/闭合(C)/半宽(H)/长度(L)/放弃(U)/宽度(W)]：0,600
指定下一点或 [圆弧(A)/闭合(C)/半宽(H)/长度(L)/放弃(U)/宽度(W)]：u（放弃，表示上步操
作出错）
指定下一点或 [圆弧(A)/闭合(C)/半宽(H)/长度(L)/放弃(U)/宽度(W)]：@0,600
指定下一点或 [圆弧(A)/闭合(C)/半宽(H)/长度(L)/放弃(U)/宽度(W)]：a
指定圆弧的端点(按住 Ctrl 键以切换方向)或[角度(A)/圆心(CE)/闭合(CL)/方向(D)/半宽(H)/
直线(L)/半径(R)/第二个点(S)/放弃(U)/宽度(W)]：r
指定圆弧的半径：750
指定圆弧的端点(按住 Ctrl 键以切换方向)或 [角度(A)]：a
指定夹角：180
指定圆弧的弦方向(按住 Ctrl 键以切换方向) <90>：180
指定圆弧的端点(按住 Ctrl 键以切换方向)或[角度(A)/圆心(CE)/闭合(CL)/方向(D)/半宽(H)/
直线(L)/半径(R)/第二个点(S)/放弃(U)/宽度(W)]：l
指定下一点或 [圆弧(A)/闭合(C)/半宽(H)/长度(L)/放弃(U)/宽度(W)]：@0,-600
指定下一点或 [圆弧(A)/闭合(C)/半宽(H)/长度(L)/放弃(U)/宽度(W)]：@150,0
指定下一点或 [圆弧(A)/闭合(C)/半宽(H)/长度(L)/放弃(U)/宽度(W)]：@0,600
指定下一点或 [圆弧(A)/闭合(C)/半宽(H)/长度(L)/放弃(U)/宽度(W)]：
```

绘制结果如图 2-47 所示。

Step 02　打开状态栏上的"对象捕捉"按钮，单击"默认"选项卡"绘图"面板中的"圆弧"按钮，绘制内圈。命令行中提示与操作如下：

```
命令：_arc
指定圆弧的起点或 [圆心(C)]：（捕捉右边竖线上端点）
指定圆弧的第二个点或 [圆心(C)/端点(E)]：e
指定圆弧的端点：（捕捉左边竖线上端点）
指定圆弧的中心点(按住 Ctrl 键以切换方向)或 [角度(A)/方向(D)/半径(R)]：d
指定圆弧起点的相切方向(按住 Ctrl 键以切换方向)：90
```

绘制结果如图 2-48 所示。

图 2-46　圈椅

图 2-47　绘制外部轮廓

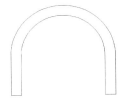

图 2-48　绘制内圈

Step 03 选择菜单栏中的"修改"→"对象"→"多段线"命令，命令行中提示与操作如下：

```
命令: _pedit
选择多段线或 [多条(M)]:（选择刚绘制的多段线）
输入选项 [闭合(C)/合并(J)/宽度(W)/编辑顶点(E)/拟合(F)/样条曲线(S)/非曲线化(D)/线型
生成(L)/反转(R)/放弃(U)]: j
选择对象:（选择刚绘制的圆弧）
选择对象:
多段线已增加 1 条线段
输入选项 [打开(O)/合并(J)/宽度(W)/编辑顶点(E)/拟合(F)/样条曲线(S)/非曲线化(D)/线型
生成(L)/反转(R)/放弃(U)]:
```

系统将圆弧和原来的多段线合并成一个新的多段线，选择该多段线，可以看出所有线条都被选中，说明已经合并为一体了，如图 2-49 所示。

Step 04 打开状态栏上的"对象捕捉"按钮，单击"默认"选项卡"绘图"面板中的"圆弧"按钮，绘制椅垫。命令行中提示与操作如下：

```
命令: _arc
指定圆弧的起点或 [圆心(C)]:（捕捉多段线左边竖线上适当一点）
指定圆弧的第二个点或 [圆心(C)/端点(E)]:（向右上方适当指定一点）
指定圆弧的端点:（捕捉多段线右边竖线上适当一点，与左边点位置大约平齐）
```

绘制结果如图 2-50 所示。

Step 05 单击"默认"选项卡"绘图"面板中的"直线"按钮，捕捉适当的点为端点，绘制一条水平线，最终结果如图 2-46 所示。

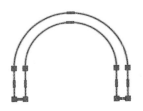

图 2-49　合并多段线

图 2-50　绘制椅垫

2.7.3 拓展实例——鼠标

读者可以利用上面所学的多段线命令相关知识完成鼠标的绘制，如图 2-51 所示。

Step 01 利用多段线命令绘制鼠标轮廓线，如图 2-52 所示。

图 2-51 鼠标   图 2-52 绘制鼠标轮廓线

Step 02 利用直线命令绘制鼠标左右键。完成鼠标的绘制，如图 2-51 所示。

2.8 样条曲线功能的应用——壁灯

AutoCAD 使用一种称为非一致有理 B 样条 (NURBS) 曲线的特殊样条曲线类型。样条曲线在控制点之间产生一条光滑的曲线，可用于创建形状不规则的曲线。本节将通过一个简单的室内设计单元——壁灯的绘制过程来重点学习一下样条曲线相关命令，具体的绘制流程图如图 2-53 所示。

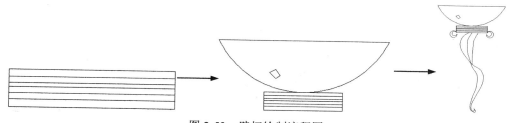

图 2-53 壁灯绘制流程图

2.8.1 相关知识点

【执行方式】

● 命令行：SPLINE
● 菜单：绘图→样条曲线
● 工具栏：绘图→样条曲线 ∿
● 功能区：默认→绘图→样条曲线拟合 ∿（样条曲线控制点）

【操作步骤】

命令：SPLINE✓
当前设置：方式=拟合   节点=弦

指定第一个点或 ［方式(M) / 节点(K) / 对象(O) ］：（指定样条曲线的起点）

输入下一个点或 ［起点切向(T) / 公差(L) ］：（输入下一个点）

输入下一个点或 ［端点相切(T) / 公差(L) / 放弃(U) ］：（输入下一个点）

输入下一个点或 ［端点相切(T) / 公差(L) / 放弃(U) / 闭合(C) ］：

【选项说明】

（1）方式(M)：控制是使用拟合点还是使用控制点来创建样条曲线。选项会因您选择的是使用拟合点创建样条曲线的选项还是使用控制点创建样条曲线的选项而异。

①拟合(F)：通过指定拟合点来绘制样条曲线。更改"方式"将更新 SPLMETHOD 系统变量。

②控制点(CV)：通过指定控制点来绘制样条曲线。如果要创建与三维 NURBS 曲面配合使用的几何图形，此方法为首选方法。更改"方式"将更新 SPLMETHOD 系统变量。

（2）节点(K)：指定节点参数化，它会影响曲线在通过拟合点时的形状（SPLKNOTS 系统变量）。

①弦：使用代表编辑点在曲线上位置的十进制数点进行编号。

②平方根：根据连续节点间弦长的平方根对编辑点进行编号。

③统一：使用连续的整数对编辑点进行编号。

（3）对象(O)：将二维或三维的二次或三次样条曲线拟合多段线转换为等价的样条曲线，然后（根据 DELOBJ 系统变量的设置）删除该多段线。

（4）起点切向(T)：定义样条曲线的第一点和最后一点的切向。

如果在样条曲线的两端都指定切向，可以输入一个点或者使用"切点"和"垂足"对象捕捉模式使样条曲线与已有的对象相切或垂直。如果按 ENTER 键，AutoCAD 将计算默认切向。

（5）公差(L)：指定距样条曲线必须经过的指定拟合点的距离，公差应用于除起点和端点外的所有拟合点。

（6）端点相切(T)：停止基于切向创建曲线，可通过指定拟合点继续创建样条曲线，选择"端点相切"后，将提示您指定最后一个输入拟合点的最后一个切点。

（7）放弃(U)：删除最后一个指定点。

（8）闭合(C)：通过将最后一个点定义为与第一个点重合并使其在连接处相切，闭合样条曲线。指定一点来定义切向矢量，或者使用"切点"和"垂足"对象捕捉模式使样条曲线与现有对象相切或垂直。

2.8.2 操作步骤

绘制如图 2-54 所示的壁灯。

图 2-54 绘制壁灯

Step 01 单击"默认"选项卡"绘图"面板中的"矩形"按钮□，在适当位置绘制一个 220mm ×50mm 的矩形。

Step 02 单击"默认"选项卡"绘图"面板中的"直线"按钮，在矩形中绘制 5 条水平直线。结果如图 2-55 所示。

图 2-55 绘制底座

Step 03 单击"默认"选项卡"绘图"面板中的"多段线"按钮，绘制灯罩，命令行中提示与操作如下：

命令：_pline
指定起点：（在矩形上方适当位置）
当前线宽为 0.0000
指定下一个点或 [圆弧(A)/半宽(H)/长度(L)/放弃(U)/宽度(W)]: a
指定圆弧的端点(按住 Ctrl 键以切换方向)或[角度(A)/圆心(CE)/方向(D)/半宽(H)/直线(L)/半径(R)/第二个点(S)/放弃(U)/宽度(W)]: s
指定圆弧上的第二个点：（捕捉矩形上边线中点）
指定圆弧的端点：
指定圆弧的端点(按住 Ctrl 键以切换方向)或[角度(A)/圆心(CE)/闭合(CL)/方向(D)/半宽(H)/直线(L)/半径(R)/第二个点(S)/放弃(U)/宽度(W)]: l
指定下一点或 [圆弧(A)/闭合(C)/半宽(H)/长度(L)/放弃(U)/宽度(W)]:（捕捉圆弧起点）

重复"多段线"命令，在灯罩上绘制一个不规则四边形，如图 2-56 所示。

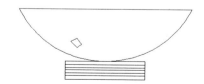

图 2-56 在灯罩上绘制的不规则四边形

Step 04 单击"默认"选项卡"绘图"面板中的"样条曲线拟合"按钮，绘制装饰物，如图 2-57 所示。命令行中提示与操作如下：

命令: _spline

当前设置: 方式=拟合 节点=弦

指定第一个点或 [方式(M)/节点(K)/对象(O)]:

输入下一个点或 [起点切向(T)/公差(L)]:

输入下一个点或 [端点相切(T)/公差(L)/放弃(U)]:

输入下一个点或 [端点相切(T)/公差(L)/放弃(U)/闭合(C)]:

输入下一个点或 [端点相切(T)/公差(L)/放弃(U)/闭合(C)]:

输入下一个点或 [端点相切(T)/公差(L)/放弃(U)/闭合(C)]:

Enter

命令: SPLINE

当前设置: 方式=拟合 节点=弦

指定第一个点或 [方式(M)/节点(K)/对象(O)]:

输入下一个点或 [起点切向(T)/公差(L)]:

输入下一个点或 [端点相切(T)/公差(L)/放弃(U)]:

输入下一个点或 [端点相切(T)/公差(L)/放弃(U)/闭合(C)]:

输入下一个点或 [端点相切(T)/公差(L)/放弃(U)/闭合(C)]:

输入下一个点或 [端点相切(T)/公差(L)/放弃(U)/闭合(C)]:

输入下一个点或 [端点相切(T)/公差(L)/放弃(U)/闭合(C)]:

Enter

命令: _spline

当前设置: 方式=拟合 节点=弦

指定第一个点或 [方式(M)/节点(K)/对象(O)]:

输入下一个点或 [起点切向(T)/公差(L)]:

输入下一个点或 [端点相切(T)/公差(L)/放弃(U)]:

输入下一个点或 [端点相切(T)/公差(L)/放弃(U)/闭合(C)]:

输入下一个点或 [端点相切(T)/公差(L)/放弃(U)/闭合(C)]:

Enter

图 2-57　绘制装饰物

Step 05 单击"默认"选项卡"绘图"面板中的"多段线"按钮 ，在矩形的两侧绘制月亮装饰，最终结果如图 2-54 所示。

2.8.3 拓展实例——雨伞

读者可以利用上面所学的样条曲线命令相关知识完成雨伞的绘制，如图 2-58 所示。

图 2-58 雨伞

Step 01 单击"默认"选项卡"绘图"面板中的"圆弧"按钮 ⁄ 和"样条曲线拟合"按钮 ∿，绘制伞边及伞面，如图 2-59 所示。

图 2-59 绘制伞边

Step 02 单击"默认"选项卡"绘图"面板中的"多段线"按钮 ⟲，绘制伞把，如图 2-58 所示。

2.9 多线功能的应用——墙体

多线是一种复合线，由连续的直线段复合组成。这种线的一个突出的优点是能够提高绘图效率，保证图线之间的统一性。本节将通过一个简单的室内设计单元——墙体的绘制过程来重点学习一下多线相关命令，具体的绘制流程图如图 2-60 所示。

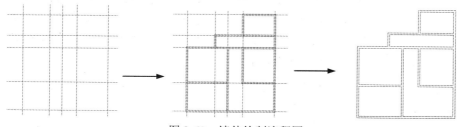

图 2-60 墙体绘制流程图

2.9.1 相关知识点

1．绘制多线

【执行方式】

● 命令行：MLINE
● 菜单：绘图→多线

【操作步骤】

```
命令：MLINE✓
当前设置：对正 = 上，比例 = 20.00，样式 = STANDARD
指定起点或 [对正(J)/比例(S)/样式(ST)]：（指定起点）
指定下一点：（给定下一点）
指定下一点或 [放弃(U)]：（继续给定下一点绘制线段。输入"U"，则放弃前一段的绘制；单击鼠标右键或按回车键 Enter，结束命令）
指定下一点或 [闭合(C)/放弃(U)]：（继续给定下一点绘制线段。输入"C"，则闭合线段，结束命令）
```

【选项说明】

（1）对正（J）：该项用于给定绘制多线的基准。共有 3 种对正类型"上"、"无"和"下"。其中，"上（T）"表示以多线上侧的线为基准，依次类推。

（2）比例（S）：选择该项，要求用户设置平行线的间距。输入值为零时平行线重合，值为负时多线的排列倒置。

（3）样式（ST）：该项用于设置当前使用的多线样式。

2．定义多线样式

【执行方式】

命令行：MLSTYLE。

执行上述命令后，系统打开如图 2-61 所示的"多线样式"对话框。在该对话框中，用户可以对多线样式进行定义、保存和加载等操作。下面通过定义一个新的多线样式来介绍该对话框的使用方法。欲定义的多线样式由 3 条平行线组成，中心轴线和两条平行的实线相对于中心轴线上、下各偏移 0.5，其操作步骤如下。

Step 01 在"多线样式"对话框中单击"新建"按钮，系统打开"创建新的多线样式"对话框，如图 2-62 所示。

Step 02 在"创建新的多线样式"对话框的"新样式名"文本框中输入"THREE"，单击"继续"按钮。

图 2-61　"多线样式"对话框

图 2-62　"创建新的多线样式"对话框

Step 03 系统打开"新建多线样式"对话框，如图 2-63 所示。

图 2-63　"新建多线样式"对话框

Step 04 在"封口"选项组中可以设置多线起点和端点的特性，包括直线、外弧、内弧封口以及封口线段或圆弧的角度。

Step 05 在"填充颜色"下拉列表框中可以选择多线填充的颜色。

Step 06 在"图元"选项组中可以设置组成多线元素的特性。单击"添加"按钮，可以为多线添加元素；反之，单击"删除"按钮，为多线删除元素。在"偏移"文本框中可以设置选中元素的位置偏移值。在"颜色"下拉列表框中可以为选中的元素选择颜色。单击"线型"按钮，系统打开"选择线型"对话框，可以为选中的元素设置线型。

Step 07 设置完毕后，单击"确定"按钮，返回到"多线样式"对话框。在"样式"列表中会显示刚设置的多线样式名，选择该样式，单击"置为当前"按钮，则将刚设置的多线样式设置为当前样式，下面的预览框中会显示所选的多线样式。

Step 08 单击"确定"按钮，完成多线样式设置。

图 2-64 所示为按设置后的多线样式绘制的多线。

图 2-64　绘制的多线

3．编辑多线

【执行方式】

● 命令行：MLEDIT
● 菜单：修改→对象→多线

【操作步骤】

执行上述命令后，打开"多线编辑工具"对话框，如图 2-65 所示。

图 2-65　"多线编辑工具"对话框

利用该对话框，可以创建或修改多线的模式。对话框中分 4 列显示了示例图形。其中，第一列管理十字交叉形式的多线，第二列管理 T 形多线，第三列管理拐角接合点和节点，第四列管理多线被剪切或连接的形式。

单击其中一种多线编辑工具图标，就可以调用该项编辑功能。

下面以"十字打开"为例介绍多线编辑方法：把选择的两条多线进行打开交叉。选择该选项后，出现系统提示如下：

> 选择第一条多线：（选择第一条多线）
> 选择第二条多线：（选择第二条多线）
> 选择第一条多线：

可以继续选择多线进行操作。选择"放弃（U）"功能会撤消前次操作。操作过程和执行结果如图 2-66 所示。

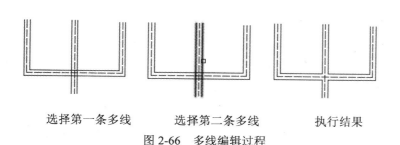

选择第一条多线　　　选择第二条多线　　　执行结果

图 2-66　多线编辑过程

2.9.2　操作步骤

绘制如图 2-67 所示的墙体图形。

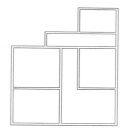

图 2-67　墙体

Step 01 单击"默认"选项卡"绘图"面板中的"直线"按钮 ✏，绘制出一条水平直线和一条竖直直线，组成"十"字交叉线，如图 2-68 所示。单击"默认"选项卡"修改"面板中的"偏移"按钮 ⚏（此命令会在以后详细讲述），将绘制的水平直线依次向上偏移 4800、5100、1800 和 3000，绘制的结果如图 2-69 所示。继续单击"默认"选项卡"修改"面板中的"偏移"按钮 ⚏，选择竖直直线，依次向右偏移，偏移距离分别为 3900、1800、2100 和 4500，结果如图 2-70 所示。命令行中的提示与操作如下：

```
命令: _offset
当前设置: 删除源=否  图层=源  OFFSETGAPTYPE=0
指定偏移距离或 [通过(T)/删除(E)/图层(L)] <通过>: 4800（输入偏移距离）
选择要偏移的对象，或 [退出(E)/放弃(U)] <退出>:（选择水平直构造线）
指定要偏移的那一侧上的点，或 [退出(E)/多个(M)/放弃(U)] <退出>:（指定偏移方向）
选择要偏移的对象，或 [退出(E)/放弃(U)] <退出>:
命令: OFFSET
当前设置: 删除源=否  图层=源  OFFSETGAPTYPE=0
指定偏移距离或 [通过(T)/删除(E)/图层(L)] <48.0000>: 5100（输入偏移距离）
选择要偏移的对象，或 [退出(E)/放弃(U)] <退出>:（选择上步偏移的水平构造线）
指定要偏移的那一侧上的点，或 [退出(E)/多个(M)/放弃(U)] <退出>:（指定偏移方向）
选择要偏移的对象，或 [退出(E)/放弃(U)] <退出>:
命令: OFFSET
```

当前设置：删除源=否　图层=源　OFFSETGAPTYPE=0

指定偏移距离或 [通过(T)/删除(E)/图层(L)] <51.0000>: 1800（输入偏移距离）

选择要偏移的对象，或 [退出(E)/放弃(U)] <退出>:（选择上步偏移的水平构造线）

指定要偏移的那一侧上的点，或 [退出(E)/多个(M)/放弃(U)] <退出>:（指定偏移方向）

选择要偏移的对象，或 [退出(E)/放弃(U)] <退出>:

命令: OFFSET

当前设置：删除源=否　图层=源　OFFSETGAPTYPE=0

指定偏移距离或 [通过(T)/删除(E)/图层(L)] <18.0000>: 3000（输入偏移距离）

选择要偏移的对象，或 [退出(E)/放弃(U)] <退出>:（选择上步偏移的水平构造线）

指定要偏移的那一侧上的点，或 [退出(E)/多个(M)/放弃(U)] <退出>:（指定偏移方向）

选择要偏移的对象，或 [退出(E)/放弃(U)] <退出>:

命令: OFFSET

当前设置：删除源=否　图层=源　OFFSETGAPTYPE=0

指定偏移距离或 [通过(T)/删除(E)/图层(L)] <30.0000>: 3900（输入偏移距离）

选择要偏移的对象，或 [退出(E)/放弃(U)] <退出>:（选择竖直构造线）

指定要偏移的那一侧上的点，或 [退出(E)/多个(M)/放弃(U)] <退出>:（指定偏移方向）

选择要偏移的对象，或 [退出(E)/放弃(U)] <退出>:

命令: OFFSET

当前设置：删除源=否　图层=源　OFFSETGAPTYPE=0

指定偏移距离或 [通过(T)/删除(E)/图层(L)] <39.0000>: 1800（输入偏移距离）

选择要偏移的对象，或 [退出(E)/放弃(U)] <退出>:（选择上步偏移的竖直构造线）

指定要偏移的那一侧上的点，或 [退出(E)/多个(M)/放弃(U)] <退出>:（指定偏移方向）

选择要偏移的对象，或 [退出(E)/放弃(U)] <退出>:

命令: OFFSET

当前设置：删除源=否　图层=源　OFFSETGAPTYPE=0

指定偏移距离或 [通过(T)/删除(E)/图层(L)] <18.0000>: 2100（输入偏移距离）

选择要偏移的对象，或 [退出(E)/放弃(U)] <退出>:（选择上步偏移的竖直构造线）

指定要偏移的那一侧上的点，或 [退出(E)/多个(M)/放弃(U)] <退出>:（指定偏移方向）

选择要偏移的对象，或 [退出(E)/放弃(U)] <退出>:

命令: OFFSET

当前设置：删除源=否　图层=源　OFFSETGAPTYPE=0

指定偏移距离或 [通过(T)/删除(E)/图层(L)] <21.0000>: 4500（输入偏移距离）

选择要偏移的对象，或 [退出(E)/放弃(U)] <退出>:（选择上步偏移的竖直构造线）

指定要偏移的那一侧上的点，或 [退出(E)/多个(M)/放弃(U)] <退出>:（指定偏移方向）

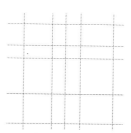

图 2-68　"十"字构造线　　图 2-69　水平方向的主要辅助线　　图 2-70　居室的辅助线网格

Step 02　选择菜单栏中的"格式"→"多线样式"命令，系统打开"多线样式"对话框，在该对话框中单击"新建"按钮，系统打开"创建新的多线样式"对话框，在该对话框的"新样式名"文本框中键入"墙体线"，单击"继续"按钮。系统打开"新建多线样式：墙体线"对话框，进行如图 2-71 所示的设置。

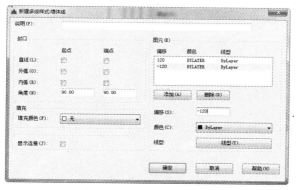

图 2-71　设置多线样式

Step 03　选择菜单栏中的"绘图"→"多线"命令，绘制多线墙体。命令行中提示与操作如下：

```
命令：MLINE✓
当前设置：对正 = 上，比例 = 20.00，样式 = STANDARD
指定起点或 [对正(J)/比例(S)/样式(ST)]：S✓
输入多线比例 <20.00>：1✓
当前设置：对正 = 上，比例 = 1.00，样式 = STANDARD
指定起点或 [对正(J)/比例(S)/样式(ST)]：J✓
输入对正类型 [上(T)/无(Z)/下(B)] <上>：Z✓
当前设置：对正 = 无，比例 = 1.00，样式 = STANDARD
指定起点或 [对正(J)/比例(S)/样式(ST)]：（在绘制的辅助线交点上指定一点）
指定下一点：（在绘制的辅助线交点上指定下一点）
指定下一点或 [放弃(U)]：（在绘制的辅助线交点上指定下一点）
指定下一点或 [闭合(C)/放弃(U)]：（在绘制的辅助线交点上指定下一点）
指定下一点或 [闭合(C)/放弃(U)]：C✓
```

重复"多线"命令，根据辅助线网格绘制多线，绘制结果如图 2-72 所示。

Step 04　选择菜单栏中的"修改"→"对象"→"多线"命令，系统打开"多线编辑工具"对话

框，编辑多线如图 2-73 所示。选择其中的"T 形合并"选项，确认后，命令行中提示
与操作如下：

```
命令：MLEDIT↙
选择第一条多线：（选择多线）
选择第二条多线：（选择多线）
选择第一条多线或 [放弃(U)]：（选择多线）
选择第一条多线或 [放弃(U)]：↙
```

重复"多线编辑"命令，继续进行多线编辑，编辑的最终结果如图 2-67 所示。

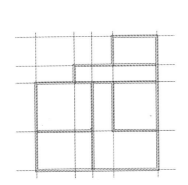

图 2-72　全部多线绘制结果

图 2-73　"多线编辑工具"对话框

2.9.3　拓展实例——平面窗

读者可以利用上面所学的多线命令相关知识完成户型图的绘制，如图 2-74 所示。

Step 01　设置多线样式，如图 2-75 所示。

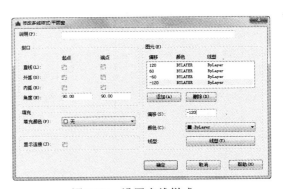

图 2-74　平面窗

图 2-75　设置多线样式

Step 02　利用多线命令绘制平面窗，如图 2-74 所示。

2.10　图案填充功能的应用——小房子

当需要用一个重复的图案（pattern）填充一个区域时，可以使用 BHATCH 命令建立一个相关联的填充阴影对象，即图案填充。本节将通过一个简单的设计单元——小房子的绘制过程来重点学习一下图案填充功能相关命令，具体的绘制流程图如图 2-76 所示。

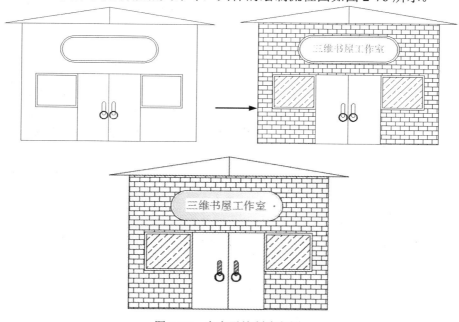

图 2-76　小房子绘制流程图

2.10.1　相关知识点

1．基本概念

（1）图案边界

当进行图案填充时，首先要确定填充图案的边界。定义边界的对象只能是直线、双向射线、单向射线、多义线、样条曲线、圆弧、圆、椭圆、椭圆弧、面域等，或是用这些对象定义的块，而且作为边界的对象在当前屏幕上必须全部可见。

（2）孤岛

在进行图案填充时，我们把位于总填充域内的封闭区域称为孤岛，如图 2-77 所示。在用 BHATCH 命令填充时，AutoCAD 允许用户以点取点的方式确定填充边界，即在希望填充的区域内任意点取一点，AutoCAD 会自动确定出填充边界，同时也确定该边界内的岛。如果用户是以点取对象的方式确定填充边界的，则必须确切地点取这些岛，有关知识将在下一节中介绍。

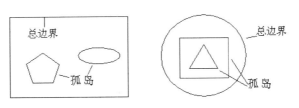

图 2-77　孤岛

（3）填充方式

在进行图案填充时，需要控制填充的范围，AutoCAD 系统为用户设置了以下 3 种填充方式实现对填充范围的控制。

①普通方式：如图 2-78(a)所示，该方式从边界开始，由每条填充线或每个填充符号的两端向里画，遇到内部对象与之相交时，填充线或符号断开，直到遇到下一次相交时再继续画。采用这种方式时，要避免剖面线或符号与内部对象的相交次数为奇数。该方式为系统内部的缺省方式。

②最外层方式：如图 2-78(b)所示，该方式从边界向里画剖面符号，只要在边界内部与对象相交，剖面符号由此断开，而不再继续画。

③忽略方式：如图 2-78(c)所示，该方式忽略边界内的对象，所有内部结构都被剖面符号覆盖。

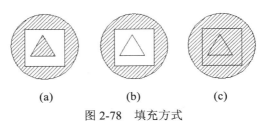

(a)　　　　　　　(b)　　　　　　　(c)

图 2-78　填充方式

2. 图案填充

【执行方式】

- 命令行：BHATCH
- 菜单：绘图→图案填充
- 工具栏：绘图→图案填充 或绘图→渐变色
- 功能区：单击"默认"选项卡"绘图"面板中的"图案填充"按钮。

【操作步骤】

执行上述命令后系统打开图 2-79 所示的"图案填充创建"选项卡，各选项组和按钮含义：

图 2-79　"图案填充创建"选项卡

【选项说明】

（1）"边界"面板

①拾取点：通过选择由一个或多个对象形成的封闭区域内的点，确定图案填充边界（如图 2-80 所示）。指定内部点时，可以随时在绘图区域中单击鼠标右键以显示包含多个选项的快捷菜单。

选择一点　　　　　填充区域　　　　　填充结果

图 2-80　边界确定

②选择边界对象：指定基于选定对象的图案填充边界。使用该选项时，不会自动检测内部对象，必须选择选定边界内的对象，以按照当前孤岛检测样式填充这些对象（如图 2-81 所示）。

原始图形　　　　选取边界对象　　　　填充结果

图 2-81　选取边界对象

③删除边界对象：从边界定义中删除之前添加的任何对象（如图 2-82 所示）。

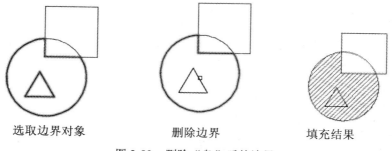

选取边界对象　　　　删除边界　　　　填充结果

图 2-82　删除"岛"后的边界

④重新创建边界：围绕选定的图案填充或填充对象创建多段线或面域，并使其与图案填充对象相关联（可选）。

⑤显示边界对象：选择构成选定关联图案填充对象的边界的对象，使用显示的夹点可修

改图案填充边界。

⑥保留边界对象

指定如何处理图案填充边界对象。选项包括：

● 不保留边界。（仅在图案填充创建期间可用）不创建独立的图案填充边界对象。
● 保留边界-多段线。（仅在图案填充创建期间可用）创建封闭图案填充对象的多段线。
● 保留边界-面域。（仅在图案填充创建期间可用）创建封闭图案填充对象的面域对象。
● 选择新边界集。指定对象的有限集（称为边界集），以便通过创建图案填充时的拾取
  点进行计算。

（2）"图案"面板

显示所有预定义和自定义图案的预览图像。

（3）"特性"面板

①图案填充类型：指定是使用纯色、渐变色、图案还是用户定义的填充。

②图案填充颜色：替代实体填充和填充图案的当前颜色。

③背景色：指定填充图案背景的颜色。

④图案填充透明度：设定新图案填充或填充的透明度，替代当前对象的透明度。

⑤图案填充角度：指定图案填充或填充的角度。

⑥填充图案比例：放大或缩小预定义或自定义填充图案。

⑦相对图纸空间：（仅在布局中可用）相对于图纸空间单位缩放填充图案。使用此选项，可很容易地做到以适合于布局的比例显示填充图案。

⑧双向：（仅当"图案填充类型"设定为"用户定义"时可用）将绘制第二组直线，与原始直线成 90 度角，从而构成交叉线。

⑨ISO 笔宽：（仅对于预定义的 ISO 图案可用）基于选定的笔宽缩放 ISO 图案。

（4）"原点"面板

①设定原点：直接指定新的图案填充原点。

②左下：将图案填充原点设定在图案填充边界矩形范围的左下角。

③右下：将图案填充原点设定在图案填充边界矩形范围的右下角。

④左上：将图案填充原点设定在图案填充边界矩形范围的左上角。

⑤右上：将图案填充原点设定在图案填充边界矩形范围的右上角。

⑥中心：将图案填充原点设定在图案填充边界矩形范围的中心。

⑦使用当前原点：将图案填充原点设定在 HPORIGIN 系统变量中存储的默认位置。

⑧存储为默认原点：将新图案填充原点的值存储在 HPORIGIN 系统变量中。

（5）"选项"面板

①关联：指定图案填充或填充为关联图案填充。关联的图案填充或填充在用户修改其边界对象时将会更新。

②注释性：指定图案填充为注释性。此特性会自动完成缩放注释过程，从而使注释能够以正确的大小在图纸上打印或显示。

③特性匹配

- 使用当前原点：使用选定图案填充对象（除图案填充原点外）设定图案填充的特性。
- 使用源图案填充的原点：使用选定图案填充对象（包括图案填充原点）设定图案填充的特性。

④允许的间隙：设定将对象用作图案填充边界时可以忽略的最大间隙。默认值为 0，此值指定对象必须封闭区域而没有间隙。

⑤创建独立的图案填充：控制当指定了几个单独的闭合边界时，是创建单个图案填充对象，还是创建多个图案填充对象。

⑥孤岛检测

- 普通孤岛检测：从外部边界向内填充。如果遇到内部孤岛，填充将关闭，直到遇到孤岛中的另一个孤岛。
- 外部孤岛检测：从外部边界向内填充。此选项仅填充指定的区域，不会影响内部孤岛。
- 忽略孤岛检测：忽略所有内部的对象，填充图案时将通过这些对象。

⑦绘图次序：为图案填充或填充指定绘图次序。选项包括不更改、后置、前置、置于边界之后和置于边界之前。

（6）"关闭"面板

关闭"图案填充创建"：退出 HATCH 并关闭上下文选项卡。也可以按 Enter 键或 Esc 键退出 HATCH。

3. 编辑填充的图案

利用 HATCHEDIT 命令可以编辑已经填充的图案。

【执行方式】

- 命令行：HATCHEDIT
- 菜单：修改→对象→图案填充
- 工具栏：修改 II→编辑图案填充

【操作步骤】

功能区：单击"默认"选项卡"修改"面板中的"编辑图案填充"按钮。

快捷菜单：选中填充的图案右击，在打开的快捷菜单中选择"图案填充编辑"命令（如图 2-83 所示）。

快捷方法：直接选择填充的图案，打开"图案填充编辑器"选项卡（如图 2-84 所示）。

图 2-83　快捷菜单

图 2-84　"图案填充编辑器"选项卡

2.10.2　操作步骤

绘制如图 2-85 所示的小房子。

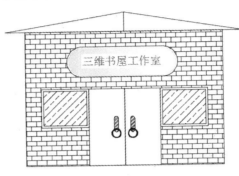

图 2-85　小房子

1．绘制屋顶轮廓

Step 01 单击"默认"选项卡"绘图"面板中的"直线"按钮 ，以{(0,500),(600,500)}为端点坐标绘制直线。

Step 02 单击"默认"选项卡"绘图"面板中的"直线"按钮 ，按下状态栏中的"对象捕捉"按钮，捕捉绘制好的直线的中点，以其为起点，以(@0，50)为第二点，绘制直线。连接各端点，结果如图 2-86 所示。

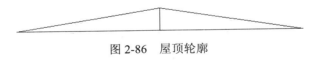

图 2-86　屋顶轮廓

2．绘制墙体轮廓

单击"默认"选项卡"绘图"面板中的"矩形"按钮 ，以(50,500)为第一角点，(@500,-350)为第二角点，绘制墙体轮廓。结果如图 2-87 所示。

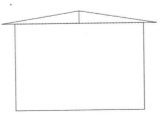

图 2-87　墙体轮廓

3. 绘制门

Step 01 绘制门体。单击"默认"选项卡"绘图"面板中的"矩形"按钮 □，以墙体底面的中点为第一角点，以((@90,200)为第二角点，绘制右边的门。同样地，以墙体底面的中点作为第一角点，以((@-90,200)为第二角点，绘制左边的门。结果如图 2-88 所示。

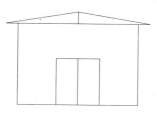

图 2-88 绘制门体

Step 02 绘制门把手。单击"默认"选项卡"绘图"面板中的"矩形"按钮 □，在适当的位置上绘制一个长度为 10，高度为 40，倒圆半径为 5 的矩形。命令行中的提示与操作如下。

命令：rec✓
指定第一个角点或 [倒角(C)/标高(E)/圆角(F)/厚度(T)/宽度(W)]：f✓
指定矩形的圆角半径 <0.0000>：5✓
指定第一个角点或 [倒角(C)/标高(E)/圆角(F)/厚度(T)/宽度(W)]：(在图上选取合适的位置)
指定另一个角点或 [面积(A)/尺寸(D)/旋转(R)]：@10,40✓用同样的方法，绘制另一个门把手。
结果如图 2-89 所示。

图 2-89 绘制门把手

Step 03 绘制门环。单击"默认"选项卡"绘图"面板中的"圆"按钮 ⊘，绘制直径为 20 和 24 的同心圆，作为门环的轮廓，继续单击"默认"选项卡"绘图"面板中的"图案填充"按钮 ▨，打开"图案填充创建"选项卡，如图 2-90 所示，选择"SOLID"图案，单击"拾取点"按钮 ▦，进行填充，结果如图 2-91 所示。

图 2-90 "图案填充创建"选项卡

图 2-91　绘制门环

4．绘制窗户

Step 01 单击"默认"选项卡"绘图"面板中的"矩形"按钮□，绘制左边外玻璃窗，指定门的左上角点为第一个角点，指定第二角点为(@-120,-100)。接着指定门的右上角点为第一个角点，指定第二角点为(@120,-100)，绘制右边外玻璃窗。

Step 02 单击"默认"选项卡"绘图"面板中的"矩形"按钮□，以(205,345)为第一角点，(@-110,-90)为第二角点，绘制左边内玻璃窗。以(505,345)为第一角点，(@-110,-90)为第二角点，绘制右边内玻璃窗，结果如图 2-92 所示。

5．绘制牌匾

单击"默认"选项卡"绘图"面板中的"多段线"按钮⌐，绘制牌匾，用光标拾取一点作为多段线的起点，在命令行提示下依次输入(@200,0)、A、A、180、R、40、90、L、(@-200,0)、A、A、180、R、40、270、CL。

单击"默认"选项卡"修改"面板中的"偏移"按钮（偏移命令将在后面章节详细讲述），将绘制好的牌匾向内偏移 5，结果如图 2-93 所示。

图 2-92　绘制窗户

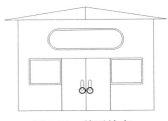

图 2-93　牌匾轮廓

6．输入牌匾文字

单击"默认"选项卡"注释"面板中的"多行文字"按钮A（此命令会在以后章节中详细讲述），输入牌匾中的文字。命令行提示如下。

```
命令：MTEXT
当前文字样式："Standard" 文字高度：2.5 注释性：否
指定第一角点：（用光标拾取第一点后，屏幕上显示出一个矩形文本框）
指定对角点或 [高度(H)/对正(J)/行距(L)/旋转(R)/样式(S)/宽度(W)]：（拾取另外一点作为对角点）
```

执行上述命令后，系统打开"文字编辑器"选项卡和多行文字编辑器。在该对话框中输入文字，并设置字体的属性。设置字体属性之后的结果如图 2-94 所示。在绘图区域空白处单击，即可完成牌匾的绘制，如图 2-95 所示。

图 2-94 "文字编辑器"选项卡和多行文字编辑器

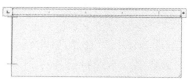

图 2-95 牌匾

7. 填充图形

图案的填充主要包括 5 部分：墙面、玻璃窗、门把手、牌匾和屋顶等的填充。利用"图案填充"命令，选择适当的图案，即可分别填充这 5 部分图形。

Step 01 外墙图案填充。单击"默认"选项卡"绘图"面板中的"图案填充"按钮，系统打开"图案填充创建"选项卡，在"图案"面板中选择 BRICK 图案，设置如图 2-96 所示。

图 2-96 "图案填充创建"选项卡

在墙面区域中选取一点，按 Enter 键后，完成墙面填充，如图 2-97 所示。

Step 02 窗户图案填充。用相同的方法，在"图案"面板中选择 ANSI33 图案，将其"比例"设置为 4，选择窗户区域进行填充。结果如图 2-98 所示。

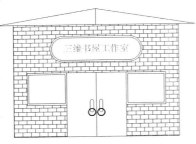

图 2-97　完成墙面填充

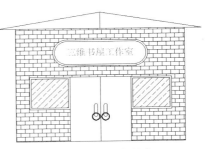

图 2-98　完成窗户填充

Step 03 门把手图案填充。用相同的方法，在"图案"面板中选择 STEEL 图案，将其"比例"设置为 2，选择门把手区域进行填充。结果如图 2-99 所示。

Step 04 牌匾图案填充。单击"默认"选项卡"绘图"面板中的"图案填充"按钮，系统打开"图案填充创建"选项卡，在图案填充类型处选择"渐变色"选项，其余属性也进行相应的设置，设置如图 2-100 所示。在牌匾区域中选取一点，按 Enter 键后，完成牌匾填充，如图 2-101 所示。

图 2-99　完成门把手填充

图 2-100　"图案填充创建"选项卡

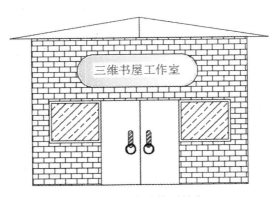

图 2-101　完成牌匾填充

完成牌匾填充后，发现不需要填充金黄色渐变，这时可以选中填充图案右击，在弹出的快捷菜单中选择"图案填充编辑"命令，系统打开"图案填充和渐变色"对话框，选择"单色"按钮，将颜色渐变滑块移动到中间位置，如图 2-102 所示。单击"确定"按钮，完成牌匾填充图案的编辑，如图 2-103 所示。

图 2-102　"图案填充和渐变色"对话框

图 2-103　编辑填充图案

Step 05 屋顶图案填充。用同样的方法，打开"图案填充创建"选项卡，将屋顶左侧分别设置"渐变色 1"和"渐变色"为绿和红，屋顶右侧分别设置"渐变色 1"和"渐变色"为红和绿，设置如图 2-104 所示。选择屋顶区域进行填充，结果如图 2-85 所示。

图 2-104　"图案填充创建"选项卡

2.10.3　拓展实例——公园一角

读者可以利用上面所学的图案填充命令相关知识完成公园一角的绘制，如图 2-105 所示。

Step 01 单击"默认"选项卡"绘图"面板中的"矩形"按钮⬜和"圆弧"按钮╱，绘制轮廓线，如图 2-106 所示。

Step 02 单击"默认"选项卡"绘图"面板中的"图案填充"按钮▨，选择需要填充的区域进行填充，如图 2-105 所示。

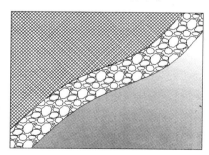

图 2-105　公园一角

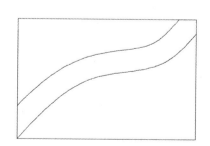

图 2-106　绘制轮廓线

第3章

二维编辑命令综合实例

知识导引

二维图形编辑操作配合绘图命令的使用可以进一步完成复杂图形对象的绘制工作，并可使用户合理安排和组织图形，保证作图准确，减少重复。因此，对编辑命令的熟练掌握和使用有助于提高设计和绘图的效率。本章主要介绍以下内容：复制类命令，改变位置类命令，删除、恢复类命令，改变几何特性类编辑命令和对象编辑命令等。

内容要点

- 删除及恢复类命令、复制命令
- 改变位置类命令
- 改变几何特性类命令
- 对象编辑

3.1 复制功能的应用——洗手台

复制命令是最简单的二维编辑命令。本节将通过一个简单的室内设计单元——洗手台的绘制过程来重点学习一下复制命令，具体的绘制流程图如图 3-1 所示。

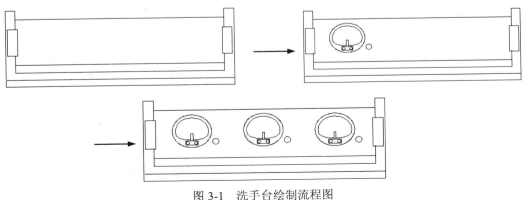

图 3-1 洗手台绘制流程图

3.1.1　相关知识点

【执行方式】

- 命令行：COPY
- 菜单：修改→复制
- 工具栏：修改→复制 ⚙
- 功能区：默认→修改→复制 ⚙

【操作步骤】

> 命令：COPY↙
>
> 选择对象：（选择要复制的对象）
>
> 用前面介绍的对象选择方法选择一个或多个对象，回车结束选择操作。系统继续提示：
>
> 当前设置：复制模式 = 多个
>
> 指定基点或 [位移（D）/模式（O）] <位移>：（指定基点或位移）
>
> 指定第二个点或 [阵列（A）] <使用第一个点作为位移>：
>
> 指定第二个点或 [阵列（A）/退出（E）/放弃（U）] <退出>：

【选项说明】

（1）指定基点：指定一个坐标点后，AutoCAD 2016 把该点作为复制对象的基点，并提示：

> 指定第二个点或 [阵列(A)] <使用第一个点作为位移>：

指定第二个点后，系统将根据这两点确定的位移矢量把选择的对象复制到第二点处。如果此时直接回车，既选择默认的"用第一点作位移"，则第一个点被当作相对于 X、Y、Z 的位移。例如，如果指定基点为 2,3 并在下一个提示下按 Enter 键，则该对象从它当前的位置开始在 X 方向上移动 2 个单位，在 Y 方向上移动 3 个单位。复制完成后，系统会继续提示：

> 指定第二个点或 [阵列(A)/退出(E)/放弃(U)] <退出>：

这时，可以不断指定新的第二点，从而实现多重复制。

（2）位移：直接输入位移值，表示以选择对象时的拾取点为基准，以拾取点坐标为移动方向纵横比移动指定位移后确定的点为基点。例如，选择对象时拾取点坐标为（2，3），输入位移为 5，则表示以（2，3）点为基准，沿纵横比为 3:2 的方向移动 5 个单位所确定的点为基点。

（3）模式：控制是否自动重复该命令。该设置由 COPYMODE 系统变量控制。

3.1.2　操作步骤

绘制如图 3-2 所示的洗手台，操作步骤如下：

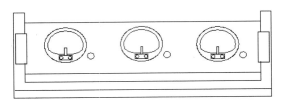

图 3-2　绘制洗手台

Step 01 单击"默认"选项卡"绘图"面板中的"直线"按钮 ╱ 和"矩形"按钮 □，绘制洗手台架，如图 3-3 所示。

Step 02 单击"默认"选项卡"绘图"面板中的"直线"按钮 ╱、"圆"按钮 ⊙、"圆弧"按钮 ╱ 以及"椭圆弧"按钮 ⌒，绘制一个洗手盆及肥皂盒，如图 3-4 所示。

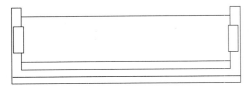

图 3-3　绘制洗手台架

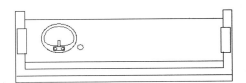

图 3-4　绘制一个洗手盆

Step 03 单击"默认"选项卡"修改"面板中的"复制"按钮 ☸，复制另两个洗手盆及肥皂盒，命令行中提示与操作如下：

```
命令：_copy
选择对象：(框选上面绘制的洗手盆及肥皂盒)
找到 23 个
选择对象：↙
当前设置： 复制模式 = 多个
指定基点或 [位移(D)/模式(O)] <位移>：(指定一点为基点)
指定第二个点或 [阵列(A)]或 <用第一点作位移>：(打开状态栏上的"正交"开关，指定适当位置一点)
指定第二个点或 [阵列(A)/退出(E)/放弃(U)] <退出>：(指定适当位置一点)
```

结果如图 3-2 所示。

3.1.3　拓展实例——办公桌

读者可以利用上面所学的复制命令相关知识完成办公桌的绘制，如图 3-5 所示。

图 3-5　办公桌

Step 01 单击"默认"选项卡"绘图"面板中的"矩形"按钮 □，绘制桌面，如图 3-6 所示

Step 02　单击"默认"选项卡"绘图"面板中的"矩形"按钮 ▭ ，绘制矩形，如图 3-7 所示。

图 3-6　矩形 1　　　　　　　　　　图 3-7　矩形 2

Step 03　单击"默认"选项卡"修改"面板中的"复制"按钮 ⬚ ，完成办公桌的绘制，如图 3-5 所示。

3.2　镜像功能的应用——办公椅

　　镜像对象是指把选择的对象围绕一条镜像线作对称复制。镜像操作完成后，可以保留原对象也可以将其删除。本节将通过一个简单的室内设计单元——办公椅的绘制过程来重点学习一下镜像命令，具体的绘制流程图如图 3-8 所示。

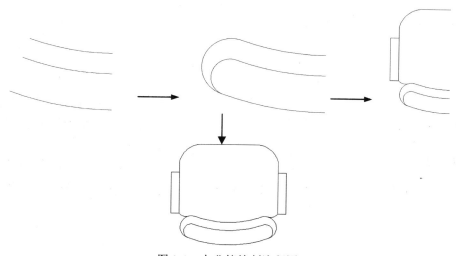

图 3-8　办公椅绘制流程图

3.2.1　相关知识点

【执行方式】

- 命令行：MIRROR
- 菜单：修改→镜像
- 工具栏：修改→镜像 ⚎

● 功能区：默认→修改→镜像

【操作步骤】

命令：MIRROR↙

选择对象：（选择要镜像的对象）

指定镜像线的第一点：（指定镜像线的第一个点）

指定镜像线的第二点：（指定镜像线的第二个点）

要删除源对象吗？[是(Y)/否(N)] <N>：（确定是否删除源对象）

这两点确定一条镜像线，被选择的对象以该线为对称轴进行镜像。包含该线的镜像平面与用户坐标系统的 XY 平面垂直，即镜像操作工作在与用户坐标系统的 XY 平面平行的平面上。

3.2.2 操作步骤

绘制如图 3-9 所示的办公椅,操作步骤如下：

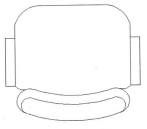

图 3-9　办公椅

Step 01 单击"默认"选项卡"绘图"面板中的"圆弧"按钮，绘制 3 条圆弧，采用"三点圆弧"的绘制方式，使 3 条圆弧形状相似，右端点大约在一条竖直线上，如图 3-10 所示。

Step 02 单击"默认"选项卡"绘图"面板中的"圆弧"按钮，采用"起点/圆心/端点"的绘制方式，起点和端点分别捕捉为刚绘制圆弧的左端点，圆心适当选取，使造型尽量光滑过渡，如图 3-11 所示。

图 3-10　绘制圆弧　　　　　图 3-11　绘制圆弧角

Step 03 单击"默认"选项卡"绘图"面板中的"矩形"按钮、"圆弧"按钮、"直线"按钮，绘制扶手和外沿轮廓，如图 3-12 所示。

Step 04 单击"默认"选项卡"修改"面板中的"镜像"按钮，镜像左侧图形，按图 3-13 捕捉竖直镜像线，最终绘制结果如图 3-9 所示。

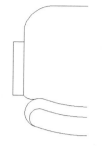

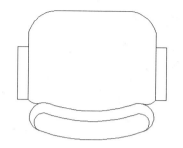

图 3-12　绘制扶手和外沿　　　　　　　　　图 3-13　镜像图形

3.2.3　拓展实例——双扇弹簧门

读者可以利用上面所学的镜像命令相关知识完成双扇弹簧门的绘制，如图 3-14 所示。

Step 01 单击"默认"选项卡"绘图"面板中的"圆弧"按钮 和"矩形"按钮 ，绘制单扇弹簧门，如图 3-15 所示。

Step 02 单击"默认"选项卡"修改"面板中的"镜像"按钮 ，对单扇弹簧门进行竖直镜像，如图 3-14 所示。

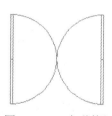

图 3-14　双扇弹簧门　　　　　　　　　　图 3-15　单扇弹簧门

3.3　阵列功能的应用——会议桌

建立阵列是指多重复制选择的对象并把这些副本按矩形、环形或指定路径排列。本节将通过一个简单的室内设计单元——会议桌的绘制过程来重点学习一下阵列命令，具体的绘制流程图如图 3-16 所示。

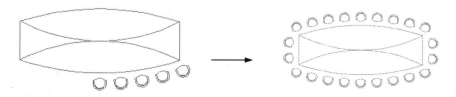

图 3-16　会议桌绘制流程图

3.3.1 相关知识点

把副本按矩形排列称为建立矩形阵列，把副本按环形排列称为建立极阵列。建立极阵列时，应该控制复制对象的次数和对象是否被旋转；建立矩形阵列时，应该控制行和列的数量以及对象副本之间的距离。AutoCAD 2016 提供 ARRAY 命令建立阵列。用该命令可以建立矩形阵列、极阵列（环形）和路径阵列。

【执行方式】

- 命令行：ARRAY
- 菜单：修改→阵列
- 工具栏：修改→矩形阵列 ⊞，修改→路径阵列 ⟋，修改→环形阵列 ✥
- 功能区：默认→修改→矩形阵列 ⊞/路径阵列 ⟋/环形阵列 ✥

【操作步骤】

命令：ARRAY↙
选择对象：（使用对象选择方法）
输入阵列类型[矩形（R）/路径（PA）/极轴（PO）]<矩形>：

【选项说明】

（1）矩形（R）
将选定对象的副本分布到行数、列数和层数的任意组合。选择该选项后出现如下提示：

选择夹点以编辑阵列或 [关联(AS)/基点(B)/计数(COU)/间距(S)/列数(COL)/行数(R)/层数(L)/退出(X)] <退出>：（通过夹点，调整阵列间距、列数、行数和层数，也可以分别选择各选项输入数值）

（2）路径（PA）
沿路径或部分路径均匀分布选定对象的副本。选择该选项后出现如下提示：

选择路径曲线：（选择一条曲线作为阵列路径）
选择夹点以编辑阵列或 [关联(AS)/方法(M)/基点(B)/切向(T)/项目(I)/行(R)/层(L)/对齐项目(A)/Z 方向(Z)/退出(X)] <退出>：（通过夹点，调整阵行数和层数；也可以分别选择各选项输入数值）

（3）极轴（PO）
在绕中心点或旋转轴的环形阵列中均匀分布对象副本。选择该选项后出现如下提示：

指定阵列的中心点或 [基点(B)/旋转轴(A)]：（选择中心点、基点或旋转轴）
选择夹点以编辑阵列或 [关联(AS)/基点(B)/项目(I)/项目间角度(A)/填充角度(F)/行(ROW)/层(L)/旋转项目(ROT)/退出(X)] <退出>：（通过夹点，调整角度、填充角度，也可以分别选择各选项输入数值）

阵列在平面作图时有 3 种方式，可以在矩形或环形（圆形）阵列或路径中创建对象的副本。对于矩形阵列，可以控制行和列的数目以及它们之间的距离；对于环形阵列，可以控制对象副本的数目并决定是否旋转副本；对于路径阵列，可以控制项目均匀地沿路径或部分路径分布。

3.3.2　操作步骤

绘制如图 3-17 所示的会议桌，操作步骤如下：

Step 01　单击"默认"选项卡"绘图"面板中的"直线"按钮，绘制出两条长度为 1500 的竖直直线 1、2，它们之间的距离为 6000；然后，绘制直线 3 连接它们的中点，结果如图 3-18 所示。

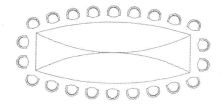

图 3-17　会议桌尺寸

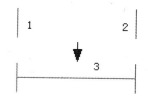

图 3-18　绘制直线

Step 02　单击"默认"选项卡"修改"面板中的"偏移"按钮，由直线 3 分别偏移 1500 绘制出直线 4、5；然后，单击"默认"选项卡"绘图"面板中的"圆弧"按钮，依次捕捉 ABC、DEF 绘制出两条弧线，如图 3-19 所示。

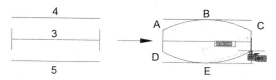

图 3-19　绘制圆弧

Step 03　如图 3-20 所示，单击"默认"选项卡"绘图"面板中的"圆弧"按钮，绘制出内部的两条弧线，最后单击键盘上的"Delete"键，将辅助线删除，完成桌面的绘制。

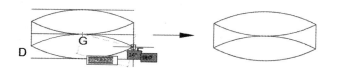

图 3-20　绘制圆弧

Step 04　单击"默认"选项卡"绘图"面板中的"多段线"按钮，在适当位置点取一点为起

点，按命令行中提示与操作如下：

```
命令：_pline ↙
指定起点：（鼠标指定）
当前线宽为 0
指定下一点或 [圆弧(A)/半宽(H)/长度(L)/放弃(U)/宽度(W)]：@0,-140 ↙
指定下一点或 [圆弧(A)/闭合(C)/半宽(H)/长度(L)/放弃(U)/宽度(W)]：A ↙  （选取圆弧）
指定圆弧的端点或
[角度(A)/圆心(CE)/闭合(CL)/方向(D)/半宽(H)/直线(L)/半径(R)/第二个点(S)/放弃(U)/
宽度(W)]：S ↙
指定圆弧上的第二个点：@250,-250 ↙
指定圆弧的端点：@250,250 ↙
指定圆弧的端点或
[角度(A)/圆心(CE)/闭合(CL)/方向(D)/半宽(H)/直线(L)/半径(R)/第二个点(S)/放弃(U)/
宽度(W)]：L ↙  （选取直线）
指定下一点或 [圆弧(A)/闭合(C)/半宽(H)/长度(L)/放弃(U)/宽度(W)]：@0,140 ↙
指定下一点或 [圆弧(A)/闭合(C)/半宽(H)/长度(L)/放弃(U)/宽度(W)]： ↙
```

接着，单击"默认"选项卡"修改"面板中的"偏移"按钮，将多段线向内偏移 50 得到内边缘，结果如图 3-21 所示。

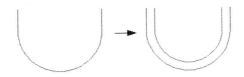

图 3-21　椅子绘制

Step 05 如图 3-22 所示，单击"默认"选项卡"绘图"面板中的"圆弧"按钮，分别绘制出座垫的外边缘和内边缘。这样椅子图案就绘制好了，下面进行周边布置。

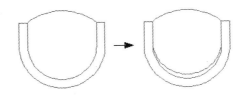

图 3-22　椅子座垫

Step 06 单击"默认"选项卡"修改"面板中的"移动"按钮，进行移动操作，如图 3-23 所示。命令行中提示与操作如下：

```
命令：M
MOVE （选择椅子）
指定基点或 [位移(D)] <位移>：（选择椅子最上部圆弧的中点为基点）
```

指定第二个点或 <使用第一个点作为位移>：（选择会议桌下部圆弧的中点）

Step 07 继续单击"默认"选项卡"修改"面板中的"移动"按钮✛，进行移动操作，如图 3-24 所示，将椅子进行对齐。

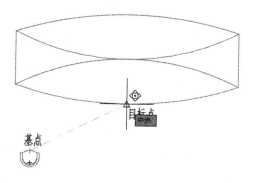

图 3-23　选择点 　　　　　　　　　　　　　图 3-24　对齐后的椅子

Step 08 首先，单击"默认"选项卡"修改"面板中的"移动"按钮✛，将椅子竖直向下移出一定距离，使它不紧贴桌子边缘；然后，用鼠标双击桌子边缘圆弧，弹出其特性窗口，记下其圆心坐标和总角度，如图 3-25 所示。

图 3-25　桌子边缘圆弧特性

提示　记下圆心坐标和总角度以备阵列时用，读者绘图的位置不可能和笔者完全一样，所以圆心坐标不会与图中相同，特此说明。

Step 09 单击"默认"选项卡"修改"面板中的"环形阵列"按钮⬚，选择椅子图形为阵列图形，选择两圆弧角点为阵列中心点，设置项目数为 5，项目间角度为 18.9，如图 3-26 所示。其余的周边椅子可以继续用"阵列"命令来完成，但需注意阵列角度的正负取值；也可以用"镜像"命令来实现，在此不赘述。完成绘制桌的绘制，如图 3-17 所示。

图 3-26　阵列结果

3.3.3　拓展实例——餐厅桌椅

读者可以利用上面所学的阵列命令相关知识完成餐厅桌椅的绘制，如图 3-27 所示。

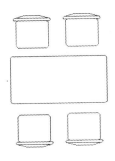

图 3-27　餐厅桌椅

Step 01 单击"默认"选项卡"绘图"面板中的"矩形"按钮□，绘制桌面，如图 3-28 所示。

图 3-28　绘制桌面

Step 02 单击"默认"选项卡"绘图"面板中的"直线"按钮／、"矩形"按钮□和"圆弧"按钮／，绘制椅子，如图 3-29 所示。

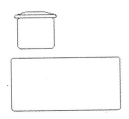

图 3-29　绘制椅子

Step 03 单击"默认"选项卡"修改"面板中的"矩形阵列"按钮▦，完成餐厅桌椅的绘制，如图 3-27 所示。

3.4　偏移功能的应用——单开门

　　偏移对象是指保持选择的对象的形状，在不同的位置以不同的尺寸大小新建一个对象。本节将通过一个简单的室内设计单元——单开门的绘制过程来重点学习一下偏移命令，具体的绘制流程图如图 3-30 所示。

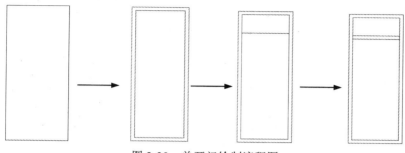

图 3-30　单开门绘制流程图

3.4.1　相关知识点

【执行方式】

- 命令行：OFFSET
- 菜单：修改→偏移
- 工具栏：修改→偏移 ⬚
- 功能区：默认→修改→偏移 ⬚

【操作步骤】

```
命令：OFFSET↙
当前设置：删除源=否　图层=源　OFFSETGAPTYPE=0
指定偏移距离或［通过(T)/删除(E)/图层(L)］<通过>：(指定距离值)
选择要偏移的对象，或［退出(E)/放弃(U)］<退出>：(选择要偏移的对象，回车会结束操作)
指定要偏移的那一侧上的点，或［退出(E)/多个(M)/放弃(U)］<退出>：(指定偏移方向)
选择要偏移的对象，或［退出(E)/放弃(U)］<退出>：
```

【选项说明】

　　(1) 指定偏移距离：输入一个距离值，或回车使用当前的距离值，系统把该距离值作为偏移距离，如图 3-31(a)所示。

　　(2) 通过(T)：指定偏移的通过点。选择该选项后出现如下提示：

```
选择要偏移的对象或 <退出>：(选择要偏移的对象，回车会结束操作)
指定通过点：(指定偏移对象的一个通过点)
```

操作完毕后，系统根据指定的通过点绘出偏移对象，如图3-31(b)所示。

(a)指定偏移距离　　　　　　　　　　　　　　　(b)通过点

图3-31　偏移选项说明一

（3）删除（E）：偏移源对象后将其删除,如图3-32(a)所示。选择该项，系统提示：

要在偏移后删除源对象吗？　[是(Y)/否(N)]　<当前>：（输入 y 或 n）

（4）图层（L）：确定将偏移对象创建在当前图层上还是源对象所在的图层上，这样就可以在不同图层上偏移对象。选择该项，系统提示：

输入偏移对象的图层选项　[当前(C)/源(S)]　<当前>：（输入选项）

如果偏移对象的图层选择为当前层，偏移对象的图层特性与当前图层相同，如图3-32(b)所示。

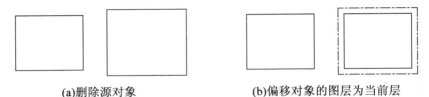

(a)删除源对象　　　　　　　　　　　　(b)偏移对象的图层为当前层

图3-32　偏移选项说明二

（5）多个（M）：使用当前偏移距离重复进行偏移操作，并接受附加的通过点，如图3-33所示。

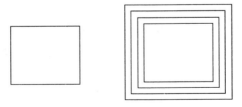

图3-33　偏移选项说明三

提　示

AutoCAD 2016 中，可以使用"偏移"命令，对指定的直线、圆弧、圆等对象作定距离偏移复制。在实际应用中，常利用"偏移"命令的特性创建平行线或等距离分布图形，效果同"阵列"。默认情况下，需要指定偏移距离，再选择要偏移复制的对象，然后指定偏移方向，以复制出对象。

3.4.2　操作步骤

绘制如图 3-34 所示的单开门，操作步骤如下：

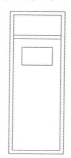

图 3-34　门

Step 01 单击"默认"选项卡"绘图"面板中的"矩形"按钮□，绘制角点坐标分别为（0,0）和（@900,2400）的矩形，结果如图 3-35 所示。

Step 02 单击"默认"选项卡"修改"面板中的"偏移"按钮 ，将上步绘制的矩形进行偏移操作。命令行中的提示与操作如下：

```
命令：_offset↙
当前设置：删除源=否  图层=源  OFFSETGAPTYPE=0
指定偏移距离或 [通过(T)/删除(E)/图层(L)] <通过>:60↙
选择要偏移的对象，或 [退出(E)/放弃(U)] <退出>:（选择上述矩形）
指定要偏移的那一侧上的点，或 [退出(E)/多个(M)/放弃(U)] <退出>:（选择矩形内侧）
选择要偏移的对象，或 [退出(E)/放弃(U)] <退出>:↙
```

结果如图 3-36 所示。

Step 03 单击"默认"选项卡"绘图"面板中的"直线"按钮 ，绘制端点坐标分别为（60,2000）和（@780,0）的直线。结果如图 3-37 所示。

Step 04 单击"默认"选项卡"修改"面板中的"偏移"按钮 ，将上一步绘制的直线向下偏移，偏移距离为 60，结果如图 3-38 所示。

　　　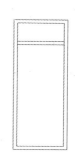

图 3-35　绘制矩形　　　图 3-36　偏移操作　　　图 3-37　绘制直线　　　图 3-38　偏移操作

Step 05 单击"默认"选项卡"绘图"面板中的"矩形"按钮□，绘制角点坐标分别为（200,1500）和（700,1800）的矩形。绘制结果如图 3-34 所示。

3.4.3 拓展实例——行李架

读者可以利用上面所学的偏移命令相关知识完成行李架的绘制，如图 3-39 所示。

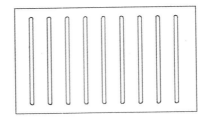

图 3-39　行李架

Step 01　单击"默认"选项卡"绘图"面板中的"直线"按钮／和"矩形"按钮□，绘制图形，如图 3-40 所示。

图 3-40　绘制行李架外轮廓

Step 02　单击"默认"选项卡"修改"面板中的"偏移"按钮△，偏移竖向直线，如图 3-41 所示。

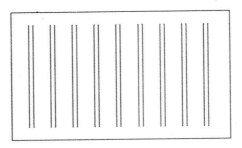

图 3-41　偏移竖向直线

Step 03　单击"默认"选项卡"绘图"面板中的"圆弧"按钮／，封闭偏移线段端口。

3.5　修剪功能的应用——落地灯

修剪命令是 AutoCAD 中最常用也是最重要的编辑命令。本节将通过一个简单的室内设计单元——落地灯的绘制过程来重点学习一下修剪命令，具体的绘制流程图如图 3-42 所示。

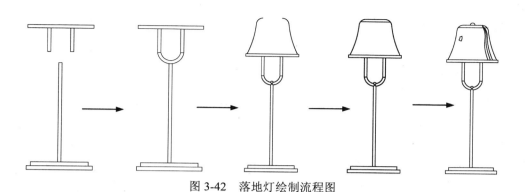

图 3-42　落地灯绘制流程图

3.5.1　相关知识点

【执行方式】

- 命令行：TRIM
- 菜单：修改→修剪
- 工具栏：修改→修剪 ⊬
- 功能区：默认→修改→修剪 ⊬

【操作步骤】

命令：TRIM↙

当前设置：投影=UCS，边=无

选择剪切边...

选择对象或 <全部选择>：（选择用作修剪边界的对象）

回车结束对象选择，系统提示：

选择要修剪的对象，或按住 Shift 键选择要延伸的对象，或[栏选(F)/窗交(C)/投影(P)/边(E)/删除(R)/放弃(U)]：

【选项说明】

（1）选择对象：如果按住 Shift 键，系统就自动将"修剪"命令转换成"延伸"命令，"延伸"命令将在下节介绍。

（2）选择"边"选项：可以选择对象的修剪方式。

①延伸(E)：延伸边界进行修剪。在此方式下，如果剪切边没有与要修剪的对象相交，系统会延伸剪切边直至与对象相交，然后再修剪，如图 3-43 所示。

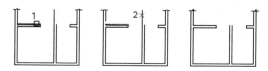

图 3-43　延伸方式修剪对象

②不延伸(N)：不延伸边界修剪对象。只修剪与剪切边相交的对象。

（3）选择"栏选（F）"选项：系统以栏选的方式选择被修剪对象，如图 3-44 所示。

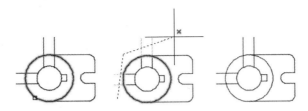

图 3-44　栏选修剪对象

（4）选择"窗交（C）"选项：系统以窗交的方式选择被修剪对象，如图 3-45 所示。

（5）被选择的对象可以互为边界和被修剪对象：此时系统会在选择的对象中自动判断边界。

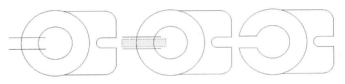

图 3-45　窗交选择修剪对象

3.5.2　操作步骤

绘制如图 3-46 所示的灯具，操作步骤如下。

图 3-46　灯具

Step 01　单击"默认"选项卡"绘图"面板中的"矩形"按钮□，绘制轮廓线。单击"默认"选项卡"修改"面板中的"镜像"按钮⚐，使轮廓线左右对称，如图 3-47 所示。

Step 02　单击"默认"选项卡"绘图"面板中的"圆弧"按钮⚐，再单击"默认"选项卡"修改"面板中的"偏移"按钮⚐，绘制两条圆弧，端点分别捕捉到矩形的角点上，绘制的下面的圆弧中间一点捕捉到中间矩形上边的中点上，如图 3-48 所示。

图 3-47 绘制轮廓线

图 3-48 绘制圆弧

Step 03 单击"默认"选项卡"绘图"面板中的"直线"按钮 和"圆弧"按钮 ，绘制灯柱上的结合点，如图 3-49 所示的轮廓线。

Step 04 单击"默认"选项卡"修改"面板中的"修剪"按钮 ，修剪多余直线。命令行中的提示与操作如下：

命令：_trim✓

当前设置：投影=UCS，边=延伸

选择修剪边...

选择对象或<全部选择>：（选择修剪边界对象）✓

选择对象：（选择修剪边界对象）✓

选择对象：✓

选择要修剪的对象，或按住〈Shift〉键选择要延伸的对象，或 [投影(P)/边(E)/放弃(U)]：（选择修剪对象）✓

修剪结果如图 3-50 所示。

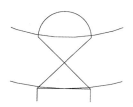

图 3-49 绘制灯柱上的结合点

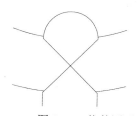

图 3-50 修剪图形

Step 05 单击"默认"选项卡"绘图"面板中的"样条曲线拟合"按钮 和"修改"面板中的"镜像"按钮 ，绘制灯罩轮廓线，如图 3-51 所示。

Step 06 单击"默认"选项卡"绘图"面板中的"直线"按钮 ，补齐灯罩轮廓线，直线端点捕捉对应样条曲线端点，如图 3-52 所示。

Step 07 单击"默认"选项卡"绘图"面板中的"圆弧"按钮 ，绘制灯罩顶端的突起，如图 3-53 所示。

Step 08 单击"默认"选项卡"绘图"面板中的"样条曲线拟合"按钮 ，绘制灯罩上的装饰线，最终结果如图 3-46 所示。

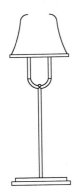 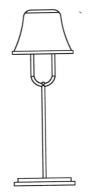 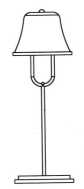

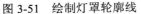

图 3-51　绘制灯罩轮廓线　　　　图 3-52　补齐灯罩轮廓线　　　　图 3-53　绘制灯罩顶端的突起

3.5.3　拓展实例——床

读者可以利用上面所学的修剪命令相关知识完成床的绘制，如图 3-54 所示。

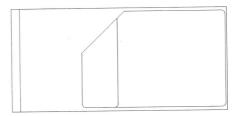

图 3-54　床

Step 01 单击"默认"选项卡"绘图"面板中的"矩形"按钮 □，绘制单人床轮廓线，如图 3-55 所示。

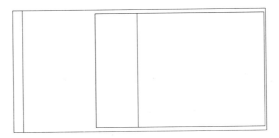

图 3-55　绘制矩形

Step 02 单击"默认"选项卡"修改"面板中的"倒角"按钮 □，绘制掀起的背角，如图 3-56 所示。

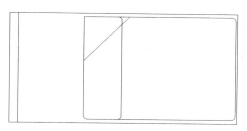

图 3-56 绘制直线

^{Step}
03 单击"默认"选项卡"修改"面板中的"修剪"按钮 ✂，修剪图形，完成单人床图形的绘制，如图 3-54 所示。

3.6 倒角功能的应用——洗菜盆

斜角是指用斜线连接两个不平行的线型对象。可以用斜线连接直线段、双向无限长线、射线和多段线。本节将通过一个简单的室内设计单元——洗菜盆来学习一下倒角命令，具体的绘制流程如图 3-57 所示。

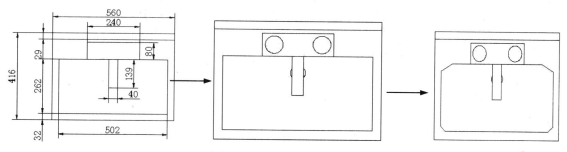

图 3-57 洗菜盆绘制流程图

3.6.1 相关知识点

【执行方式】

● 命令行：CHAMFER
● 菜单：修改→倒角
● 工具栏：修改→倒角 ▱
● 功能区：默认→修改→倒角 ▱

【操作步骤】

> 命令：CHAMFER↙
> ("不修剪"模式) 当前倒角距离 1 = 0.0000，距离 2 = 0.0000
> 选择第一条直线或 [放弃(U)/多段线(P)/距离(D)/角度(A)/修剪(T)/方式(E)/多个(M)]：(选择第一条直线或别的选项)

　　选择第二条直线，或按住 Shift 键选择直线以应用角点或 [距离(D)/角度(A)/方法(M)]：（选择第二条直线）

【选项说明】

　　（1）多段线（P）：对多段线的各个交叉点倒斜角。为了得到最好的连接效果，一般设置斜线是相等的值。系统根据指定的斜线距离把多段线的每个交叉点都作斜线连接，连接的斜线成为多段线新添加的构成部分，如图 3-58 所示。

　　（2）距离(D)：选择倒角的两个斜线距离。这两个斜线距离可以相同也可以不相同，若二者均为 0，则系统不绘制连接的斜线，而是把两个对象延伸至相交并修剪超出的部分。

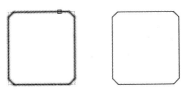

图 3-58　斜线连接多段线

　　（3）角度(A)：选择第一条直线的斜线距离和第一条直线的倒角角度。

　　（4）修剪(T)：与圆角连接命令 FILLET 相同，该选项决定连接对象后是否剪切原对象。

　　（5）方式(E)：决定采用"距离"方式还是"角度"方式来倒斜角。

　　（6）多个(M)：同时对多个对象进行倒斜角编辑。

3.6.2　操作步骤

　　绘制如图 3-59 所示的洗菜盆图形，操作步骤如下。

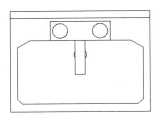

图 3-59　洗菜盆

Step 01　单击"默认"选项卡"绘图"面板中的"直线"按钮，绘制出初步轮廓，大约尺寸如图 3-60 所示。

Step 02　单击"默认"选项卡"绘图"面板中的"圆"按钮，绘制以图 3-60 中长 240 宽 80 的矩形大约左中位置处为圆心，35 为半径的圆。单击"默认"选项卡"修改"面板中的"复制"按钮，复制绘制的圆。

　　单击"默认"选项卡"绘图"面板中的"圆"按钮，绘制以在图 3-60 中长 139 宽 40 的矩形大约正中位置为圆心，25 为半径的圆作为出水口。

Step 03　单击"默认"选项卡"修改"面板中的"修剪"按钮，将绘制的出水口圆修剪成图 3-61 所示的形状。

Step 04　单击"默认"选项卡"修改"面板中的"倒角"按钮⌷，绘制洗菜盆 4 角。命令行中的提示与操作如下：

命令:CHAMFER↙
（"修剪"模式）当前倒角距离 1 = 0.0000，距离 2 = 0.0000
选择第一条直线或 [放弃(U)/多段线(P)/距离(D)/角度(A)/修剪(T)/方式(E)/多个(M)]:D↙
指定第一个倒角距离 <0.0000>: 50↙
指定第二个倒角距离 <50.0000>: 30↙
选择第一条直线或 [多段线(P)/距离(D)/角度(A)/修剪(T)/方式(M)/多个(U)]: U↙
选择第一条直线或 [放弃(U)/多段线(P)/距离(D)/角度(A)/修剪(T)/方式(E)/多个(M)]:（选择右上角横线段）
选择第二条直线，或按住 Shift 键选择要应用角点的直线:（选择右上角竖线段）
选择第一条直线或 [放弃(U)/多段线(P)/距离(D)/角度(A)/修剪(T)/方式(E)/多个(M)]:（选择左上角横线段）
选择第二条直线，或按住 Shift 键选择要应用角点的直线:（选择右上角竖线段）
命令: CHAMFER↙
（"修剪"模式）当前倒角距离 1 = 50.0000，距离 2 = 30.0000
选择第一条直线或 [放弃(U)/多段线(P)/距离(D)/角度(A)/修剪(T)/方式(E)/多个(M)]:A↙
指定第一条直线的倒角长度 <20.0000>: ↙
指定第一条直线的倒角角度 <0>: 45↙
选择第一条直线或 [放弃(U)/多段线(P)/距离(D)/角度(A)/修剪(T)/方式(E)/多个(M)]:U↙
选择第一条直线或 [放弃(U)/多段线(P)/距离(D)/角度(A)/修剪(T)/方式(E)/多个(M)]:（选择左下角横线段）
选择第二条直线，或按住 Shift 键选择要应用角点的直线:（选择左下角竖线段）
选择第一条直线或 [放弃(U)/多段线(P)/距离(D)/角度(A)/修剪(T)/方式(E)/多个(M)]:（选择右下角横线段）
选择第二条直线，或按住 Shift 键选择要应用角点的直线:（选择右下角竖线段）

洗菜盆绘制完成结果如图 3-59 所示。

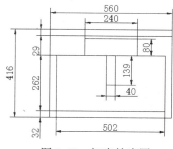

图 3-60　初步轮廓图

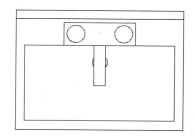

图 3-61　绘制水笼头和出水口

3.6.3　拓展实例——吧台

读者可以利用上面所学的倒角命令相关知识完成吧台的绘制，如图 3-62 所示。

Step 01 单击"默认"选项卡"绘图"面板中的"直线"按钮 ／ 和"修改"面板中的"偏移"按钮 ，绘制吧台基础轮廓，如图 3-63 所示。

Step 02 单击"默认"选项卡"修改"面板中的"镜像"按钮 和"倒角"按钮 ，对图形进行处理，如图 3-64 所示。

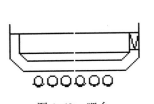

图 3-62　吧台

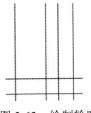

图 3-63　绘制轮廓

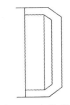

图 3-64　镜像图形

Step 03 单击"默认"选项卡"修改"面板中的"缩放"按钮 、"移动"按钮 和"旋转"按钮 ，完成吧台的绘制，如图 3-62 所示。

3.7　倒圆功能的应用——坐便器

倒圆是指用指定的半径决定的一段平滑的圆弧连接两个对象。系统规定可以圆滑连接一对直线段、非圆弧的多段线段、样条曲线、双向无限长线、射线、圆、圆弧和真椭圆。可以在任何时刻圆滑连接多段线的每个节点。本节将通过一个简单的室内设计单元——坐便器的绘制过程来重点学习一下圆角命令，具体的绘制流程图如图 3-65 所示。

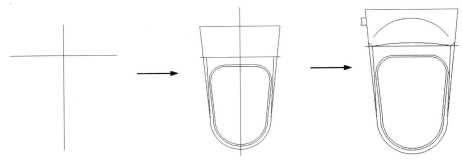

图 3-65　坐便器绘制流程图

3.7.1　相关知识点

【执行方式】

● 命令行：FILLET

- 菜单：修改→圆角
- 工具栏：修改→圆角
- 功能区：默认→修改→圆角

【操作步骤】

```
命令：FILLET↙
当前设置：模式 = 修剪，半径 = 0.0000
选择第一个对象或[放弃(U)/多段线(P)/半径(R)/修剪(T)/多个(M)]：(选择第一个对象或别的选项)
选择第二个对象，或按住 Shift 键选择对象以应用角点或 [半径(R)]：(选择第二个对象)
```

【选项说明】

（1）多段线(P)：在一条二维多段线的两段直线段的节点处插入圆滑的弧。选择多段线后系统会根据指定的圆弧的半径把多段线各顶点用圆滑的弧连接起来。

（2）修剪(T)：决定在圆滑连接两条边时，是否修剪这两条边，如图 3-66 所示。

修剪方式　　　　　　　　不修剪方式

图 3-66　圆角连接

（3）多个(M)：同时对多个对象进行圆角编辑，而不必重新起用命令。

按住 Shift 键并选择两条直线，可以快速创建零距离倒角或零半径圆角。

提　示

3.7.2　操作步骤

绘制如图 3-67 所示的坐便器，操作步骤如下。

图 3-67　坐便器绘制完成

Step 01 将 AutoCAD 中的捕捉工具栏激活，如图 3-68 所示，留待在绘图过程中使用。

图 3-68　对象捕捉工具栏

Step 02 单击"默认"选项卡"绘图"面板中的"直线"按钮，在图中绘制一条长度为 50 的水平直线，重复"直线"命令，单击"对象捕捉"工具栏中的"捕捉到中点"按钮，单击水平直线的中点，此时水平直线的中点会出现一个黄色的小三角提示即为中点。绘制一条垂直的直线，并移动到合适的位置，作为绘图的辅助线，如图 3-69 所示。

Step 03 单击"默认"选项卡"绘图"面板中的"直线"按钮，单击水平直线的左端点，输入坐标点（@6,-60）绘制直线，如图 3-70 所示。

图 3-69　绘制辅助线

图 3-70　绘制直线

Step 04 单击"默认"选项卡"修改"面板中的"镜像"按钮，以垂直直线的两个端点为镜像点，将刚刚绘制的斜向直线镜像到另外一侧，如图 3-71 所示。

Step 05 单击"默认"选项卡"绘图"面板中的"圆弧"按钮，以斜线下端的端点为起点，如图 3-72 所示，以垂直辅助线上的一点为第二点，以右侧斜线的端点为端点，绘制弧线，如图 3-73 所示。

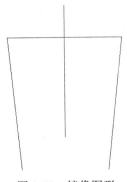

图 3-71　镜像图形

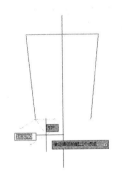

图 3-72　绘制弧线

Step 06 在图中选择水平直线，然后单击"默认"选项卡"修改"面板中的"复制"按钮，选择其与垂直直线的交点为基点，然后输入输入坐标点（@0,-20），再次复制水平直线，输入坐标点（@0,-25），如图 3-74 所示。

图 3-73　绘制弧线

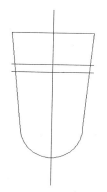

图 3-74　增加辅助线

Step 07 单击"默认"选项卡"修改"面板中的"偏移"按钮 ，将右侧斜向直线向左偏移 2，如图 3-75 所示。重复"偏移"命令，将圆弧和左侧直线复制到内侧，如图 3-76 所示。

Step 08 单击"默认"选项卡"绘图"面板中的"直线"按钮 ，将中间的水平线与内侧斜线的交点和外侧斜线的下端点连接起来，如图 3-77 所示。

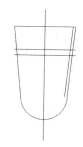

图 3-75　偏移直线

图 3-76　偏移其他图形

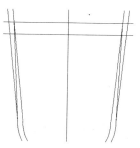

图 3-77　连接直线

Step 09 单击"默认"选项卡"修改"面板中的"圆角"按钮 ，指定圆角半径为 10，依次选择最下面的水平线，和半部分内侧的斜向直线，将其交点设置为倒圆角，如图 3-78 所示。依照此方法，将右侧的交点也设置为倒圆角，半径也是 10，如图 3-79 所示。命令行操作与提示如下：

```
命令: _fillet
当前设置: 模式 = 修剪, 半径 = 0.0000
选择第一个对象或 [放弃(U)/多段线(P)/半径(R)/修剪(T)/多个(M)]: R
指定圆角半径 <0.0000>: 10（圆角半径为 10）
选择第一个对象或 [放弃(U)/多段线(P)/半径(R)/修剪(T)/多个(M)]:（选择最下面的水平线）
选择第二个对象，或按住 Shift 键选择对象以应用角点或 [半径(R)]:（选择半部分内侧的斜向直线）
……
```

图 3-78　设置倒圆角　　　　　　图 3-79　设置另外一侧倒圆角

Step 10 单击"默认"选项卡"修改"面板中的"偏移"按钮 ⬒，将椭圆部分向内侧偏移 1，如图 3-80 所示。

Step 11 在上侧添加弧线和斜向直线，再在左侧添加冲水按钮，即完成了坐便器的绘制，最终如图 3-67 所示。

图 3-80　偏移内侧椭圆

3.7.3　拓展实例——脚踏

读者可以利用上面所学的圆角命令相关知识完成脚踏的绘制，如图 3-81 所示。

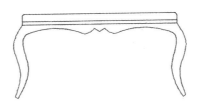

图 3-81　脚踏

Step 01 单击"默认"选项卡"绘图"面板中的"直线"按钮 ✏ 和"矩形"按钮 ▭，绘制图形，如图 3-82 所示。

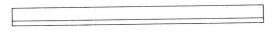

图 3-82　绘制直线

Step 02 单击"默认"选项卡"修改"面板中的"圆角"按钮 ⬡，进行倒圆角处理，如图 3-83 所示。

图 3-83 倒圆角

Step 03 单击"默认"选项卡"绘图"面板中的"直线"按钮 ╱ 和"样条曲线拟合"按钮 ～，细化脚踏腿部造型。单击"默认"选项卡"修改"面板中的"镜像"按钮 ⚐，镜像图形完成脚踏的绘制。结果如图 3-81 所示。

3.8 旋转功能的应用——接待台

旋转命令也是典型的改变位置类命令。本节将通过一个简单的室内设计单元——接待台的绘制过程来重点学习一下旋转命令，具体的绘制流程图如图 3-84 所示。

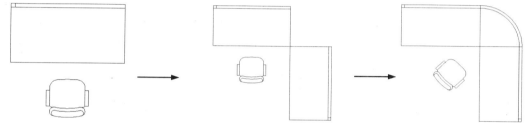

图 3-84 接待台绘制流程图

3.8.1 相关知识点

【执行方式】

- 命令行：ROTATE
- 菜单：修改→旋转
- 快捷菜单：选择要旋转的对象，在绘图区域右击鼠标，从弹出的快捷菜单选择"旋转"。
- 工具栏：修改→旋转 ⟳
- 功能区：默认→修改→旋转 ⟳

【操作步骤】

命令：ROTATE↵

UCS 当前的正角方向：ANGDIR=逆时针 ANGBASE=0

选择对象：（选择要旋转的对象）

指定基点：（指定旋转的基点，在对象内部指定一个坐标点）

指定旋转角度，或 [复制(C)/参照(R)] <0>：（指定旋转角度或其他选项）

【选项说明】

（1）复制（C）：选择该项，旋转对象的同时，保留源对象。

（2）参照（R）：采用参考方式旋转对象时，系统提示：

指定参照角 <0>：（指定要参考的角度，默认值为 0）

指定新角度：（输入旋转后的角度值）

操作完毕后，对象被旋转至指定的角度位置。

提 示

可以用拖动鼠标的方法旋转对象。选择对象并指定基点后，从基点到当前光标位置会出现一条连线，移动鼠标选择的对象会动态地随着该连线与水平方向的夹角的变化而旋转，回车会确认旋转操作，如图 3-85 所示。

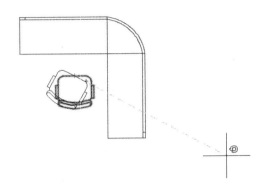

图 3-85　拖动鼠标旋转对象

3.8.2　操作步骤

绘制如图 3-86 所示的接待台，操作步骤如下。

Step 01 打开"源文件/第 3 章/办公椅"图形，将其另存为"接待台.dwg"文件。

Step 02 单击"默认"选项卡"绘图"面板中的"矩形"按钮口和"直线"按钮╱，绘制桌面图形，如图 3-87 所示。

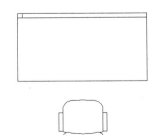

图 3-86　接待台　　　　　　　　　　图 3-87　绘制桌面

Step 03 单击"默认"选项卡"修改"面板中的"镜像"按钮▲和"旋转"按钮○，将桌面图形进行处理，利用"对象追踪"功能将对称线捕捉为过矩形右下角的 45°斜线。绘制结果如图 3-88 所示。

Step 04 单击"默认"选项卡"绘图"面板中的"圆弧"按钮 ，采取"圆心/起点/端点"的方式，绘制如图 3-89 所示的圆弧。

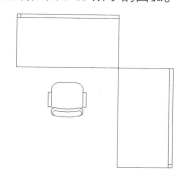

图 3-88　镜像处理

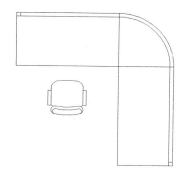

图 3-89　绘制圆弧

Step 05 单击"默认"选项卡"修改"面板中的"旋转"按钮 ，旋转绘制的办公椅。命令行中提示与操作如下：

```
命令：_rotate
UCS 当前的正角方向：  ANGDIR=逆时针  ANGBASE=0
选择对象：（选择办公椅）
选择对象：✓
指定基点：（指定椅背中点）
指定旋转角度，或 ［复制(C)/参照(R)］<0>：-45✓
```

绘制结果如图 3-86 所示。

3.8.3　拓展实例——电脑

读者可以利用上面所学的旋转命令相关知识完成电脑的绘制，如图 3-90 所示。

Step 01 单击"默认"选项卡"绘图"面板中的"直线"按钮 、"多段线"按钮 和"修改"面板中的"矩形阵列"按钮 ，绘制电脑图形，如图 3-91 所示。

Step 02 单击"默认"选项卡"修改"面板中的"旋转"按钮 ，旋转电脑角度，如图 3-90 所示。

图 3-90　电脑

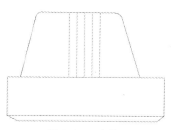

图 3-91　电脑

3.9　拉长功能的应用——挂钟

拉长命令也是重要的编辑命令。本节将通过一个简单的室内设计单元——挂钟的绘制过程来重点学习一下拉长命令，具体的绘制流程图如图 3-92 所示。

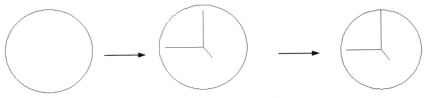

图 3-92　挂钟绘制流程图

3.9.1　相关知识点

【执行方式】

- 命令行：LENGTHEN
- 菜单：修改→拉长
- 功能区：默认→修改→拉长

【操作步骤】

命令：LENGTHEN↙

选择要测量的对象或 [增量(DE)/百分数(P)/全部(T)/动态(DY)]：（选定对象）

当前长度：30.5001（给出选定对象的长度，如果选择圆弧则还将给出圆弧的包含角）

选择要测量的对象或 [增量(DE)/百分数(P)/全部(T)/动态(DY)]：DE↙（选择拉长或缩短的方式，如选择"增量（DE）"方式）

输入长度增量或 [角度(A)] <0.0000>：10↙（输入长度增量数值。如果选择圆弧段，则可输入选项"A"给定角度增量）

选择要修改的对象或 [放弃(U)]：（选定要修改的对象，进行拉长操作）

选择要修改的对象或 [放弃(U)]：（继续选择，回车结束命令）

【选项说明】

（1）增量(DE)：用指定增加量的方法改变对象的长度或角度。

（2）百分数(P)：用指定占总长度的百分比的方法改变圆弧或直线段的长度。

（3）全部(T)：用指定新的总长度或总角度值的方法来改变对象的长度或角度。

（4）动态(DY)：弹出动态拖拉模式。在这种模式下，可以使用拖拉鼠标的方法来动态地改变对象的长度或角度。

3.9.2　操作步骤

绘制如图 3-93 所示的挂钟图形，操作步骤如下。

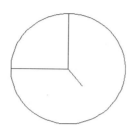

图 3-93　挂钟

Step 01　单击"默认"选项卡"绘图"面板中的"圆"按钮⊙，绘制一个圆心坐标为（100，100）半径为 20 的圆作为挂钟的外轮廓线，绘制结果如图 3-94 所示。

Step 02　单击"默认"选项卡"绘图"面板中的"直线"按钮/，绘制坐标点为 {（100，100）（100，117.25）}{（100，100）（82.75，100）}{（100，100）（105，94）} 的 3 条直线作为挂钟的指针，绘制结果如图 3-95 所示。

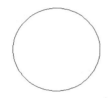

图 3-94　绘制圆形

图 3-95　绘制指针

Step 03　单击"默认"选项卡"修改"面板中的"拉长"按钮/，将秒针拉长至圆的边。命令行中的提示与操作如下：

```
命令：LENGTHEN✓
选择要测量的对象或 [增量(DE)/百分数(P)/全部(T)/动态(DY)]：（选择直线）
当前长度：20.0000
选择要测量的对象或 [增量(DE)/百分数(P)/全部(T)/动态(DY)]：de✓
输入长度增量或 [角度(A)] <2.7500>：2.75✓
```

绘制挂钟完成，如图 3-93 所示。

3.9.3　拓展实例——门把手

读者可以利用上面所学的拉长命令相关知识完成门把手的绘制，如图 3-96 所示。

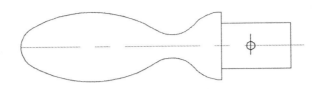

图 3-96　门把手

Step
01 利用打开命令打开"源文件/第 3 章/门把手初始图形",如图 3-97 所示。

图 3-97　初始图形

Step
02 单击"默认"选项卡"修改"面板中的"拉长"按钮，将门把手左右线段拉长,如图 3-98 所示。

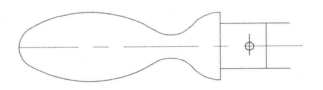

图 3-98　拉长线段

Step
03 单击"默认"选项卡"修改"面板中的"拉长"按钮，将直线向右拉长完成门把手的绘制,如图 3-96 所示。

3.10　延伸功能的应用——梳妆凳

延伸对象是指延伸对象直至到另一个对象的边界线。本节将通过一个简单的室内设计单元——梳妆凳的绘制过程来重点学习一下延伸命令,具体的绘制流程图如图 3-99 所示。

图 3-99　梳妆凳绘制流程图

3.10.1　相关知识点

【执行方式】

- 命令行：EXTEND
- 菜单：修改→延伸
- 工具栏：修改→延伸 ─/
- 功能区：默认→修改→延伸 ─/

【操作步骤】

命令：EXTEND↙
当前设置:投影=UCS，边=无
选择边界的边...
选择对象或 <全部选择>:（选择边界对象）

此时可以选择对象来定义边界。若直接回车，则选择所有对象作为可能的边界对象。

系统规定可以用作边界对象的对象有：直线段、射线、双向无限长线、圆弧、圆、椭圆、二维和三维多段线、样条曲线、文本、浮动的视口、区域。如果选择二维多段线做边界对象，系统会忽略其宽度而把对象延伸至多段线的中心线。

选择边界对象后,系统继续提示:

选择要延伸的对象，或按住 Shift 键选择要修剪的对象，或[栏选(F)/窗交(C)/投影(P)/边(E)/放弃(U)]:

【选项说明】

如果要延伸的对象是适配样条多段线，则延伸后会在多段线的控制框上增加新节点；如果要延伸的对象是锥形的多段线，系统会修正延伸端的宽度，使多段线从起始端平滑地延伸至新终止端；如果延伸操作导致终止端宽度可能为负值，则取宽度值为 0，如图 3-100 所示。

图 3-100　延伸对象

选择对象时，如果按住 Shift 键，系统就自动将"延伸"命令转换成"修剪"命令。

3.10.2　操作步骤

绘制如图 3-101 所示的梳妆凳。

Step 01　单击"默认"选项卡"绘图"面板中的"圆弧"按钮 ╱ 和"直线"按钮 ╱，绘制梳妆凳的初步轮廓，如图 3-102 所示。

Step 02 单击"默认"选项卡"修改"面板中的"偏移"按钮，将绘制的圆弧向内偏移一定距离，如图 3-103 所示。

图 3-101　梳妆凳

图 3-102　初步图形

Step 03 单击"默认"选项卡"修改"面板中的"延伸"按钮，命令行中提示与操作如下：

```
命令：_extend
当前设置:投影=UCS，边=无
选择边界的边...
选择对象或 <全部选择>：（选择左右两条斜直线）
选择对象：✓
选择要延伸的对象，或按住 Shift 键选择要修剪的对象，或[栏选(F)/窗交(C)/投影(P)/边(E)/
放弃(U)]：（选择偏移的圆弧左端）
选择要延伸的对象，或按住 Shift 键选择要修剪的对象，或[栏选(F)/窗交(C)/投影(P)/边(E)/
放弃(U)]：（选择偏移的圆弧右端）
选择要延伸的对象，或按住 Shift 键选择要修剪的对象，或[栏选(F)/窗交(C)/投影(P)/边(E)/
放弃(U)]：✓
```

结果如图 3-104 所示。

图 3-103　偏移处理

图 3-104　延伸处理

Step 04 单击"默认"选项卡"修改"面板中的"圆角"按钮，以适当的半径对上面两个角进行圆角处理，最终结果如图 3-101 所示。

3.10.3　拓展实例——灶炉开关

读者可以利用上面所学的命令相关知识完成灶炉开关的绘制，如图 3-105 所示。

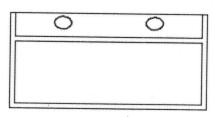

图 3-105　灶炉开关

Step 01 单击"默认"选项卡"绘图"面板中的"矩形"按钮□和"修改"面板中的"偏移"按钮△，绘制外轮廓，如图 3-106 所示。

Step 02 单击"默认"选项卡"绘图"面板中的"直线"按钮／和"修改"面板中的"偏移"按钮△以及"修剪"按钮／，绘制中间部分，如图 3-107 所示。

图 3-106　偏移矩形

图 3-107　修剪直线

Step 03 单击"默认"选项卡"绘图"面板中的"椭圆"按钮○和"修改"面板中的"删除"按钮△以及"延伸"按钮／，完成灶具的绘制，如图 3-105 所示。

3.11　钳夹功能的应用——吧椅

利用钳夹功能可以快速方便地编辑对象。AutoCAD 在图形对象上定义了一些特殊点，称为夹持点，如图 3-108 所示。利用夹持点可以灵活地控制对象，本节将通过一个简单的室内设计单元—吧椅的绘制过程来重点学习一下钳夹功能命令。

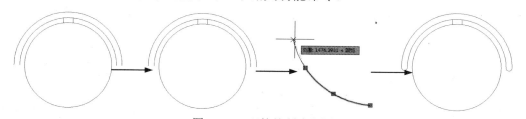

图 3-108　吧椅绘制流程图

3.11.1　相关知识点

【执行方式】

● 命令行：OPTIONS
● 菜单：工具→选项→选择集

【操作步骤】

命令: OPTIONS✓

弹出 "选项"选项卡，在其夹点选项组下面勾选"显示夹点"复选框。在该页面上还可以设置代表夹点的小方格的尺寸和颜色。

也可以通过 GRIPS 系统变量控制是否弹出钳夹功能，1 代表弹出，0 代表关闭。

弹出了钳夹功能后，应该在编辑对象之前先选择对象。夹点表示了对象的控制位置。

使用夹点编辑对象，要选择一个夹点作为基点，称为基准夹点。然后，选择一种编辑操作：删除、移动、复制选择、旋转和缩放。可以用空格键、回车键或键盘上的快捷键循环选择这些功能。

下面仅就其中的拉伸对象操作为例进行讲述，其他操作类似。

在图形上拾取一个夹点，该夹点改变颜色，此点为夹点编辑的基准点。这时系统提示:

** 拉伸 **

指定拉伸点或 [基点(B)/复制(C)/放弃(U)/退出(X)]:

在上述拉伸编辑提示下，输入"缩放"命令或右击，选择快捷菜单中的"缩放"命令，系统就会转换为"缩放"操作，其他操作类似。

3.11.2 操作步骤

绘制如图 3-109 所示的吧椅，操作步骤如下。

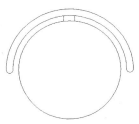

图 3-109 吧椅图案

Step 01 单击 "默认"选项卡"绘图"面板中的"直线"按钮、"圆"按钮和"圆弧"按钮，绘制初步图形，其中圆弧和圆同心，大约左右对称，如图 3-110 所示。

Step 02 单击"默认"选项卡"修改"面板中的"偏移"按钮，偏移刚绘制的圆弧，如图 3-111 所示。

图 3-110 初步图形

图 3-111 偏移圆弧

Step 03 单击"默认"选项卡"绘图"面板中的"圆弧"按钮，绘制扶手端部，采用"起点/圆心/端点"的形式，使造型大约光滑过渡，如图 3-112 所示。

Step 04 在绘制扶手端部圆弧的过程中，由于采用的是粗略的绘制方法，放大局部后，可能会发现图线不闭合。这时，双击鼠标左键，选择对象图线，出现钳夹编辑点，移动相应编辑点捕捉到需要闭合连接的相临图线端点，如图 3-113 所示。

图 3-112　绘制圆弧图

图 3-113　钳夹编辑

Step 05 相同方法绘制扶手另一端的圆弧造型，结果如图 3-109 所示。

3.11.3　拓展实例——花瓣

读者可以利用上面所学的钳夹命令相关知识完成花瓣的绘制，如图 3-114 所示。

Step 01 单击"默认"选项卡"绘图"面板中的"直线"按钮和"椭圆"按钮，绘制图形，如图 3-115 所示。

图 3-114　花瓣

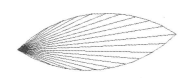
图 3-115　绘制图形

Step 02 利用钳夹功能完成花瓣的绘制，如图 3-114 所示。

3.12　对象特性功能的应用——花朵

利用对象特性功能可以对目标对象的属性与源对象的属性进行改变，利用特性功能可以方便快捷地修改对象属性，并保持不同对象的属性相同。

本节将通过一个简单的室内设计单元——花朵的绘制过程来重点学习一下对象特性功能命令，具体的绘制流程图如图 3-116 所示。

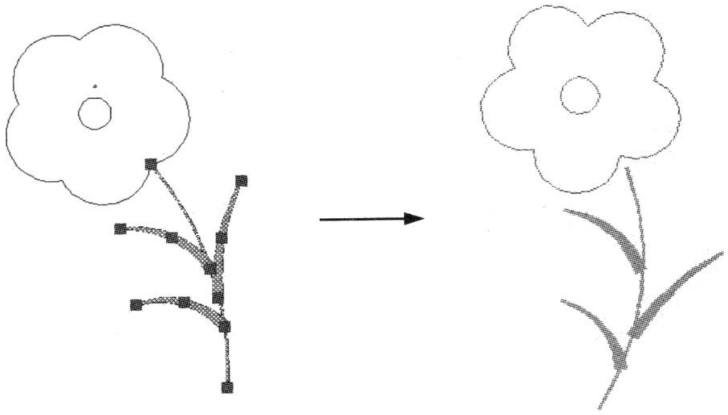

图 3-116　花朵绘制流程图

3.12.1　相关知识点

【执行方式】

- 命令行：DDMODIFY 或 PROPERTIES
- 菜单：修改→特性
- 工具栏：标准→特性
- 功能区：默认→特性→对话框启动器

【操作步骤】

命令：DDMODIFY↙

AutoCAD 弹出特性工具板，如图 3-117 所示。利用它可以方便地设置或修改对象的各种属性。

不同的对象属性种类和值不同，修改属性值，对象改变为新的属性。

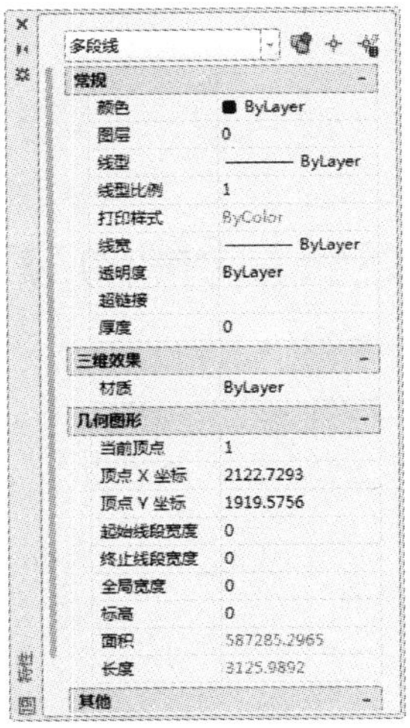

图 3-117　特性工具板

3.12.2　操作步骤

绘制如图 3-118 所示的花朵，操作步骤如下。

图 3-118　花朵

Step 01 单击"默认"选项卡"绘图"面板中的"圆"按钮 ⊙，绘制花蕊。

Step 02 单击"默认"选项卡"绘图"面板中的"多边形"按钮 ⬠，绘制图 3-119 中的圆心为正多边形的中心点内接于圆的正五边形，结果如图 3-120 所示。

图 3-119　捕捉圆心

图 3-120　绘制正五边形

提　示

一定要先绘制中心的圆，因为正五边形的外接圆与此圆同心，必须通过捕捉获得正五边形的外接圆圆心位置。如果反过来，先画正五边形，再画圆，会发现无法捕捉正五边形外接圆圆心。

Step 03 单击"默认"选项卡"绘图"面板中的"圆弧"按钮 ⌒，以最上斜边的中点为圆弧起点，左上斜边中点为圆弧端点，绘制花朵。绘制结果如图 3-121 所示。重复"圆弧"命令，绘制另外 4 段圆弧，结果如图 3-122 所示。最后删除正五边形，结果如图 3-123 所示。

图 3-121　绘制一段圆弧

图 3-122　绘制所有圆弧

图 3-123　绘制花朵

Step 04 单击"默认"选项卡"绘图"面板中的"多段线"按钮 ⤵，绘制枝叶。花枝的宽度为 4；

叶子的起点半宽为 12，端点半宽为 3。用同样方法绘制另两片叶子，结果如图 3-124 所示。

图 3-124　绘制出花朵图案

Step 05 选择枝叶，枝叶上显示夹点标志，在一个夹点上单击鼠标右键，打开右键快捷菜单，选择其中的"特性"命令，如图 3-125 所示。系统打开特性选项板，在"颜色"下拉列表框中选择"绿色"，如图 3-126 所示。

图 3-125　右键快捷菜单

图 3-126　修改枝叶颜色

Step 06 按照步骤 5 的方法修改花朵颜色为红色，花蕊颜色为洋红色，最终结果如图 3-118 所示。

3.12.3　拓展实例——彩色钢琴

读者可以利用上面所学的对象特性命令相关知识完成彩色钢琴的绘制，如图 3-127 所示。

Step 01 单击"默认"选项卡"绘图"面板中的"多段线"按钮 ⟋，绘制钢琴轮廓，如图 3-128 所示。

图 3-127　彩色钢琴

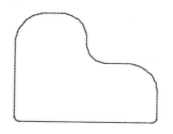

图 3-128　绘制钢琴轮廓线

Step 02 单击"默认"选项卡"绘图"面板中的"直线"按钮／，绘制钢琴键，如图 3-129 所示。

Step 03 单击"默认"选项卡"绘图"面板中的"矩形"按钮□，绘制坐凳，如图 3-130 所示。

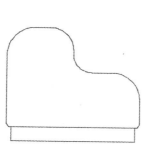

图 3-129　绘制钢琴键

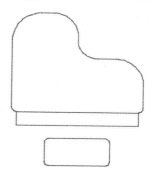

图 3-130　绘制坐凳

Step 04 利用对象特性功能修改钢琴总体颜色，如图 3-127 所示。

第 **4** 章

建筑施工图设计综合实例——
某住宅小区建筑设计

知识导引

建筑施工图是建筑设计的主要内容，一般情况下，建筑施工图包括总平面图、平面图、立面图、剖面图和详图等。本章以某低层住宅小区建筑施工图设计为例，详细论述建筑施工图的设计及其 CAD 绘制方法与相关技巧。

内容要点

- 某住宅小区总平面图
- 某低层住宅地下层平面图
- 某低层住宅南立面图
- 某低层住宅 1-1 剖面图
- 某低层住宅楼梯详图

4.1 建筑总平面图绘制实例——某小区总平面图

住宅小区是一个城市和社会的缩影，其规划与建设的质量和水平，直接关系到人们的身心健康，影响到社会的秩序和安宁，反映着居民在生活和文化上的追求，关系到城市的面貌。将居住与建筑、社会生活品质相结合，可使住宅区成为城市的一道亮丽风景。为此，把自然中的精美微妙又富有朝气活力的旋转转折的意味用到设计的外形效果上去，然后合理有效地利用城市的有限资源，在"以人为本"的基础上，利用自然条件和人工手段创造一个舒适、健康的生活环境，使居民区与城市自然地融为一体。

建筑住宅小区时，要选择适合当地特点、设计合理、造型多样、舒适美观的住宅类型。为方便小区居民生活，住宅小区规划中要合理确定小区公共服务设施的项目、规模及其分布方式，做到公共服务设施项目齐全、设备先进、布点适当、与住宅联系方便。为适应经济的增长和人民群众物质生活水平的提高，规划中应合理确定小区道路走向及道路断面形式，步行与车行互不干扰，并且还应根据住宅小区居民的需求，合理确定停车场地的指标及布局。此外，住宅小区规划还应满足居民对安全、卫生、经济和美观等的要求，合理组织小区居民室外休息活动的场地和公共绿地，创造宜人的居住生活环境。在绘图时，根据用地范围先绘制住宅小区的轮廓，然后合理安排建筑单体，然后设置交通道路，标注相关的文字尺寸。

　　住宅小区和商业小区是不同的建筑群体。例如，住宅小区包含住宅区、配套学校、绿地、社区活动中心和购物中心等建筑群体；商业小区则包括写字楼、百货商场和娱乐中心等建筑群体。本节主要以小区总平面图为例进行讲解，如图 4-1 所示。

图 4-1　总平面图

4.1.1　操作步骤

1．住宅小区场地

Step 01　单击"默认"选项卡"绘图"面板中的"多段线"按钮 ⤵，选取适当尺寸，绘制建设用地红线，如图 4-2 所示。

　　　建设用地红线即根据建设基地的范围，绘制小区的总平面范围轮廓。

提　示

Step 02　根据相关规定，单击"默认"选项卡"修改"面板中的"偏移"按钮 ⬚，指定适当偏移距离，绘制小区各个方向的建筑控制线，如图 4-3 所示。

　　　因为每个方向建筑控制线的距离大小一样，所以可以采用偏移方法得到。

提　示

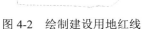

图 4-2　绘制建设用地红线　　　　　　图 4-3　绘制建筑控制线

Step 03 选择住宅建筑单体户型（户型设计在此略），如图 4-4 所示。

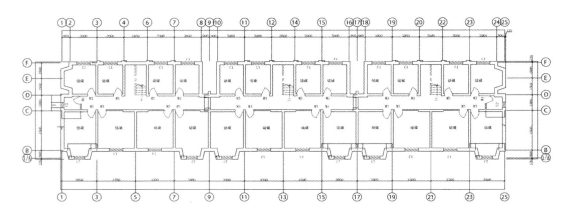

图 4-4　住宅建筑单体户型平面图

Step 04 按照所设计的住宅建筑单体户型平面，调用"多段线"命令 ，勾画其外轮廓造型，如图 4-5 所示。

Step 05 单击"默认"选项卡"修改"面板中的"复制"按钮 ，复制户型建筑单位轮廓，如图 4-5 所示。

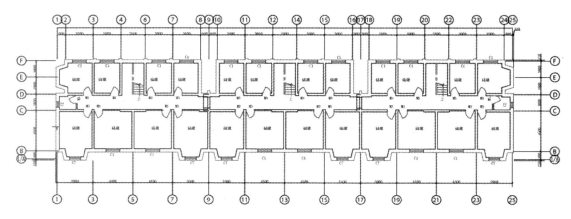

图 4-5　勾画户型外轮廓造型

图 4-5　勾画户型外轮廓造型（续）

Step 06 将户型建筑单体轮廓粘贴到总平面图形中，如图 4-6 所示。

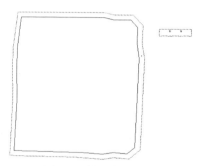

图 4-6　粘贴户型轮廓

Step 07 按上述方法准备好需要的户型平面轮廓造型（户型 A、B 等），如图 4-7 所示。

Step 08 单击"默认"选项卡"修改"面板中的"复制"按钮 ⁰₃，将户型 A 轮廓复制到建设用地的左上角的建筑控制线内的位置，如图 4-8 所示。

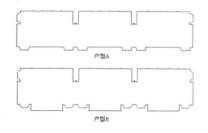

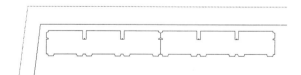

图 4-7　准备其他户型轮廓造型　　　　　　图 4-8　布置户型 A 建筑单体

Step 09 在建设用地的右上角位置，并在建筑控制线内复制户型 A 建筑单体轮廓，如图 4-9 所示。

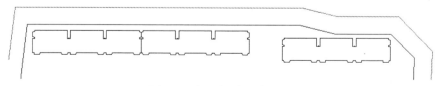

图 4-9　布置户型 A 建筑单体

提 示　按照国家相关规范，在满足消防、日照等间距要求的前提下，要与前面建筑单体保持合适的距离来布置户型 C 建筑单体，该户型按组团进行布置排列并适当变化。

Step 10 继续单击"默认"选项卡"修改"面板中的"复制"按钮和"移动"按钮，对户型A按3个建筑单体进行组团布置，如图4-10所示。

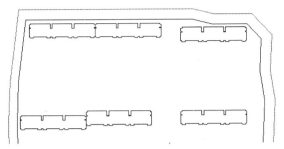

图4-10 按3个单体组团布置

提示 在建设用地中下部位置，按与上一排建筑单体组团造型对称的方式，在满足消防、日照等间距要求的前提下，组团布置新的一排C户型建筑单体。

Step 11 在建设用地下部位置，满足消防、日照等间距要求的前提下，单击"默认"选项卡"修改"面板中的"复制"按钮和"移动"按钮布置户型B建筑单体造型，该建筑单体同样按3个单体组团进行布置，如图4-11所示。

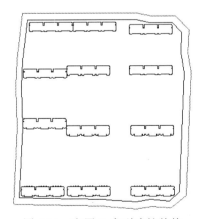

图4-11 布置B户型建筑单体

提示 缩放视图，对建筑总平面中各个建筑单体造型的位置进行调整，以取得比较好的总平面布局。同时注意保存图形。

Step 12 在小区中部位置，单击"默认"选项卡"绘图"面板中的"矩形"按钮，选取适当尺寸，绘制小区综合楼会所造型，如图4-12所示。

Step 13 单击"默认"选项卡"绘图"面板中的"直线"按钮，绘制会所内部图线造型，单击

"默认"选项卡"修改"面板中的"镜像"按钮▲，进行对称复制，如图 4-13 所示。

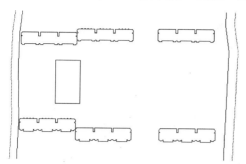

图 4-12　绘制小区综合楼轮廓

图 4-13　绘制内部图形

Step 14 单击"默认"选项卡"绘图"面板中的"圆弧"按钮￼，绘制弧线造型，如图 4-14 所示。

Step 15 单击"默认"选项卡"绘图"面板中的"直线"按钮￼，绘制一条通过弧线圆心位置的直线，如图 4-15 所示。

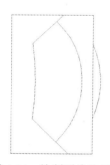

图 4-14　绘制弧线造型

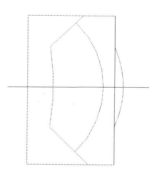

图 4-15　绘制一条通过弧线圆心位置的直线

Step 16 通过热点键进行复制，方法是选中要旋转复制的图线，再单击小方框使其变为红色。然后右击，在弹出的快捷菜单上选择"旋转"命令，结果如图 4-16 所示。

Step 17 单击"默认"选项卡"修改"面板中的"修剪"按钮￼，对其进行剪切，得到会所造型，如图 4-17 所示。

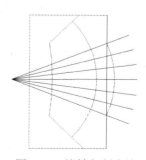

图 4-16　旋转复制直线

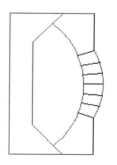

图 4-17　剪切后的图形

Step 18 单击"默认"选项卡"绘图"面板中的"矩形"按钮￼，选取适当尺寸，绘制小区配套商业楼建筑造型，如图 4-18 所示。

Step 19 单击 "默认" 选项卡 "绘图" 面板中的 "多段线" 按钮，绘制小区配套锅炉房、垃圾间等建筑造型，如图 4-19 所示。

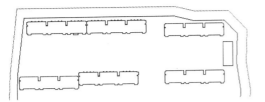

图 4-18　绘制配套商业楼造型

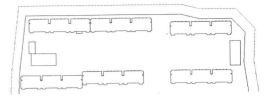

图 4-19　绘制锅炉房、垃圾间等造型

提　示

小区配套建筑，有锅炉房、垃圾间和门房等。

2. 小区道路等图形的绘制

Step 01 单击 "默认" 选项卡 "绘图" 面板中的 "直线" 按钮，创建小区主入口道路，分为两条道路，如图 4-20 所示。

Step 02 单击 "默认" 选项卡 "绘图" 面板中的 "多段线" 按钮和 "修改" 面板中的 "偏移" 按钮，从主入口道路向两侧创建小区道路，如图 4-21 所示。

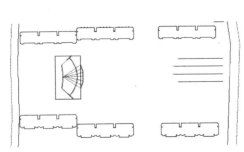

图 4-20　创建主入口道路

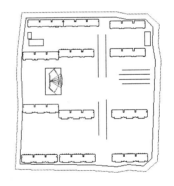

图 4-21　创建小区道路

Step 03 在小区上部组团范围，单击 "默认" 选项卡 "绘图" 面板中的 "多段线" 按钮，创建组团内的道路轮廓，如图 4-22 所示。

Step 04 单击 "默认" 选项卡 "修改" 面板中的 "圆角" 按钮，指定适当圆角半径对道路进行圆角，形成道路转弯半径，如图 4-23 所示。

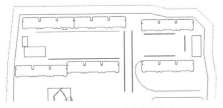

图 4-22　创建组团内的道路

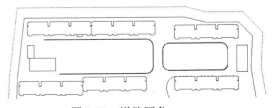

图 4-23　道路圆角

道路转弯半径一般为 6m ~ 15m。

提 示

Step 05　在一些弧度大的或多段连续弧度变化的地方，单击"默认"选项卡"绘图"面板中的"圆弧"按钮 和"修改"面板中的"修剪"按钮 ，创建转弯半径造型，如图 4-24 所示。

Step 06　在小区道路尽端，单击"默认"选项卡"绘图"面板中的"多段线"按钮 和"圆弧"按钮 ，绘制一个回车场造型，如图 4-25 所示。

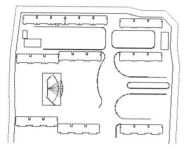

图 4-24　绘制多段变化弧线造型

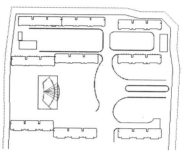

图 4-25　绘制回车场造型

Step 07　按上述方法，创建小区其他位置的道路或组团道路，如图 4-26 所示。

Step 08　完成道路绘制，如图 4-27 所示。

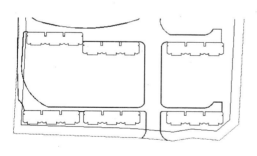

图 4-26　创建其他道路位置

图 4-27　完成道路绘制

Step 09　根据地下室的布局情况，单击"默认"选项卡"绘图"面板中的"多段线"按钮 和"圆弧"按钮 ，在相应的地面位置绘制地下车库入口造型，如图 4-28 所示。

Step 10　单击"默认"选项卡"绘图"面板中的"圆弧"按钮 和"修改"面板中的"偏移"按钮 ，创建车库入口的顶棚弧线造型，如图 4-29 所示。

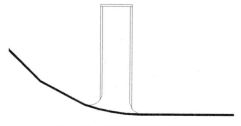

图 4-28　绘制车库入口造型

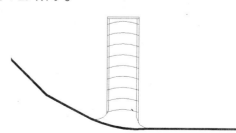

图 4-29　绘制入口弧线

Step 11 按上述方法绘制其他位置的地下车库出入口造型，单击"默认"选项卡"修改"面板中的"修剪"按钮，对相应的道路线进行修改，如图 4-30 所示。

Step 12 单击"默认"选项卡"绘图"面板中的"多段线"按钮，创建地面汽车停车位轮廓，如图 4-31 所示。

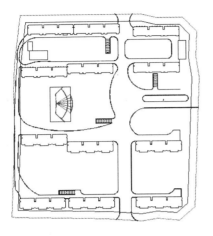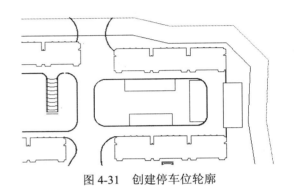

图 4-30　绘制其他位置车库出入口　　　　图 4-31　创建停车位轮廓

1 个车位大小为 2500mm × 6000mm。

提　示

Step 13 按每个组团有地面停车位的要求，单击"默认"选项卡"绘图"面板中的"多段线"按钮，创建其他位置的地面停车位造型，如图 4-32 所示。

3．标注文字和尺寸

Step 01 单击"默认"选项卡"绘图"面板中的"插入块"按钮，插入一个风玫瑰造型图块，并调用"多行文字"命令 **A**，标注比例参数为 1:1000，如图 4-33 所示。

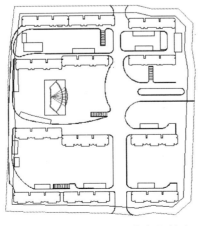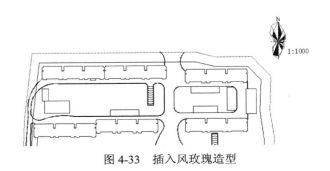

图 4-32　绘制其他位置停车位轮廓　　　　图 4-33　插入风玫瑰造型

110

提 示　也可绘制指北针造型。

Step 02　单击"默认"选项卡"注释"面板中的"多行文字"按钮 A，标注户型名称、楼层数以及楼栋号，如图 4-34 所示。

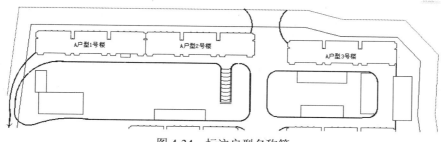

图 4-34　标注户型名称等

Step 03　根据需要，单击"默认"选项卡"注释"面板中的"线性"按钮，标注相应位置的有关尺寸，如图 4-35 所示。

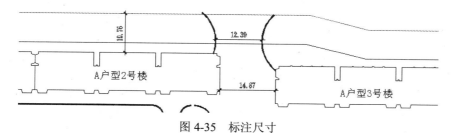

图 4-35　标注尺寸

Step 04　单击"默认"选项卡"绘图"面板中的"多段线"按钮和"修改"面板中的"复制"按钮，创建小区入口指示方向的标志符号造型，如图 4-36 所示。

提 示　其他一些入口标志参照此方法进行绘制。

Step 05　单击"默认"选项卡"注释"面板中的"多行文字"按钮 A，进行图名标注等其他一些操作，如图 4-37 所示。

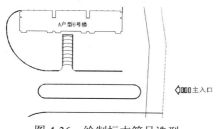

图 4-36　绘制标志符号造型

图 4-37　标注图名

Step 06 绘制或插入图框造型，并调整适合的位置，完成住宅小区建筑总平面图的初步绘制，如图 4-38 所示。

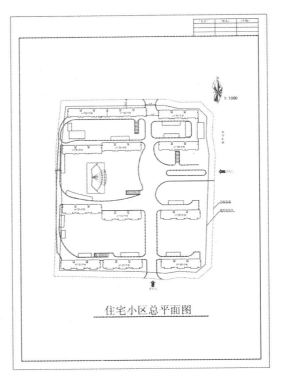

图 4-38　插入图框

4．各种景观造型绘制

住宅小区各项用地的布局要合理，要有完善的住宅和公共服务设施，有道路及公共绿地。为适应不同地区、不同人口组成和不同收入的居民家庭的要求，住宅区的设计要考虑经济的可持续发展和城市的总体规划，从城市用地、建筑布点、群体空间结构造型、改变城市面貌以及远景规划等方面进行全局考虑，并融合意境创造、自然景观、人文地理、风俗习惯等总体环境，精心设计每一个部分的绿化景观，给人们提供一个方便、舒适、优美的居住场所。在绘图时，根据建设用地范围，除了建筑用地外，合理安排人工湖、水景等景观，布置花草树木等绿化园林。

本小节介绍住宅小区中各种园林绿化景观绘制及布置的 CAD 设计方法，如水景或人工湖景观造型的绘制、园林绿化的布置等。

Step 01 绘制小区中部的水景环境景观造型。单击"默认"选项卡"绘图"面板中的"多段线"按钮┙和"修改"面板中的"偏移"按钮┗以及"拉伸"按钮┛，创建通道造型，如图 4-39 所示。

Step 02 单击"默认"选项卡"绘图"面板中的"圆"按钮⊘，在通道内侧创建一个圆形，如图 4-40 所示。

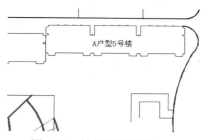

图 4-39   绘制通道造型

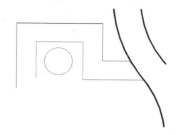

图 4-40   创建一个圆形

Step 03   单击"默认"选项卡"修改"面板中的"镜像"按钮，进行镜像，得到对称图形造型，如图 4-41 所示。

Step 04   单击"默认"选项卡"绘图"面板中的"圆弧"按钮，连接中间部分弧线段，如图 4-42 所示。

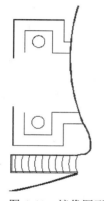

图 4-41   镜像图形

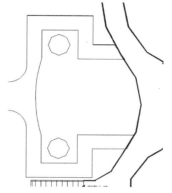

图 4-42   连接弧线段

Step 05   单击"默认"选项卡"绘图"面板中的"圆"按钮、"直线"按钮以及"修改"面板中的"修剪"按钮，绘制水景上侧造型，如图 4-43 所示。

Step 06   单击"默认"选项卡"绘图"面板中的"多边形"按钮和"修改"面板中的"旋转"按钮，在左端绘制正方形花池造型，如图 4-44 所示。

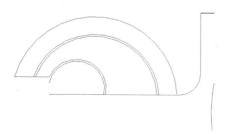

图 4-43   绘制水景上侧造型

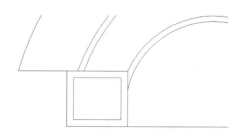

图 4-44   绘制正方形

Step 07   单击"默认"选项卡"绘图"面板中的"直线"按钮和"修改"面板中的"修剪"按钮，勾画放射状线条，如图 4-45 所示。

提 示   不宜采用"射线"命令进行绘制。

Step 08　单击"默认"选项卡"注释"面板中的"多行文字"按钮 **A**，在水景范围标注文字，然后单击"默认"选项卡"绘图"面板中的"图案填充"按钮，打开"图案填充创建"选项卡，填充水景中的水波造型，如图 4-46 所示。

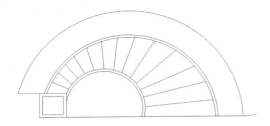

图 4-45　勾画放射线

图 4-46　标注文字及填充水波造型

Step 09　单击"默认"选项卡"修改"面板中的"镜像"按钮，通过镜像的方式得到对称造型，如图 4-47 所示。

提　示　不宜采用复制功能命令。

Step 10　单击"默认"选项卡"绘图"面板中的"直线"按钮 和"修改"面板中的"偏移"按钮，在两个水景造型中间，绘制连接图线造型，如图 4-48 所示。

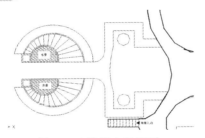

图 4-47　镜像水景造型

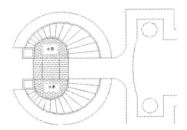

图 4-48　绘制水景连接图线

Step 11　单击"默认"选项卡"绘图"面板中的"多段线"按钮 和"圆弧"按钮，绘制水景造型与会所综合楼的连接图线，完成景观造型绘制，如图 4-49 所示。

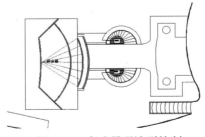

图 4-49　完成景观造型绘制

5．绿化景观布局绘制

Step 01　单击"默认"选项卡"绘图"面板中的"插入块"按钮，插入花草效果图块，如图 4-50

所示。

图 4-50 插入花草造型

提 示 在已有的图形库中选择合适的花草造型并插入住宅小区建筑总平面图中，花草图块的绘制在此从略。

Step 02 单击"默认"选项卡"修改"面板中的"复制"按钮，对花草造型进行复制，如图 4-51 所示。

Step 03 单击"默认"选项卡"绘图"面板中的"插入块"按钮，选择另外一种花草造型并插入住宅小区总平面图中，如图 4-52 所示。

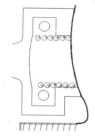

图 4-51 复制花草造型

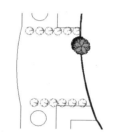

图 4-52 再插入花草新造型

提 示 为使得平面绿化效果丰富，需布置几种造型不一样的花草造型。

Step 04 单击"默认"选项卡"修改"面板中的"复制"按钮，对该种花草造型进行复制，如图 4-53 所示。

Step 05 单击"默认"选项卡"绘图"面板中的"插入块"按钮，再选择一种新的花草造型进行插入布置，如图 4-54 所示。

Step 06 单击"默认"选项卡"修改"面板中的"复制"按钮，布置不同花草造型，如图 4-55 所示。

Step 07 单击"默认"选项卡"绘图"面板中的"插入块"按钮和"修改"面板中的"复制"按钮等，通过复制和组合不同花草造型，创建绿地不同的景观绿化效果，如图 4-56 所示。

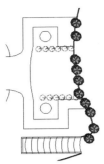

图 4-53　用插入的花草进行布置

图 4-54　插入新的造型

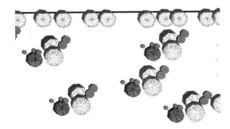

图 4-55　布置不同花草造型

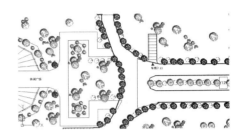

图 4-56　创建绿化效果

 在小区绿地及道路两侧，按上述方法，布置小区其他位置的园林绿化景观。布置花草
时注意，既有一定规律，又有一定的随机性。

提　示

Step
08　单击"默认"选项卡"绘图"面板中的"多段线"按钮 ，绘制草坪轮廓线，并单击"默
认"选项卡"绘图"面板中的"图案填充"按钮 ，填充草地的草坪效果，如图 4-57
所示。

Step
09　布置其他位置的点状花草造型，如图 4-58 所示。

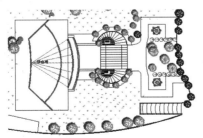

图 4-57　填充草坪效果

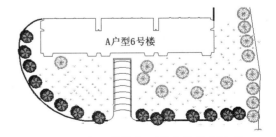

图 4-58　布置其他位置的点状花草造型

Step
10　最后，完成小区总平面绿化景观的绘制，总平面图绘制完成，如图 4-59 所示。

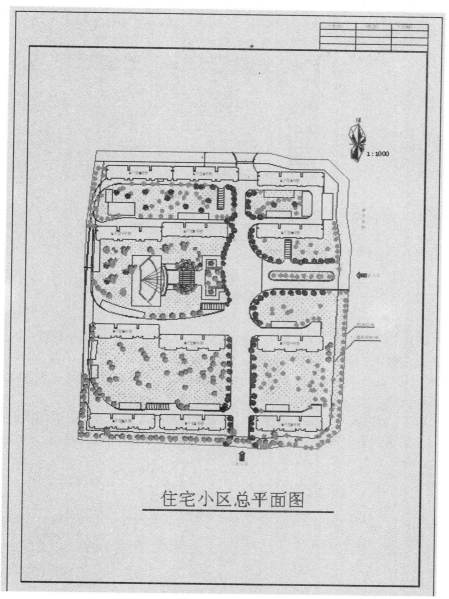

图 4-59　完成总平面图的绘制

4.1.2　拓展实例——某办公大楼总平面图

读者可以利用上面所学的相关知识完成某办公大楼总平面图的绘制，如图 4-60 所示。

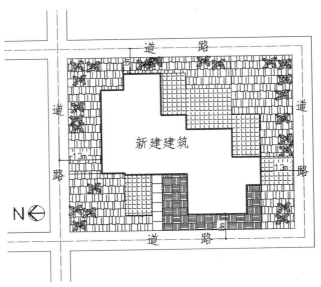

图 4-60　某办公大楼总平面图

Step 01 设置绘图参数。

Step 02 单击"默认"选项卡"绘图"面板中的"直线"按钮，和"修改"面板中的"偏移"按钮，绘制轴线，如图 4-61 所示。

Step 03 单击"默认"选项卡"绘图"面板中的"多段线"按钮，绘制总平面图轮廓线，如图 4-62 所示。

Step 04 单击"默认"选项卡"绘图"面板中的"直线"按钮，和"修改"面板中的"偏移"按钮和工具选项板，最终完成某办公大楼总平面图的绘制，如图 4-60 所示。

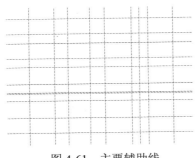

图 4-61　主要辅助线

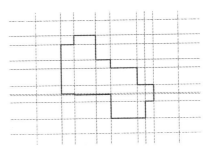

图 4-62　绘制轮廓线

4.2　建筑平面图绘制实例——某低层住宅地下层平面图

本节中，将循序渐进地介绍室内设计的基本知识以及 AutoCAD 的基本操作方法。以砖混住宅地下室平面图为例进行讲解，如图 4-63 所示。

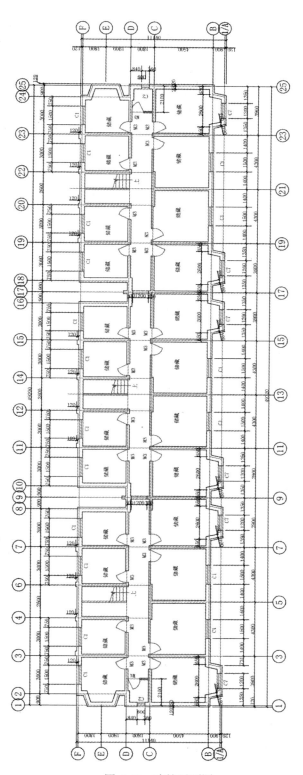

图 4-63 建筑平面图

4.2.1 操作步骤

1．绘图准备

打开 AutoCAD 2016 应用程序，单击"快速访问"工具栏中的"新建"按钮，弹出"选择样板"对话框，如图 4-64 所示。以"acadiso.dwt"为样板文件，建立新文件并保持到适当的位置。

图 4-64 "选择样板"对话框

2．设置单位

选择菜单栏中的"格式"→"单位"命令，系统打开"图形单位"对话框，如图 4-65 所示。设置长度"类型"为"小数"、"精度"为"0"；设置角度"类型"为"十进制度数"，"精度"为"0"；系统默认逆时针方向为正，设置插入时的缩放比例为"无单位"。

图 4-65 "图形单位"对话框

3．在命令行中输入 LIMITS 命令设置图幅：420000×297000。

命令行提示与操作如下：

```
命令：LIMITS✓
重新设置模型空间界限：
```

120

```
指定左下角点或 [开(ON)/关(OFF)]<0.0000,0.0000>: ✓
指定右上角点 <12.0000,9.0000>: 420000,297000✓
```

提 示　新建文件时，可以选用样板文件，这样可以省去很多设置。

4. 新建图层

Step 01　单击"默认"选项卡"图层"面板中的"图层特性"按钮，弹出"图层特性管理器"对话框，如图 4-66 所示。

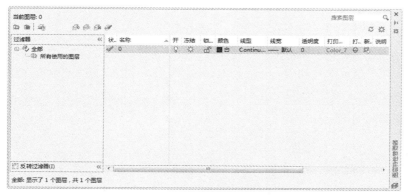

图 4-66　"图层特性管理器"对话框

提 示　在绘图过程中，往往有不同的绘图内容，如轴线、墙线、装饰布置图块、地板、标注、文字等，如果将这些内容放置在一起，绘制之后如果要删除或编辑某一类型图形，将带来选取上的困难。AutoCAD 提供了图层功能，为编辑带来了极大的方便。

在绘图初期可以建立不同的图层，将不同类型的图形绘制在不同的图层当中，在编辑时可以利用图层的显示和隐藏功能、锁定功能来操作图层中的图形，十分便于编辑运用。

Step 02　单击"图层特性管理器"对话框中的"新建图层"按钮 新建图层，如图 4-67 所示。

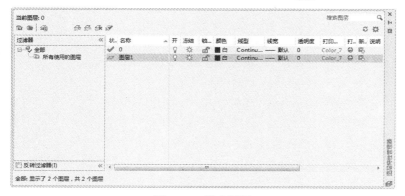

图 4-67　新建图层

Step 03 新建图层的图层名称默认为"图层 1",将其修改为"轴线"。图层名称后面的选项由左至右依次为:"开/关图层""在所有视口中冻结/解冻图层""锁定/解锁图层""图层默认颜色""图层默认线型""图层默认线宽""打印样式"等。其中,编辑图形时最常用的是"图层的开/关""锁定以及图层颜色""线型的设置"等。

Step 04 单击新建的"轴线"图层"颜色"栏中的色块,弹出"选择颜色"对话框,如图 4-68 所示,选择红色为轴线图层的默认颜色。单击"确定"按钮,返回"图层特性管理器"对话框。

Step 05 单击"线型"栏中的选项,弹出"选择线型"对话框,如图 4-69 所示。轴线一般在绘图中应用点划线进行绘制,因此应将"轴线"图层的默认线型设为中心线。单击"加载"按钮,弹出"加载或重载线型"对话框,如图 4-70 所示。

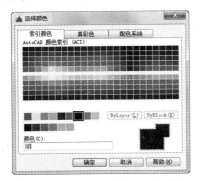

图 4-68 "选择颜色"对话框

图 4-69 "选择线型"对话框

Step 06 在"可用线型"列表框中选择"CENTER"线型,单击"确定"按钮,返回"选择线型"对话框。选择刚刚加载的线型,如图 4-71 所示,单击"确定"按钮,轴线图层设置完毕。

图 4-70 "加载或重载线型"对话框

图 4-71 已加载的线型

Step 07 采用相同的方法按照以下说明,新建其他几个图层。

- "墙线"图层:颜色为白色,线型为实线,线宽为 0.3mm。
- "门窗"图层:颜色为蓝色,线型为实线,线宽为默认。
- "装饰"图层:颜色为蓝色,线型为实线,线宽为默认。
- "文字"图层:颜色为白色,线型为实线,线宽为默认。
- "尺寸标注"图层:颜色为绿色,线型为实线,线宽为默认。

在绘制的平面图中,包括轴线、门窗、装饰、文字和尺寸标注几项内容,分别按照上面所介绍的方式设置图层。其中的颜色可以依照读者的绘图习惯自行设置,并没有具体的要求。设置完成后的"图层特性管理器"对话框如图 4-72 所示。

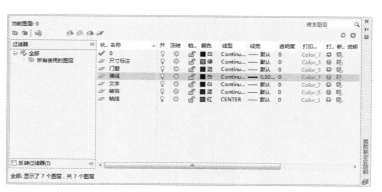

图 4-72　设置图层

有时在绘制过程中需要删除使用不到的图层，我们可以将无用的图层关闭，全选、COPY 粘贴至一新文件中，那些无用的图层就不会贴过来。如果曾经在这个准备删除的图层中定义过块，又在另一图层中插入了这个块,那么这个准备删除的图层是不能用这种方法删除的。

提　示

5. 绘制轴线

Step 01　选择"轴线"图层为当前图层，如图 4-73 所示。

图 4-73　设置当前图层

Step 02　单击"默认"选项卡"绘图"面板中的"直线"按钮，绘制一条长度为 13000 的竖直轴线。

Step 03　单击"默认"选项卡"绘图"面板中的"直线"按钮，绘制一条长度为 52000 的水平轴线。两条轴线绘制完成，如图 4-74 所示。

图 4-74　绘制轴线

使用"直线"命令时，若为正交轴网，可按下"正交"按钮，根据正交方向提示，直接输入下一点的距离即可，而不需要输入@符号；若为斜线，则可按下"极轴"按钮，设置斜线角度。此时，图形即进入了自动捕捉所需角度的状态，其可大大提高制图时直线输入距离的速度。注意，两者不能同时使用。

提　示

Step 04　此时，轴线的线型虽然为中心线，但是由于比例太小，显示出来还是实线的形式。选择刚刚绘制的轴线并右击，在弹出的如图 4-75 所示的快捷菜单中选择"特性"命令，弹出"特性"对话框，如图 4-76 所示。将"线型比例"设置为"50"，轴线显示如图 4-77 所示。

图 4-75　下拉菜单

图 4-76　"特性"对话框

图 4-77　修改轴线比例

提　示

通过全局修改或单个修改每个对象的线型比例因子，可以以不同的比例使用同一个线型。默认情况下，全局线型和单个线型比例均设置为 1.0。比例越小，每个绘图单位中生成的重复图案就越多。例如，设置为 0.5 时，每一个图形单位在线型定义中显示重复两次的同一图案。不能显示完整线型图案的短线段显示为连续线。对于太短，甚至不能显示一个虚线小段的线段，可以使用更小的线型比例。

Step 05 单击"默认"选项卡"修改"面板中的"偏移"按钮，然后在"偏移距离"提示行后面输入"900"，回车确认后选择水平直线，在直线上侧单击鼠标左键，将直线向上偏移"900"的距离，命令行提示与操作如下：

```
命令：_offset
当前设置：删除源=否　图层=源　OFFSETGAPTYPE=0
指定偏移距离或[通过(T)/删除(E)/图层(L)]<通过>：900✓
选择要偏移的对象或[退出(E)/放弃(U)]<退出>：（选择水平直线）
指定要偏移的那一侧上的点或[退出(E)/多个(M)/放弃(U)]<退出>：（在水平直线上侧单击鼠标左键）
选择要偏移的对象或[退出(E)/放弃(U)]<退出>：✓
```

结果如图 4-78 所示。

图 4-78　偏移水平直线

Step 06　按照上述方法，继续偏移其他轴线，偏移的尺寸分别为：水平直线向上偏移 4500、1800、1900、1800。垂直直线向右偏移 900、3000、3000、1300、1300、3000、3000、900、900、3000、3000、1300、1300、3000、3000、900、900、3000、3000、2600、3000、3000、900，如图 4-79 所示。

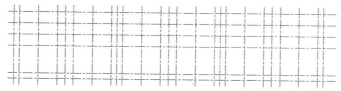

图 4-79　偏移竖直直线

Step 07　单击"默认"选项卡"修改"面板中的"偏移"按钮 ⚒，选取左侧第三根竖直直线连续向右偏移，偏移距离为 4300、16400、16400，如图 4-80 所示。

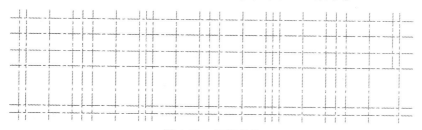

图 4-80　偏移直线

Step 08　单击"默认"选项卡"修改"面板中的"修剪"按钮 ⚒，对上步偏移后的轴线进行修剪，命令行图示与操作如下：

```
命令：TRIM✓
当前设置：投影=UCS，边=无
选择剪切边…
选择对象或 <全部选择>：（选择边界）
选择要修剪的对象，或按住 Shift 键选择要延伸的对象，或 [栏选(F)/窗交(C)/投影(P)/边(E)/
删除(R)/放弃(U)]：（选择要修剪的对象）
```

如图 4-81 所示。

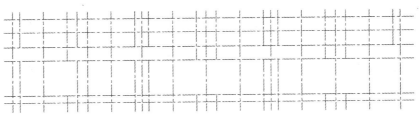

图 4-81　修剪轴线

Step 09 单击"默认"选项卡"修改"面板中的"删除"按钮 ✐，选取上步修剪轴线后的多余线段进行删除，如图 4-82 所示。

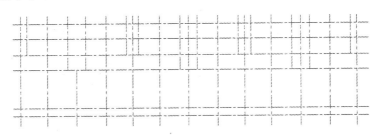

图 4-82　删除多余图形

Step 10 单击"默认"选项卡"绘图"面板中的"直线"按钮 ✐，在图形适当位置绘制多段斜向直线，如图 4-83 所示。

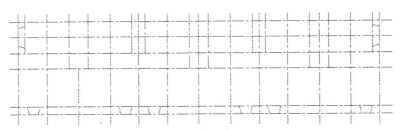

图 4-83　绘制斜向直线

6．绘制外部墙线

一般的建筑结构的墙线均是单击 AutoCAD 中的多线命令按钮绘制的。本例中将利用"多线""修剪"和"偏移"命令完成绘制。

Step 01 选择"墙线"图层为当前图层，如图 4-84 所示。

　　✓ 墙线　　　　💡 ☼　　🔓 ■白　　Continu... —— 0.30... 0　　　Color_7 🖶 🕸

图 4-84　设置当前图层

Step 02 设置多线样式。在建筑结构中，包括承载受力的承重结构和用来分割空间、美化环境的非承重墙。

　　❶ 选取菜单栏"格式"→"多线样式"命令，打开"多线样式"对话框，如图 4-85 所示。

图 4-85　多线样式对话框

❷ 在多线样式对话框中，可以看到样式栏中只有系统自带的 STANDARD 样式，单击右侧的"新建"按钮，打开"创建新的多线样式"对话框，如图 4-86 所示。在新样式名的空白文本框中输入"墙"，作为多线的名称。单击"继续"按钮，打开"新建多样样式：墙"对话框，如图 4-87 所示。

图 4-86　新建多线样式

❸ "墙"为绘制外墙时应用的多线样式，由于外墙的宽度为"370"，所以按照图 4-87 中所示，将偏移分别修改为"120"和"-250"，并将左端封口选项栏中的直线后面的两个复选框勾选，单击"确定"按钮，回到多线样式对话框中，单击"确定"回到绘图状态。

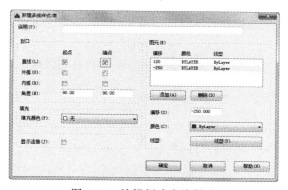

图 4-87　编辑新建多线样式

Step 03　绘制墙线

❶ 选取菜单栏"绘图"→"多线"命令，绘制砖混住宅地下室平面图中所有 370 厚的墙体。命令行提示与操作如下：

```
命令：_mline
```

当前设置：对正=上，比例=20.00，样式=STANDARD

指定起点或[对正(J)/比例(S)/样式(ST)]：ST（设置多线样式）

输入多线样式名或[?]：墙（多线样式为墙1）

当前设置：对正=上，比例=20.00，样式=墙

指定起点或[对正(J)/比例(S)/样式(ST)]：J

输入对正类型[上(T)/无(Z)/下(B)]<上>：Z（设置对中模式为无）

当前设置：对正=无，比例=20.00，样式=墙

指定起点或[对正(J)/比例(S)/样式(ST)]：S

输入多线比例<20.00>：1（设置线型比例为1）

当前设置：对正=无，比例=1.00，样式=墙

指定起点或[对正(J)/比例(S)/样式(ST)]：（选择左侧竖直直线下端点

指定下一点：指定下一点或[放弃(U)]：

逐个进行绘制，完成后的结果如图 4-88 所示。

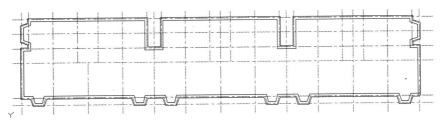

图 4-88　绘制外墙线

读者绘制墙体时需要注意，如果墙体厚度不同，要对多线样式进行修改。

提　示

目前，国内对建筑 CAD 制图开发了多套适合我国规范的专业软件，如天正、广厦等。这些以 AutoCAD 为平台开发的制图软件，通常根据建筑制图的特点，对许多图形进行模块化、参数化，故在使用这些专业软件时，大大提高了 CAD 制图的速度。而且这些专业软件制图格式规范统一，大大降低了一些单靠 CAD 制图易出现的小错误，给制图人员带来了极大的方便，节约了大量的制图时间，感兴趣的读者也可对相关软件试一试。

❷　选取菜单栏"格式"→"多线样式"命令，打开"多线样式"对话框。

❸　单击右侧的"新建"按钮，打开"创建新的多线样式"对话框，如图 4-89 所示。在新样式名的空白文本框中输入"内墙"，作为多线的名称。单击"继续"按钮。

图 4-89　新建多线样式

❹　"内墙"为绘制非承重墙时应用的多线样式，由于非承重强的厚度为"240"，所以按照图 4-90 中所示，将偏移分别修改为"120"和"-120"，单击"确定"按钮，回到多线样式对话框中，单击"确定"回到绘图状态。

图 4-90　编辑新建多线样式

7．绘制非承重墙

Step 01　单击"默认"选项卡"修改"面板中的"偏移"按钮🖳，选取最左侧竖直轴线向右偏移，偏移距离为 2100、45000，选取菜单栏"绘图"→"多线"命令，绘制图形中的非承重墙，绘制完成如图 4-91 所示。

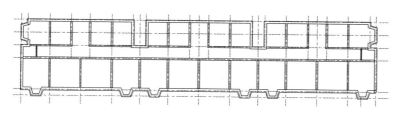

图 4-91　绘制内墙线

Step 02　单击"默认"选项卡"修改"面板中的"分解"按钮🖾，选取上步已经绘制完的墙体，回车确认对墙体进行分解。

Step 03　单击"默认"选项卡"修改"面板中的"修剪"按钮⊬，对墙体相交线段进行修剪，如图 4-92。

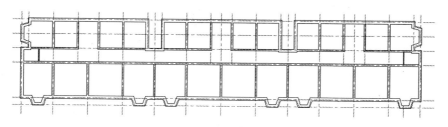

图 4-92　修剪墙线

8. 绘制柱子

Step 01 单击"默认"选项卡"绘图"面板中的"多段线"按钮，在图形适当位置绘制连续多段线，如图 4-93 所示。

Step 02 其他柱子的大小相同，位置不同，单击"默认"选项卡"修改"面板中的"复制"按钮，选取上步绘制的多段线为复制对象，将其复制到适当位置。注意复制时，灵活应用对象捕捉功能，这样会很方便定位，如图 4-94 所示。

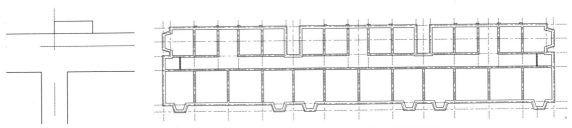

图 4-93　绘制矩形　　　　　　　　　　　图 4-94　复制柱子图形

Step 03 单击"默认"选项卡"修改"面板中的"修剪"按钮，对柱子和墙体交接处进行修剪，如图 4-95 所示。

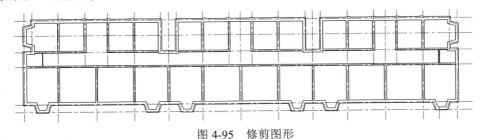

图 4-95　修剪图形

提 示　有一些多线并不适合利用"多线修改"命令进行修改，我们可以先将多线分解，直接利用修剪命令完成修剪。

9. 绘制窗洞

Step 01 绘制洞口时，常以临近的墙线或轴线作为距离参照来帮助确定洞口位置。现在以客厅北侧的窗洞为例，拟画洞口宽"1500"，位于该段墙体的中部，因此洞口两侧剩余墙体的宽度均为"750"（到轴线）。打开"轴线"层，将"墙线"层置为当前层。单击"默认"选项卡"修改"面板中的"偏移"按钮，将左侧墙的轴线向右偏移，偏移距离为"750"，将右侧轴线向左偏移，偏移距离为"750"，如图 4-96 所示。

Step 02 单击"默认"选项卡"修改"面板中的"修剪"按钮，按下回车键选择自动修剪模式，然后把门窗洞修剪出来，就能得到门窗洞，绘制结果如图 4-97 所示。

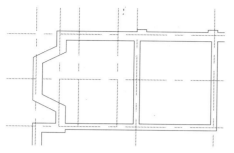

图 4-96　绘制门洞线

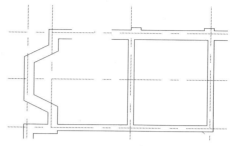

图 4-97　修剪门窗洞

Step 03　单击"默认"选项卡"绘图"面板中的"直线"按钮，绘制两段竖直直线封闭上步修剪的窗洞口，如图 4-98 所示。

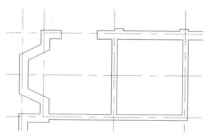

图 4-98　修剪所有门洞

Step 04　利用上述方法绘制出图形中所有门窗洞口，如图 4-99 所示。

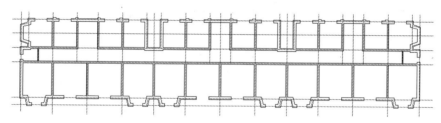

图 4-99　修剪出门窗洞口

10．绘制窗户

Step 01　选择"门窗"图层为当前图层，如图 4-100 所示。

| ✓ | 门窗 | | 💡 | ☼ | 🔓 | ■蓝 | Continu... | —— 默认 | 0 | Color_5 | 🖶 | 🗐 |

图 4-100　设置当前图层

Step 02　单击"默认"选项卡"绘图"面板中的"直线"按钮，绘制一条水平直线封闭窗洞，如图 4-101 所示。

Step 03　单击"默认"选项卡"修改"面板中的"偏移"按钮，选取上步绘制的窗线向上偏移，偏移距离为 123.33，如图 4-102 所示。

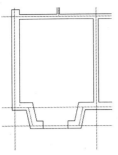

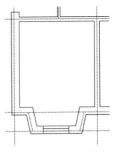

图 4-101　绘制窗线　　　　　　　　　　　图 4-102　偏移窗线

Step 04 选取菜单栏中的"格式"→"线型"命令，弹出"线型管理器"对话框，选择线型，如图 4-103 所示。

图 4-103　线型管理器

Step 05 选取一根窗线，如图 4-104 所示。单击鼠标右键，在弹出的如图 4-105 所示的快捷菜单中选择"特性"命令，弹出"特性"选项，如图 4-106 所示。再对编辑面板进行设置，如图 4-107 所示。

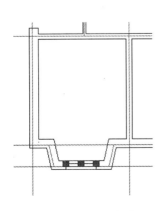

图 4-104　选取窗线

图 4-105　弹出菜单

图 4-106　"特性"编辑面板

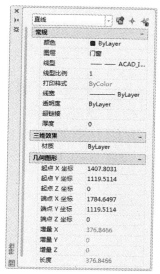

图 4-107　"特性"编辑面板

Step
06　完成线型的修改，如图 4-108 所示。

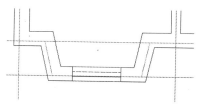

图 4-108　修改窗线线型

Step
07　利用上述方法完成所有窗线的线型修改，如图 4-109 所示。

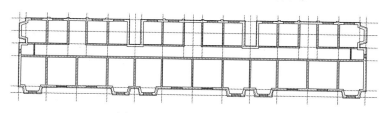

图 4-109　修改所有窗线线型

11．绘制门洞

Step
01　选择"墙线"图层为当前图层，如图 4-110 所示。

图 4-110　设置当前图层

Step
02　单击"默认"选项卡"绘图"面板中的"直线"按钮，在墙线适当位置绘制一段竖直直线，如图 4-111 所示。

Step
03　单击"默认"选项卡"修改"面板中的"偏移"按钮，选取竖直直线向右偏移，偏移距离为 900，如图 4-112 所示。

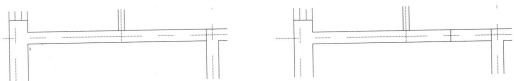

图 4-111　绘制竖直直线　　　　　　　　图 4-112　偏移竖直直线

Step 04 单击"默认"选项卡"修改"面板中的"修剪"按钮✂️，对上步偏移的直线进行修剪处理，如图 4-113 所示。

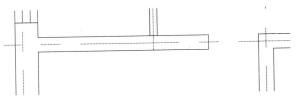

图 4-113　修剪线段

Step 05 利用上述方法，修剪出图形中所有的门洞口，如图 4-114 所示。

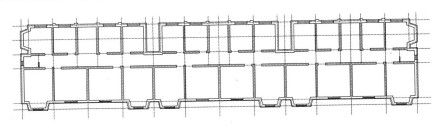

图 4-114　修剪门洞

Step 06 单击"默认"选项卡"修改"面板中的"偏移"按钮🗔，选取上边水平直线向下偏移，偏移距离为 5500，将偏移后轴线切换到墙线图层，如图 4-115 所示。

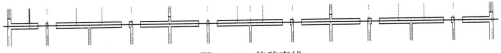

图 4-115　偏移直线

Step 07 单击"默认"选项卡"绘图"面板中的"直线"按钮✏️，在偏移后的轴线下方绘制一条竖直直线，如图 4-116 所示。

图 4-116　绘制竖直直线

Step 08 单击"默认"选项卡"修改"面板中的"修剪"按钮✂️，修剪掉偏移后的线段，如图 4-117 所示。

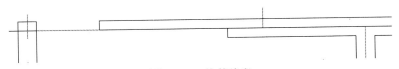

图 4-117　修剪线段

Step 09 利用上述方法绘制剩余的凹陷墙体，如图 4-118 所示。

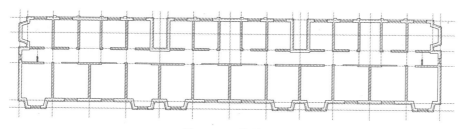

图 4-118　绘制凹墙

12．绘制门

Step 01 单击"默认"选项卡"绘图"面板中的"直线"按钮 ，绘制一条斜向直线，如图 4-119 所示。

Step 02 单击"默认"选项卡"绘图"面板中的"圆弧"按钮 ，利用"起点、端点、角度"绘制一段角度为 90° 的圆弧，命令行提示与操作如下：

```
命令：_arc
指定圆弧的起点或 [圆心(C)]：（矩形上步端点）
指定圆弧的第二个点或 [圆心(C)/端点(E)]：_e（任选一点）
指定圆弧的端点：
指定圆弧的中心点或 [角度(A)/方向(D)/半径(R)]：_a 指定包含角：a
指定夹角（按住 Ctrl 键以切换方向）：-90
```

结果如图 4-120 所示。

提示 绘制圆弧时，注意指定合适的端点或圆心，指定端点的时针方向即为绘制圆弧的方向。例如要绘制图 4-120 所示的下半圆弧，则起始端点应在左侧，终端点应在右侧，此时端点的时针方向为逆时针，即得到相应的逆时针圆弧。

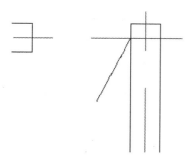

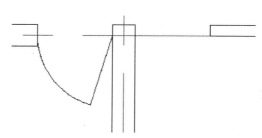

图 4-119　绘制斜向直线　　　　　　　　图 4-120　绘制圆弧

Step 03 单击"默认"选项卡"修改"面板中的"镜像"按钮 ，选择上步绘制的门垛，回车后

单击"捕捉到中点"命令按钮 ✓，选择矩形的中轴作为基准线，对称到另外一侧。

为了绘图简单，如果绘制图形中右对称图形，可以创建表示半个图形的对象，选择这些对象并沿指定的线进行镜像以创建另一半。

提 示

Step 04 双扇门的绘制方法与单扇门基本相同，在这里不再详细阐述，如图 4-121 所示。

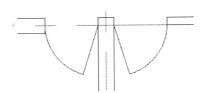

图 4-121　镜像门图形

Step 05 单击"默认"选项卡"修改"面板中的"复制"按钮 😼 和"镜像"按钮 ⚠，完成所有图形的绘制，如图 4-122 所示。

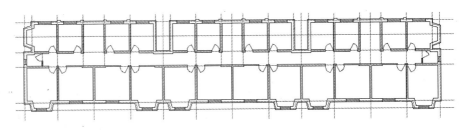

图 4-122　绘制剩余门图形

13．绘制楼梯

绘制楼梯时需要知道以下参数：

（1）楼梯形式（单跑、双跑、直行、弧形等）；

（2）楼梯各部位长、宽、高 3 个方向的尺寸，包括楼梯总宽、总长、楼梯宽度、踏步宽度、踏步高度、平台宽度等；

（3）楼梯的安装位置。

具体绘制过程如下：

Step 01 新建"楼梯"图层，颜色为"蓝色"，其余属性默认。将楼梯层设为当前图层，如图 4-123 所示。

图 4-123　设置当前图层

Step 02 单击"默认"选项卡"绘图"面板中的"直线"按钮 ✓，在适当位置绘制一条长 3450 的竖直直线，如图 4-124 所示。

Step 03 单击"默认"选项卡"修改"面板中的"偏移"按钮 🔂，选取上步绘制的直线分别向两侧偏移，偏移距离为 60，如图 4-125 所示。

Step 04 单击"默认"选项卡"修改"面板中的"删除"按钮 ✍，将偏移前的竖直直线删除，如图 4-126 所示。

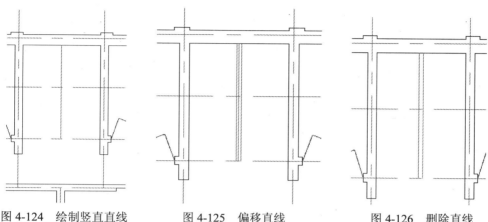

图 4-124　绘制竖直直线　　　　图 4-125　偏移直线　　　　图 4-126　删除直线

Step 05 单击"默认"选项卡"绘图"面板中的"直线"按钮 ✏，以上步偏移的外侧竖直直线下端点为起点向右绘制一条水平直线，如图 4-127 所示。

Step 06 单击"默认"选项卡"修改"面板中的"偏移"按钮 🔂，选取上步绘制的水平直线向上偏移 5 次，偏移距离为 260，如图 4-128 所示。

Step 07 单击"默认"选项卡"绘图"面板中的"直线"按钮 ✏，在适当位置绘制两条竖直直线，如图 4-129 所示。

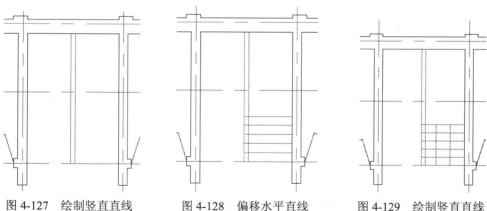

图 4-127　绘制竖直直线　　　　图 4-128　偏移水平直线　　　　图 4-129　绘制竖直直线

Step 08 单击"默认"选项卡"修改"面板中的"修剪"按钮 ✂，修剪掉多余线段，如图 4-130 所示。

Step 09 单击"默认"选项卡"绘图"面板中的"直线"按钮 ✏ 和"修改"面板中的"修剪"按钮 ✂，绘制楼梯折弯线，如图 4-131 所示。

Step 10 单击"默认"选项卡"绘图"面板中的"多段线"按钮 ⤵，绘制一段多段线作为楼梯的指引箭头，如图 4-132 所示。命令行提示与操作如下：

```
命令：PLINE↙
指定起点：（指定一点）
当前线宽为 0.0000
指定下一个点或 [圆弧(A)/半宽(H)/长度(L)/放弃(U)/宽度(W)]：（向上指定一点）
指定下一点或 [圆弧(A)/闭合(C)/半宽(H)/长度(L)/放弃(U)/宽度(W)]：w↙
指定起点宽度 <0.0000>：50↙
指定端点宽度 <50.0000>：0↙
指定下一点或 [圆弧(A)/闭合(C)/半宽(H)/长度(L)/放弃(U)/宽度(W)]：（向上指定一点）
指定下一点或 [圆弧(A)/闭合(C)/半宽(H)/长度(L)/放弃(U)/宽度(W)]：↙
```

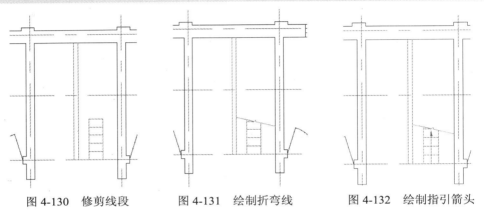

图 4-130 修剪线段   图 4-131 绘制折弯线   图 4-132 绘制指引箭头

Step 11 单击"默认"选项卡"修改"面板中的"复制"按钮，选取已经绘制完的楼梯图形向其他楼梯间内复制，如图 4-133 所示。

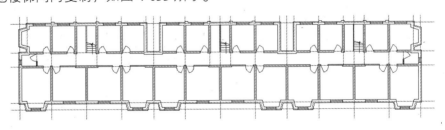

图 4-133 复制楼梯图形

14. 尺寸标注

Step 01 选择"尺寸标注"图层为当前图层，如图 4-134 所示。

✔ 尺寸标注　　🔆 ⚙ 🔓 ■绿 Continu… —— 默认 0 Color_3 🖨 🖳

图 4-134 设置当前图层

Step 02 选择菜单栏中的"标注" → "标注样式"命令，弹出"标注样式管理器"对话框，如图 4-135 所示。

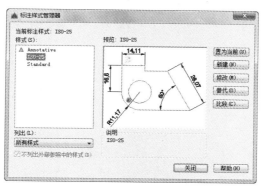

图 4-135　"标注样式管理器"对话框

Step 03　单击"修改"按钮，弹出"修改标注样式"对话框。单击"线"选项卡，对话框显示如图 4-136 所示，按照图中的参数修改标注样式。单击"符号和箭头"选项卡，按照图 4-137 所示的设置进行修改，箭头样式选择为"建筑标记"，箭头大小修改为"400"。在"文字"选项卡中设置"文字高度"为"450"，如图 4-138 所示。"主单位"选项卡的设置如图 4-139 所示。

图 4-136　"线"选项卡

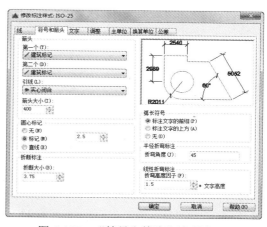

图 4-137　"符号和箭头"选项卡

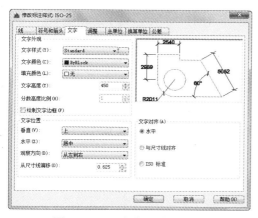

图 4-138　"文字"选项卡

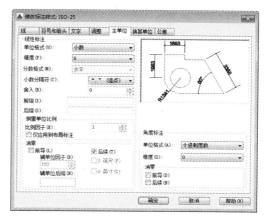

图 4-139　"主单位"选项卡

Step 04 选择菜单中的"工具"→"工具栏"→"AtuoCAD",将"标注"工具栏显示在屏幕上,如图 4-140 所示。

图 4-140 选择"标注"选项和 "标注"工具栏

Step 05 将"尺寸标注"图层设为当前层,单击"默认"选项卡"注释"面板中的"线性"按钮 ⊢,图形细部尺寸,命令行提示与操作如下:

命令: DIMLINEAR✓
指定第一个延伸线原点或 <选择对象>:(选择标注起点)
指定第二条延伸线原点: <正交 开>(选择标注终点)

指定尺寸线位置或[多行文字(M)/文字(T)/角度(A)/水平(H)/垂直(V)/旋转(R)]：(指定适当位置)

重复线性标注，结果如图 4-141 所示。

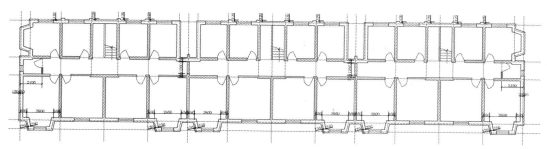

图 4-141　细部尺寸标注

Step 06　单击"默认"选项卡"注释"面板中的"线性"按钮 ⊢⊣ 和"连续"按钮 ⊞，标注第一道尺寸，如图 4-142 所示。

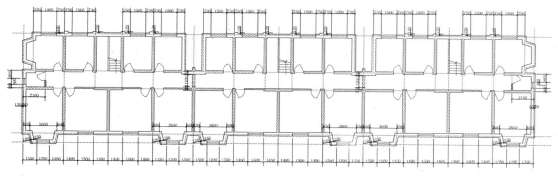

图 4-142　第一道尺寸标注

Step 07　单击"默认"选项卡"注释"面板中的"线性"按钮 ⊢⊣ 和"连续"按钮 ⊞，标注第二道尺寸，如图 4-143 所示。

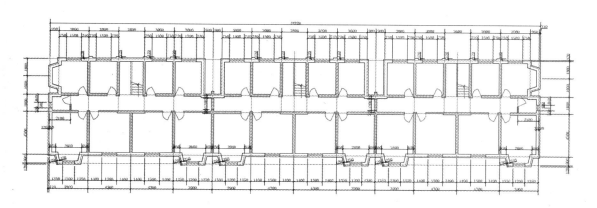

图 4-143　第二道尺寸标注

Step
08 单击"默认"选项卡"注释"面板中的"线性"按钮⊢⊣和"连续"按钮⊞⊞，标注图形总尺寸，如图 4-144 所示。

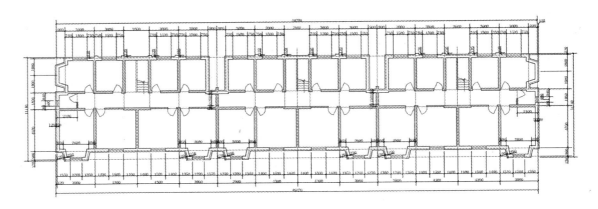

图 4-144 总尺寸标注

Step
09 单击"默认"选项卡"修改"面板中的"分解"按钮⊡，选取标注的第二道尺寸进行分解。

Step
10 单击"默认"选项卡"绘图"面板中的"直线"按钮╱，分别在横竖四条总尺寸线上方绘制四条直线，如图 4-145 所示。

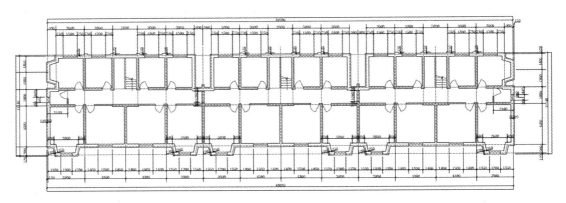

图 4-145 绘制直线

Step
11 单击"默认"选项卡"修改"面板中的"延伸"按钮-╱，选取分解后的标注线段，向上延伸，延伸至上步偏移的水平直线。

Step
12 单击"默认"选项卡"修改"面板中的"删除"按钮🖉，删除偏移后的直线，如图 4-146 所示。

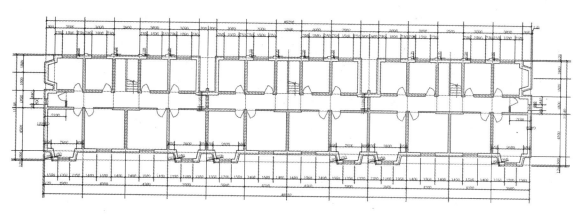

图 4-146 删除直线

15．添加轴号

Step 01 单击"默认"选项卡"绘图"面板中的"圆"按钮 ⊘，在适当位置绘制一个半径为 500 的圆，如图 4-147 所示。

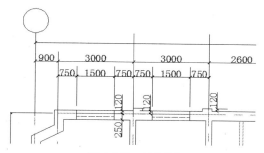

图 4-147 绘制圆

Step 02 选取菜单栏"绘图"→"块"→"定义属性"命令，弹出"属性定义"对话框，如图 4-148 所示。单击"确定"按钮，在圆心位置，输入一个块的属性值。设置完成后的效果如图 4-149 所示。

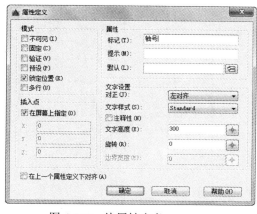

图 4-148 块属性定义

图 4-149 在圆心位置写入属性值

Step 03 单击"默认"选项卡"绘图"面板中的"创建块"按钮，弹出"块定义"对话框，如图 4-150 所示。在"名称"文本框中写入"轴号"，指定圆心为基点；选择整个圆和刚才的"轴号"标记为对象，单击"确定"按钮。弹出如图 4-151 所示的"编辑属性"对话框，输入轴号为"1"，单击"确定"按钮，轴号效果图如图 4-152 所示。

图 4-150　创建块

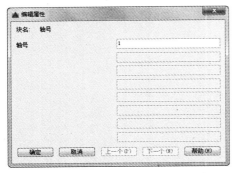

图 4-151　"编辑属性"对话框

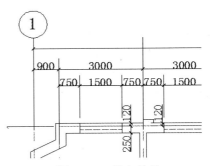

图 4-152　输入轴号

Step 04 单击"默认"选项卡"绘图"面板中的"插入块"按钮，弹出"插入"对话框，将轴号图块插入到轴线上，并修改图块属性，结果如图 4-153 所示。

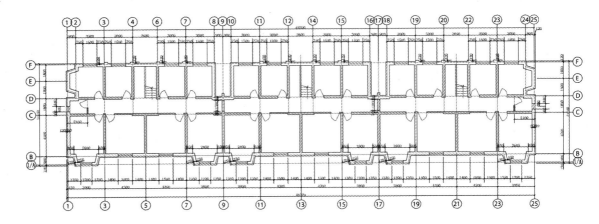

图 4-153　标注轴号

16. 文字标注

Step 01 选择"文字"图层为当前图层，如图 4-154 所示。

| ✓ 文字 | ♀ ☼ 🔓 ■白 Continu... —— 默认 0 Color_7 🖨 🗐 |

图 4-154　设置当前图层

Step 02 选择菜单栏栏中的"格式"→"文字样式"命令，弹出"文字样式"对话框，如图 4-155 所示。

图 4-155　"文字样式"对话框

Step 03 单击"新建"按钮，弹出"新建文字样式"对话框，将文字样式命名为"说明"，如图 4-156 所示。

Step 04 单击"确定"按钮，在"文字样式"对话框中取消勾选"使用大字体"复选框，然后在"字体名"下拉列表中选择"宋体"，"高度"设置为"300"，如图 4-157 所示。

图 4-156　"新建文字样式"对话框

图 4-157　修改文字样式

提示　在 CAD 中输入汉字时，可以选择不同的字体，在"字体名"下拉列表中，有些字体前面有"@"标记，如"@仿宋_GB2312"，说明该字体是为横向输入汉字用的，即输入的汉字逆时针旋转 90°。如果要输入正向的汉字，不能选择前面带"@"标记的字体。

Step 05 将"文字"图层设为当前层，在图中相应的位置输入需要标注的文字，结果如图 4-63

所示。

4.2.2 拓展实例——某低层住宅中间层平面图

读者可以利用上面所学的相关知识完成某低层住宅中间层平面图的绘制，如图 4-158 所示。

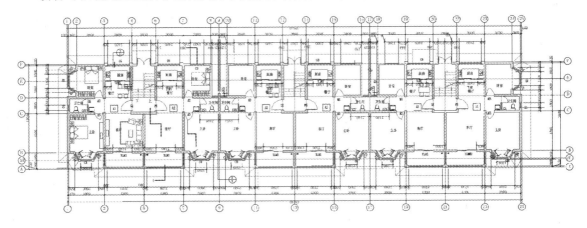

说明：卫生间、厨房、阳台比同楼层标高低20㎜

图 4-158 中间层平面图

Step 01 单击"默认"选项卡"绘图"面板中的"直线"按钮／和"修改"面板中的"删除"按钮✍、"偏移"按钮 、"修剪"按钮／等，绘制墙体，如图 4-159 所示。

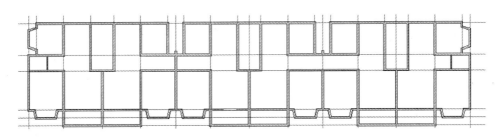

图 4-159 绘制墙体

Step 02 单击"默认"选项卡"绘图"面板中的"矩形"按钮▢和"修改"面板中的"修剪"按钮／、"复制"按钮 、"移动"按钮✣等，绘制柱子图形，如图 4-160 所示。

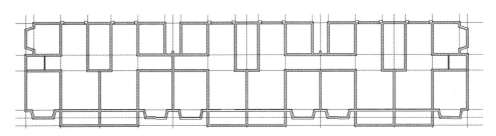

图 4-160 修剪图形

Step 03　单击"默认"选项卡"绘图"面板中的"直线"按钮 ∕ 和"修改"面板中的 "偏移"按钮 ⚏、"修剪"按钮 ∕ 等，绘制窗洞，如图 4-161 所示。

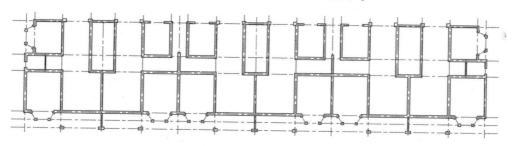

图 4-161　修剪窗洞

Step 04　单击"默认"选项卡"绘图"面板中的"直线"按钮 ∕ 和"修改"面板中的"偏移"按钮 ⚏ 等，补充墙体并绘制多线，如图 4-162 所示。

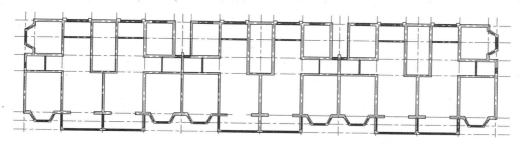

图 4-162　修剪墙线

Step 05　单击"默认"选项卡"绘图"面板中的"直线"按钮 ∕、"矩形"按钮 ▢ 和"修改"面板中的"偏移"按钮 ⚏、"删除"按钮 ∕、"修剪"按钮 ∕ 等，绘制门图形，如图 4-163 所示。

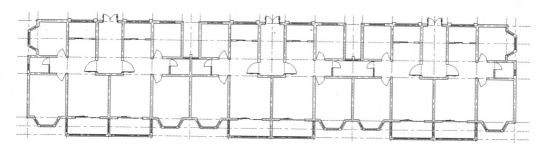

图 4-163　绘制门图形

Step 06　单击"默认"选项卡"绘图"面板中的"直线"按钮 ∕、"多段线"按钮 ⊃ 和 "修改"面板中的"复制"按钮 ⊗、"偏移"按钮 ⚏、"修剪"按钮 ∕ 等，完成楼梯的绘制，如图 4-164 所示。

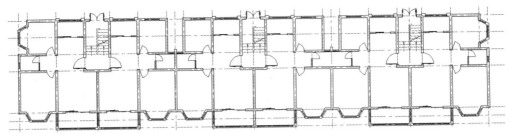

图 4-164 复制楼梯

Step 07 单击"默认"选项卡"绘图"面板中的"插入块"按钮，布置家具，如图 4-165 所示。

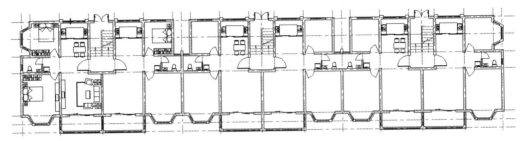

图 4-165 布置家具

Step 08 单击"默认"选项卡"绘图"面板中的"直线"按钮、"多段线"按钮和"修改"面板中的"偏移"按钮、"修剪"按钮等，完成散水的绘制，如图 4-166 所示。

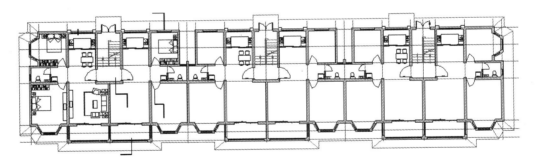

图 4-166 绘制散水

Step 09 单击"默认"选项卡"注释"面板中的"线性"按钮和"连续"按钮，为图形添加标注，如图 4-167 所示。

Step 10 单击"默认"选项卡"绘图"面板中的"直线"按钮、"圆"按钮和"注释"面板中的"多行文字"按钮A，为图形添加文字说明，如图 4-158 所示。

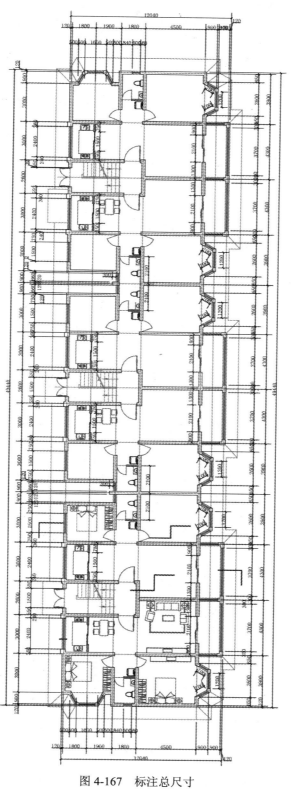

图 4-167 标注总尺寸

4.3 建筑立面图绘制实例——某低层住宅南立面图

本例绘制南立面图，先确定定位辅助线，再根据辅助线运用直线命令、偏移命令、多行文字命令完成绘制。本例以某低层住宅南立面图为例进行讲解，如图 4-168 所示。

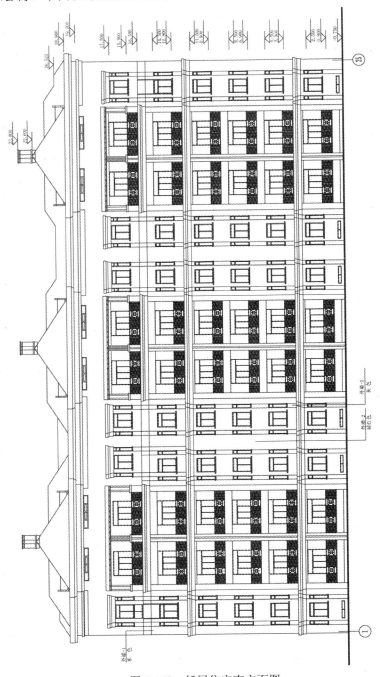

图 4-168 低层住宅南立面图

4.3.1　操作步骤

1. 绘制定位辅助线

Step 01　单击"快速访问"工具栏中的"打开"按钮，打开"源文件/一层平面"文件。

Step 02　单击"默认"选项卡"修改"面板中的"删除"按钮，删除图形中不需要的部分，整理图形如图 4-169 所示。

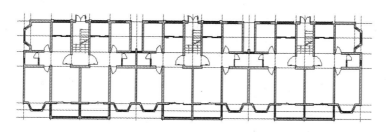

图 4-169　整理图形

Step 03　单击"默认"选项卡"修改"面板中的"复制"按钮，选取整理过的一层平面图，将其复制到新样板图中。

Step 04　将当前图层设置为"立面"图层。单击"默认"选项卡"绘图"面板中的"多段线"按钮，指定起点宽度为 200，端点宽度为 200，在一层平面图下方绘制一条地平线，地平线上方需留出足够的绘图空间，如图 4-170 所示。

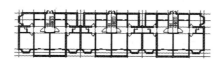

图 4-170　绘制地坪线

Step 05　单击"默认"选项卡"绘图"面板中的"直线"按钮，由一层平面图向下引出定位辅助线，结果如图 4-171 所示。

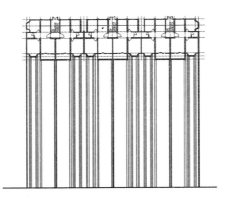

图 4-171　绘制一层竖向辅助线

Step 06　单击 "默认" 选项卡 "修改" 面板中的 "偏移" 按钮，根据室内外高差、各层层高、屋面标高等确定楼层定位辅助线，如图 4-172 所示。

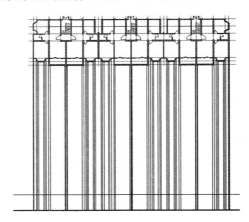

图 4-172　偏移层高

Step 07　单击 "默认" 选项卡 "修改" 面板中的 "修剪" 按钮，对引出的辅助线进行修剪。结果如图 4-173 所示。

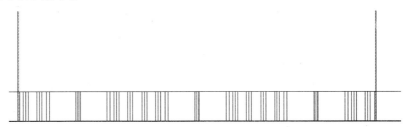

图 4-173　修剪线段

2．绘制地下层立面图

Step 01　单击 "默认" 选项卡 "修改" 面板中的 "偏移" 按钮，将前面偏移的层高线连续向上偏移，偏移距离为 3000，如图 4-174 所示。

图 4-174　偏移层高线

Step 02 单击"默认"选项卡"修改"面板中的"偏移"按钮⚙，将地坪线向上偏移，偏移距离为 300，单击"默认"选项卡"修改"面板中的"分解"按钮🔨，选择上步偏移，偏移线段为分解对象，回车确认进行分解，如图 4-175 所示。

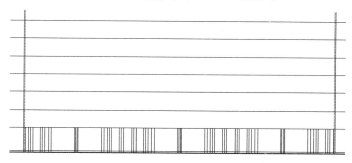

图 4-175　偏移地坪线

Step 03 单击"默认"选项卡"修改"面板中的"修剪"按钮✂，将上步偏移的线段进行修剪，如图 4-176 所示。

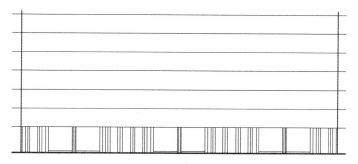

图 4-176　修剪偏移线段

Step 04 单击"默认"选项卡"绘图"面板中的"矩形"按钮□，在立面图中左下边适当位置绘制一个 1500×250 的矩形，如图 4-177 所示。

Step 05 单击"默认"选项卡"修改"面板中的"偏移"按钮⚙，选取上步绘制的矩形向内偏移，偏移距离为 30，如图 4-178 所示。

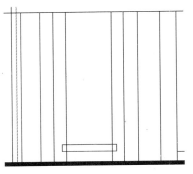

图 4-177　绘制矩形

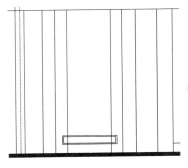

图 4-178　偏移矩形

Step 06 单击"默认"选项卡"绘图"面板中的"直线"按钮 ✎，在偏移后的矩形内中间位置绘制两段竖直直线，距离大约为 30，如图 4-179 所示。

Step 07 单击"默认"选项卡"修改"面板中的"修剪"按钮 ✂，对图形进行修剪，如图 4-180 所示。

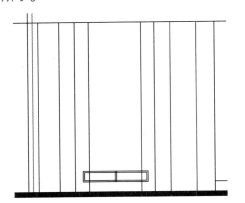

图 4-179　绘制直线

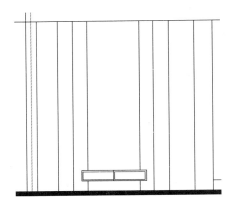

图 4-180　修剪图形

Step 08 单击"默认"选项卡"修改"面板中的"偏移"按钮 ⚃，将地坪线向上偏移，偏移距离为 1650、1600。并将其分解，如图 4-181 所示。

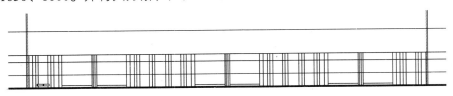

图 4-181　偏移地坪线

Step 09 单击"默认"选项卡"修改"面板中的"修剪"按钮 ✂，将偏移后的地坪线进行修剪，如图 4-182 所示。

Step 10 单击"默认"选项卡"修改"面板中的"偏移"按钮 ⚃，将修剪后左侧竖直线向右偏移，偏移距离为 10、30、20，如图 4-183 所示。

Step 11 单击"默认"选项卡"修改"面板中的"偏移"按钮 ⚃，将修剪后最下端水平线向上偏移，偏移距离为 30、50、1120、20、20、20、260、30、50，如图 4-184 所示。

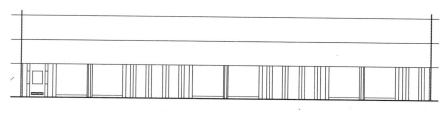

图 4-182　修剪地坪线

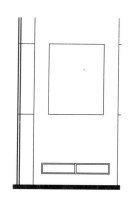

图 4-183　偏移竖直直线

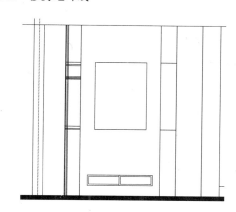

图 4-184　偏移水平直线

Step 12 单击"默认"选项卡"修改"面板中的"修剪"按钮，将偏移后的线段进行修剪，如图 4-185 所示。

Step 13 单击"默认"选项卡"修改"面板中的"偏移"按钮，将右侧竖直直线向左偏移，偏移距离为 50、15、15、300，如图 4-186 所示。

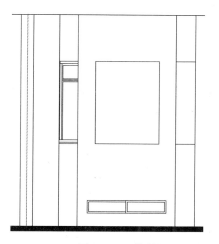

图 4-185　修剪图形

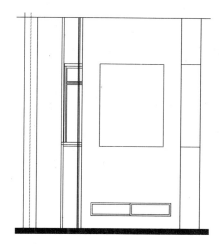

图 4-186　偏移直线

Step 14 单击"默认"选项卡"修改"面板中的"修剪"按钮，将偏移直线进行修剪，如图 4-187 所示。

Step 15 单击"默认"选项卡"修改"面板中的"镜像"按钮，将上步绘制的窗户图形，以中间矩形上边中点为镜像起始点进行镜像，如图 4-188 所示。

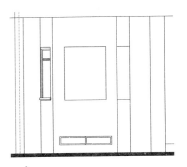

图 4-187　修剪图形

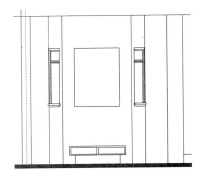

图 4-188　镜像窗户

Step 16 单击"默认"选项卡"修改"面板中的"删除"按钮✐，删除多余线段。

Step 17 单击"默认"选项卡"绘图"面板中的"直线"按钮✐和"修改"面板中的"偏移"按钮⏛、"删除"按钮✐，绘制一层平面图中 C10 号窗，如图 4-189 所示。

Step 18 在命令行中输入 WBLOCK 命令，打开"写块"对话框，如图 4-190 所示，以绘制完成的窗户图形为对象，选一点为为基点，定义"C10 窗户"图块。

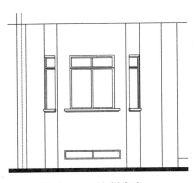

图 4-189　绘制窗户

图 4-190　定义窗户图块

Step 19 单击"默认"选项卡"绘图"面板中的"插入块"按钮🔳，打开"插入"对话框，如图 4-191 所示。选择"C10 窗户"图块，将其插入到图中适当位置，如图 4-192 所示。

图 4-191　"插入"对话框

图 4-192　"插入"窗户

Step 20 利用上述方法插入图形中的小窗户，如图 4-193 所示。

图 4-193　"插入"窗户

Step 21　单击"默认"选项卡"修改"面板中的"修剪"按钮，修剪多余的线段，如图 4-194 所示。

图 4-194　修剪图线

Step 22　单击"默认"选项卡"修改"面板中的"偏移"按钮，将地坪线向上偏移，偏移距离为 910，如图 4-195 所示。

图 4-195　偏移地坪线

Step 23　单击"默认"选项卡"修改"面板中的"修剪"按钮，对偏移后的地坪线进行修剪，如图 4-196 所示。

图 4-196　修剪地坪线

Step 24　单击"默认"选项卡"修改"面板中的"偏移"按钮，将上步修剪的水平直线向上偏移，偏移距离为 50、30、130、20、470、20、147、30、1110、30、370、30，如图 4-197 所示。

Step 25　单击"默认"选项卡"修改"面板中的"偏移"按钮，将上步左侧竖直直线向右偏移，

偏移距离为 800、30、495、30、480、30、480、30、495、30，如图 4-198 所示。

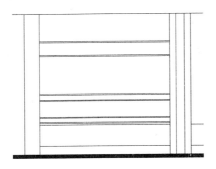

图 4-197　偏移线段

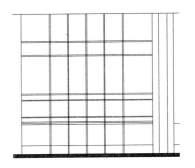

图 4-198　偏移线段

Step
26
单击"默认"选项卡"修改"面板中的"偏移"按钮，将地坪线向上偏移，偏移距离为 288，单击"修改"工具栏中的"修剪"按钮，对图形进行修剪，如图 4-199 所示。

Step
27
单击"默认"选项卡"修改"面板中的"偏移"按钮、"修剪"按钮和"绘图"面板中的"直线"按钮、"圆"按钮，细化图形，如图 4-200 所示。

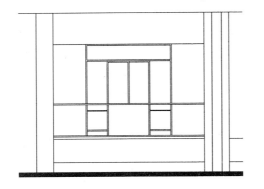

图 4-199　修剪图形

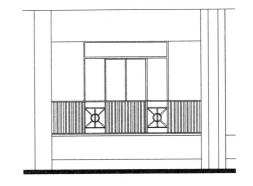

图 4-200　细化图形

Step
28
在命令行中输入 WBLOCK 命令，打开"写块"对话框，如图 4-201 所示，以绘制完成的窗户图形为对象，选一点为基点，定义"阳台门"图块。

图 4-201　定义阳台门图块

Step 29 单击"默认"选项卡"修改"面板中的"复制"按钮，将上步定义成块的阳台门复制到适当位置，如图 4-202 所示。

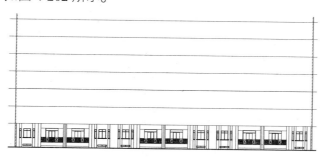

图 4-202　复制阳台门

Step 30 单击"默认"选项卡"修改"面板中的"偏移"按钮，将阳台与阳台之间的左右两侧竖直直线分别向内偏移，偏移距离为 240，如图 4-203 所示。

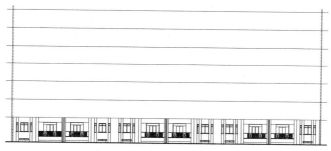

图 4-203　偏移线段

Step 31 单击"默认"选项卡"修改"面板中的"删除"按钮，删除多余线段，如图 4-204 所示。

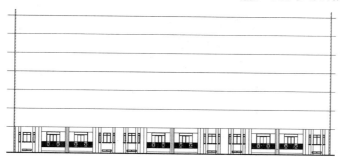

图 4-204　删除线段

3. 绘制屋檐

Step 01 单击"默认"选项卡"修改"面板中的"偏移"按钮，首先将地坪线向上偏移。然后将左右两侧竖直直线分别向外偏移，如图 4-205 所示。

图 4-205　偏移线

Step 02　单击"默认"选项卡"修改"面板中的"修剪"按钮 ✂，对偏移后的线段进行修剪完成屋檐的绘制，如图 4-206 所示。

图 4-206　绘制屋檐线

Step 03　单击"默认"选项卡"绘图"面板中的"直线"按钮 ✏，在屋檐线条上绘制多条不垂直线段，如图 4-207 所示。

图 4-207　绘制多段直线

4．复制图形

Step 01　单击"默认"选项卡"修改"面板中的"复制"按钮 ⊙，选取底层窗户图形向其他层复制，单击"默认"选项卡"绘图"面板中的"直线"按钮 ✏，补充图形，如图 4-208 所示。

图 4-208　复制窗户图形

Step 02　单击"默认"选项卡"修改"面板中的"复制"按钮 ⊙，选取前面小节中已经绘制完成的屋檐图形向上复制，如图 4-209 所示。

图 4-209　复制屋檐图形

Step 03 单击"默认"选项卡"修改"面板中的"删除"按钮 ，删除多余的水平辅助线，如图 4-210 所示。

图 4-210　删除线段

Step 04 单击"默认"选项卡"修改"面板中的"复制"按钮 ，选取窗户图形，继续向上复制，如图 4-211 所示。

图 4-211　复制图形

Step 05 单击"默认"选项卡"绘图"面板中的"直线"按钮 和"修改"面板中的"偏移"按钮 ，绘制屋檐，如图 4-212 所示。

Step 06 单击"默认"选项卡"修改"面板中的"复制"按钮 ，选取相同窗户图形向上复制，单击"默认"选项卡"绘图"面板中的"直线"按钮 ，在复制窗户图形上方绘制一条水平直线，单击"默认"选项卡"修改"面板中的"修剪"按钮 ，修剪过长线段，如图 4-213 所示。

图 4-212　绘制屋檐

图 4-213　绘制短屋檐

Step 07 单击"默认"选项卡"修改"面板中的"复制"按钮🔗，选取上步绘制的短屋檐图形进行复制，如图 4-214 所示。

图 4-214　复制屋檐

Step 08 利用绘制短屋檐的方法绘制剩余长屋檐，如图 4-215 所示。

图 4-215　绘制屋檐

Step
09 单击"默认"选项卡"绘图"面板中的"直线"按钮 ✎ 和"修改"面板中的"修剪"按
钮 ✄，对窗户图形进行修剪，完成图形绘制。如图 4-216 所示。

图 4-216 修剪图形

Step
10 单击"默认"选项卡"绘图"面板中的"直线"按钮 ✎ ，在图形上方绘制一条水平直线，
如图 4-217 所示。

图 4-217 绘制直线

Step
11 单击"默认"选项卡"绘图"面板中的"矩形"按钮 ▢ 和"修改"面板中"修剪"按钮
✄、"偏移"按钮 ◲ ，绘制顶部窗户，如图 4-218 所示。

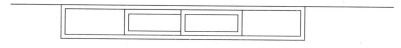

图 4-218 绘制窗户

Step
12 单击"默认"选项卡"修改"面板中的"复制"按钮 ◷ ，选取上步绘制的窗户图形向右
复制，如图 4-219 所示。

图 4-219 复制窗户

Step
13

单击"默认"选项卡"绘图"面板中的"直线"按钮，绘制连续直线，如图 4-220 所示。

图 4-220　绘制直线

Step
14　单击"默认"选项卡"修改"面板中的"偏移"按钮，选取上步绘制的水平直线向上偏移，如图 4-221 所示。

图 4-221　绘制屋檐

Step
15　单击"默认"选项卡"绘图"面板中的"直线"按钮和"修改"面板中的"偏移"按钮，绘制多段平面屋顶，如图 4-222 所示。

图 4-222　绘制直线

Step
16　单击"默认"选项卡"绘图"面板中的"直线"按钮，在上步绘制的直线段中绘制斜向屋顶，如图 4-223 所示。

图 4-223　斜向屋顶

Step 17　利用前面所学知识，绘制剩余图形，如图 4-224 所示。

图 4-224　绘制剩余图形

Step 18　单击"默认"选项卡"修改"面板中的"删除"按钮 ，删除平面图形，单击"默认"选项卡"修改"面板中的"修剪"按钮，修剪过长线段，如图 4-225 所示。

图 4-225　删除图形

5．绘制标高

Step 01　单击"默认"选项卡"绘图"面板中的"直线"按钮，绘制标高，如图 4-226 所示。

图 4-226　绘制标高

Step 02 单击"默认"选项卡"注释"面板中的"多行文字"按钮 A，在标高上添加文字，最终完成标高的绘制。

Step 03 单击"默认"选项卡"修改"面板中的"复制"按钮，选取已经绘制完成的标高进行复制，双击标高上文字可以修改文字，完成所有标高的绘制，如图 4-227 所示。

图 4-227　绘制标高

6．添加文字说明

Step 01 在命令行中输入"qleader"命令，为图形添加引线。单击"默认"选项卡"注释"面板中的"多行文字"按钮 A，为图形添加文字说明，如图 4-228 所示。

图 4-228　添加文字说明

Step 02 单击"默认"选项卡"绘图"面板中的"直线"按钮、"圆"按钮和"注释"面板中的"多行文字"按钮 A，绘制轴号如图 4-168 所示。

4.3.2　拓展实例——某低层住宅立面图

读者可以利用上面所学的相关知识完成某低层住宅西立面图的绘制，如图 4-229 所示。

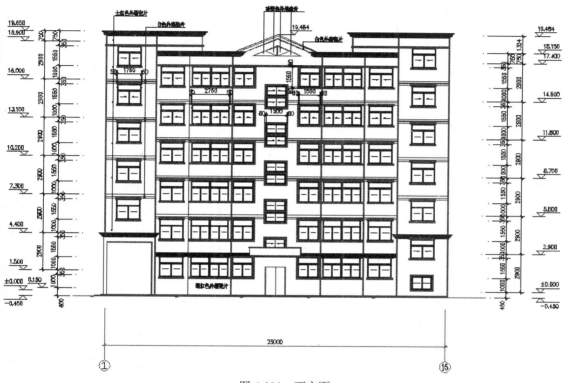

图 4-229　西立面

Step 01　单击"默认"选项卡"图层"面板中的"图层特性"按钮 🔳，打开"图层特性管理器"对话框，设置图层，如图 4-230 所示。

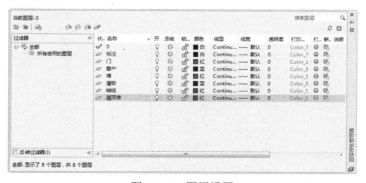

图 4-230　图层设置

Step 02　单击菜单栏中"格式"下的"标注样式"打开"标注样式管理器"，设置标注样式如图 4-231~4-235 所示。

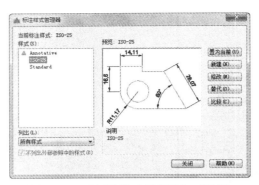

图 4-231 "标注样式管理器"对话框

图 4-232 设置"线"选项卡

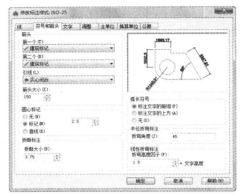

图 4-233 设置"符号和箭头"选项卡

图 4-234 设置"文字"选项卡

图 4-235 设置"调整"选项卡

Step 03 单击"默认"选项卡"绘图"面板中的"直线"按钮 、"多段线"按钮 、"构造线"按钮 和"修改"面板中的"镜像"按钮 、"偏移"按钮 ，绘制底层立面图，如图 4-236 所示。

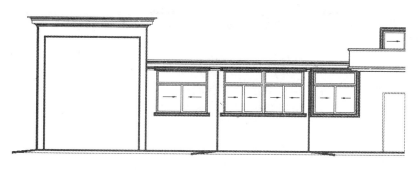

图 4-236　底层立面绘制效果

Step 04 单击"默认"选项卡"绘图"面板中的"直线"按钮✏、"多段线"按钮⌇和"修改"面板中的"复制"按钮❀、"偏移"按钮▣，完成标准层立面图的绘制，如图 4-237 所示。

图 4-237　复制标准层结果

Step 05 单击"默认"选项卡"绘图"面板中的"直线"按钮✏、"多段线"按钮⌇和"修改"面板中的"复制"按钮❀、"镜像"按钮⚏，完成正立面图的绘制，如图 4-238 所示。

图 4-238　正立面图绘制结果

Step 06 单击"默认"选项卡"绘图"面板中的"直线"按钮✏、"圆"按钮⊙和"注释"面板中的"多行文字"按钮A、"线性"按钮⊢、"连续"按钮⊩和"对齐"按钮⬦，完成图形的尺寸标注和文字说明，如图 4-229 所示。

4.4   建筑剖面图绘制实例——某低层住宅 1-1 剖面图

建筑剖面图是与平面图和立面图相互配合表达建筑物的重要图样，它主要反映建筑物的结构形式、垂直空间利用、各层构造做法和门窗洞口高度等。

下面以某低层住宅 1-1 剖面图为例为大家讲解相关知识及其绘图方法与技巧，如图 4-239 所示。

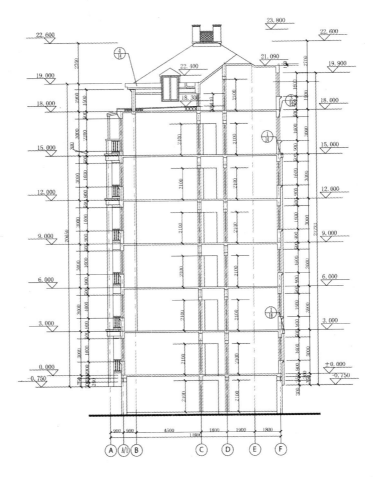

图 4-239   1-1 剖面图

4.4.1   操作步骤

1. 图形整理

Step 01   单击"默认"选项卡"图层"面板中的"图层特性"按钮，打开"图层特性管理器"，新建"剖面"图层，并将其设置为当前图层，如图 4-240 所示。

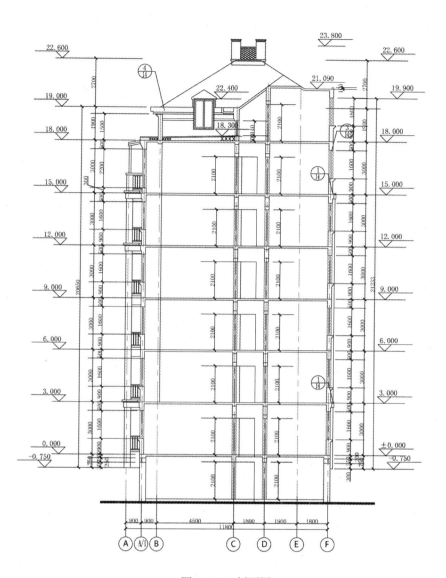

图 4-240 剖面图

Step 02 复制一层平面图并将暂时不用的图层关闭。单击"默认"选项卡"修改"面板中的"旋转"按钮 ○，选取复制的一层平面图进行旋转，旋转角度为 90°，如图 4-241 所示。

2．绘制辅助线

Step 01 单击"默认"选项卡"绘图"面板中的"直线"按钮 ／，在立面图左侧同一水平线上绘制室外地平线。

Step 02 然后采用绘制立面图定位辅助线的方法绘制出剖面图的定位辅助线，结果如图 4-242 所示。

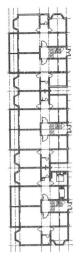

图 4-241 复制平面图

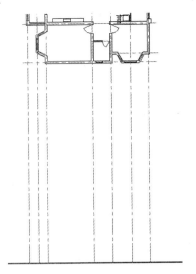

图 4-242 绘制定位辅助线

3．绘制墙线

 Step 01 单击"默认"选项卡"修改"面板中的"偏移"按钮，选取左右两侧竖直轴线分别向外偏移 120，并将偏移后的轴线切换到墙线层，如图 4-243 所示。

> **提 示**
>
> 在绘制建筑剖面图中的门窗或楼梯时，除了利用前面介绍的方法直接绘制外，也可借助图库中的图形模块进行绘制，例如，一些未被剖切的可见门窗或一组楼梯栏杆等。在常见的室内图库中，有很多不同种类、尺寸的门窗和栏杆立面可供选择，绘图者只需找到合适的图形模块进行复制，然后粘贴到自己的图形中即可。如果图库中提供的图形模块与实际需要的图形之间存在尺寸或角度上的差异，可利用"分解"命令先将模块进行分解，然后利用"旋转"或"缩放"命令进行修改，将其调整到满意的结果后，插入到图中的相应位置。

Step 02 单击"默认"选项卡"修改"面板中的"偏移"按钮，选取最左侧竖直直线向右偏移，偏移距离为 370、530、240、130、650、120、4260、240、1560、240、3300、130、240，如图 4-244 所示。

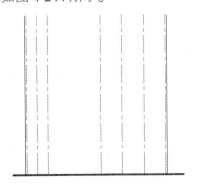

图 4-243 切换图层

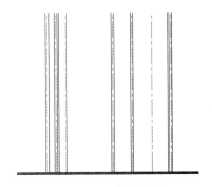

图 4-244 偏移线段

4．绘制楼板

Step 01 单击"默认"选项卡"修改"面板中的"偏移"按钮 ⬚，选取地坪线向上偏移距离为 2700、3000、3000、3000、3000、3000、3000、4600，单击"默认"选项卡"修改"面板中的"分解"按钮 ⬚，如图 4-245 所示。

Step 02 单击"默认"选项卡"修改"面板中的"修剪"按钮 ⬚，对偏移后的线段进行修剪，如图 4-246 所示。

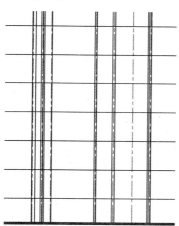

图 4-245　偏移线段

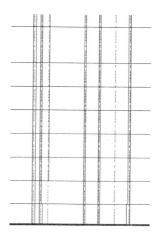

图 4-246　修剪线段

Step 03 单击"默认"选项卡"修改"面板中的"偏移"按钮 ⬚，选取除最上端最下端水平线以外所有水平直线分别向下偏移，偏移距离为 100、400、1600、900。重复"偏移"命令，选取最下端水平线向下偏移，偏移距离为 100、300，如图 4-247 所示。

Step 04 单击"默认"选项卡"修改"面板中的"修剪"按钮 ⬚，对偏移后的线段进行修剪，如图 4-248 所示。

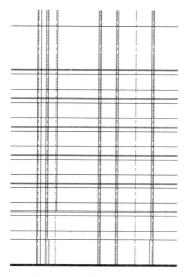

图 4-247　偏移水平直线

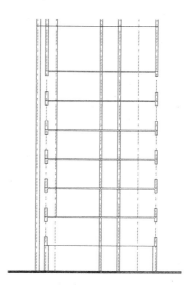

图 4-248　修剪线段

Step 05 单击"默认"选项卡"修改"面板中的"偏移"按钮 ⚏，选取最上端水平直线连续向下偏移，偏移距离为 4800、500、200、2300、500、200、2200、500、200、2300、500、200、2300、500、200、2300、500、200，如图 4-249 所示。

Step 06 单击"默认"选项卡"修改"面板中的"修剪"按钮 ⚏，对偏移线段进行修剪，如图 4-250 所示。

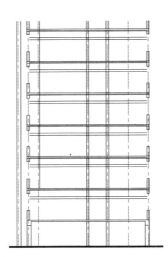

图 4-249 偏移线段

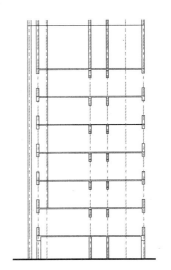

图 4-250 修剪偏移线段

Step 07 六层的窗户高度为 2200，利用所学知识修改窗高，如图 4-251 所示。

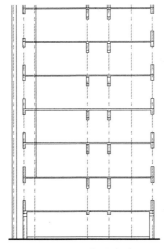

图 4-251 修改窗高

5．绘制门窗

Step 01 单击"默认"选项卡"修改"面板中的"偏移"按钮 ⚏，选取地坪线向上偏移，偏移距离为 200、1550、1850、200，单击"默认"选项卡"修改"面板中的"修剪"按钮 ⚏，进行修剪，如图 4-252 所示。

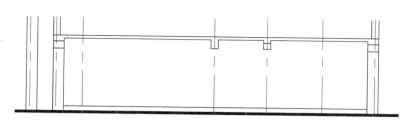

图 4-252　修剪偏移线段

Step 02　单击"默认"选项卡"绘图"面板中的"直线"按钮 ，在修剪的窗洞口处绘制一条竖直直线，如图 4-253 所示。

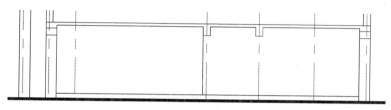

图 4-253　绘制直线

Step 03　单击"默认"选项卡"修改"面板中的"偏移"按钮 ，选取上步绘制的竖直直线向右偏移，偏移距离为 80、80、80，如图 4-254 所示。

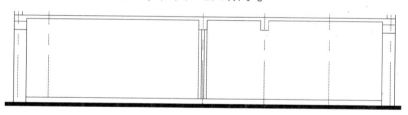

图 4-254　偏移直线

Step 04　利用上述绘制窗线的方法绘制剖面图中其他窗线，如图 4-255 所示。

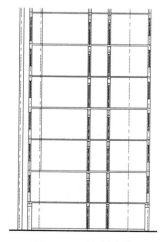

图 4-255　绘制窗线

Step 05 单击"默认"选项卡"修改"面板中的"偏移"按钮▣,选取地坪线向上偏移偏,移距离为 2300、2500、3000、3000、3000、3000,选取左侧竖直轴线向右偏移,偏移距离为 6720、900,如图 4-256 所示。

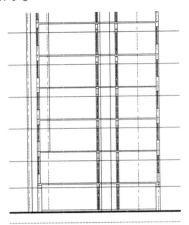

图 4-256 偏移竖直线

Step 06 单击"默认"选项卡"修改"面板中的"修剪"按钮▣,对偏移后的线段进行修改,如图 4-257 所示。

Step 07 单击"默认"选项卡"绘图"面板中的"直线"按钮▣,在图形适当位置绘制一条水平直线,使其在一层楼板线下 750,如图 4-258 所示。

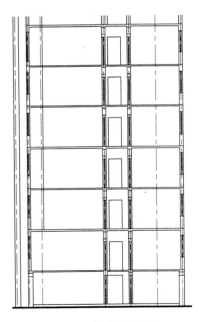

图 4-257 修剪图形

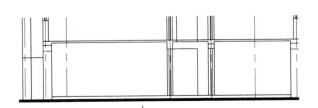

图 4-258 绘制水平直线

Step 08 单击"默认"选项卡"修改"面板中的"偏移"按钮▣,选取上步绘制的水平直线向上偏移,偏移距离为 900、100、50、700、50、1480、150、300、40、100,如图 4-259 所示。

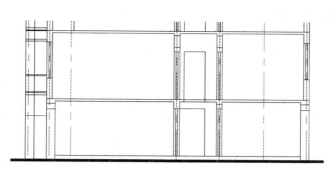

图 4-259　偏移线段

Step 09　单击 "默认" 选项卡 "修改" 面板中的 "偏移" 按钮，选取左侧竖直直线向左偏移，偏移距离为 50、50、50。向右偏移，偏移距离为 800、50、50，单击 "默认" 选项卡 "修改" 面板中的 "延伸" 按钮，选取水平直线向左延伸到最左侧竖直直线，如图 4-260 所示。

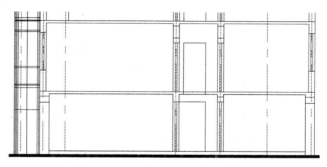

图 4-260　延伸线段

Step 10　单击 "默认" 选项卡 "修改" 面板中的 "修剪" 按钮，对偏移线段进行修剪，如图 4-261 所示。

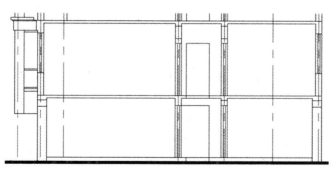

图 4-261　修剪图形

Step 11　单击 "默认" 选项卡 "绘图" 面板中的 "直线" 按钮，绘制内部图形，如图 4-262 所示。

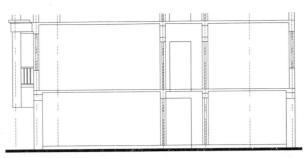

图 4-262　绘制内部图形

6．绘制剩余图形

Step 01　利用"复制"等命令完成左侧图形绘制，如图 4-263 所示。

Step 02　利用上述方法绘制右侧图形，如图 4-264 所示。

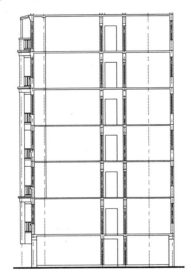

图 4-263　绘制左侧图形

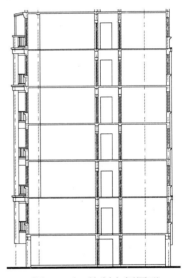

图 4-264　绘制右侧图形

Step 03　单击"默认"选项卡"修改"面板中的"偏移"按钮，选取最上端水平直线向上偏移，偏移距离为 1200，如图 4-265 所示。

Step 04　单击"默认"选项卡"绘图"面板中的"直线"按钮和"修改"面板中的"偏移"按钮，补充顶层墙体和窗线，如图 4-266 所示。

Step 05　单击"默认"选项卡"绘图"面板中的"直线"按钮，绘制多段斜向直线，如图 4-267 所示。

Step 06　单击"默认"选项卡"绘图"面板中的"直线"按钮和"矩形"按钮，绘制顶层小屋窗户大体轮廓。

Step 07　单击"默认"选项卡"修改"面板中的"修剪"按钮和"偏移"按钮，细化窗户图形，如图 4-268 所示。

Step 08　利用上述方法完成剩余图形的绘制，如图 4-269 所示。

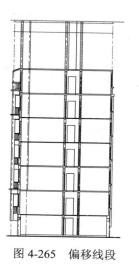

图 4-265　偏移线段

图 4-266　补充墙线

图 4-267　绘制直线

图 4-268　窗户图形

7. 添加文字说明和标注

Step 01　单击"默认"选项卡"注释"面板中的"线性"按钮 ⊢ 和"连续"按钮 ⊢⊢，细部尺寸
如图 4-270 所示。

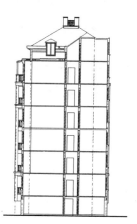

图 4-269　绘制剩余图形

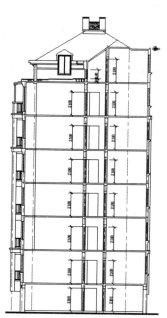

图 4-270　标注细部尺寸

Step 02 单击"默认"选项卡"注释"面板中的"线性"按钮 ⊢ 和"连续"按钮 ⊢ ，标注第一道尺寸，如图 4-271 所示。

Step 03 单击"默认"选项卡"注释"面板中的"线性"按钮 ⊢ 和"连续"按钮 ⊢ ，标注剩余尺寸，如图 4-272 所示。

图 4-271　标注细部尺寸　　　　　　　　　图 4-272　标注剩余尺寸

Step 04 单击"默认"选项卡"绘图"面板中的"直线"按钮 ╱ 和"注释"面板中的"多行文字"按钮 A ，进行标高标注，如图 4-273 所示。

Step 05 单击"默认"选项卡"绘图"面板中的"圆"按钮 ⊙ 、"注释"面板中的"多行文字"按钮 A 和"修改"面板中的"复制"按钮 ❀ ，标注轴线号和文字说明。最终完成 1-1 剖面图的绘制，如图 4-239 所示。

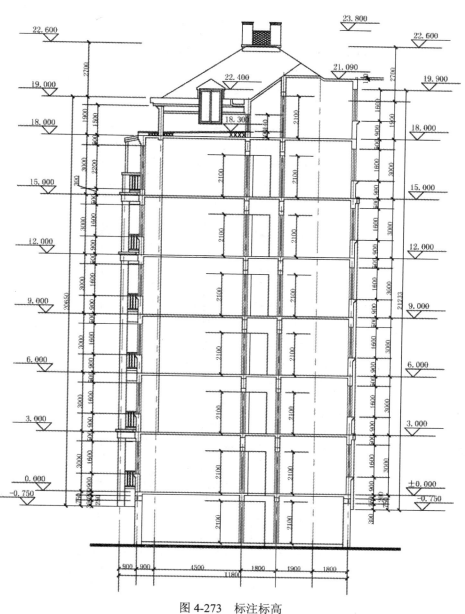

图 4-273　标注标高

4.4.2　拓展实例——某低层住宅 2-2 剖面图

读者可以利用上面所学的相关知识完成某低层住宅 2-2 剖面图的绘制，如图 4-274 所示。

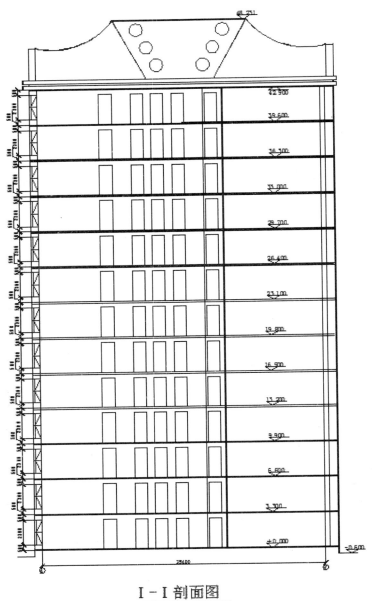

I-I 剖面图

图 4-274 某低层住宅 2-2 剖面图

Step 01 单击"默认"选项卡"绘图"面板中的"多段线"按钮 ⊃，绘制多段线，如图 4-275 所示。

图 4-275　I-I 剖面位置

Step 02 单击"默认"选项卡"绘图"面板中的"直线"按钮 ╱ 和"修改"面板中的"偏移"按钮 ⟠、"修剪"按钮 ⊁ ，绘制剖面图主体轮廓，如图 4-276 所示。

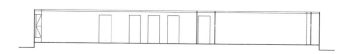

图 4-276 绘制剖面图主体轮廓

Step 03 单击"默认"选项卡"绘图"面板中的"多段线"按钮⊃和"修改"面板中的"复制"按钮％、"镜像"按钮⚠，绘制全部楼层剖面轮廓，如图 4-277 所示。

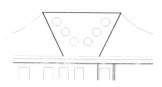

图 4-277 绘制矩形造型立面

Step 04 单击"默认"选项卡"绘图"面板中的"直线"按钮／、"圆"按钮⊙和"注释"面板中的"多行文字"按钮 A、"线性"按钮卜，完成平面图的绘制，如图 4-274 所示。

4.5 建筑详图绘制实例——某低层住宅楼梯详图

前面介绍的平、立、剖面图均是全局性的图形，由于比例的限制，不可能将一些复杂的细部或局部做法表示清楚，因此需要将这些细部、局部的构造、材料及相互关系用较大的比例详细绘制出来，以指导施工。这样的建筑图形称为建筑详图，也称详图。对局部平面（如厨房、卫生间）进行放大绘制的图形，习惯叫做放大图。需要绘制详图的位置一般包括室内外墙节点、楼梯、电梯、厨房、卫生间、门窗、室内外装饰等。

内外墙节点一般用平面和剖面表示，常用比例为 1:20。平面节点详图表示出墙、柱或构造柱的材料和构造关系。剖面节点详图即常说的墙身详图，需要表示出墙体与室内外地坪、楼面、屋面的关系，同时表示出相关的门窗洞口、梁或圈梁、雨篷、阳台、女儿墙、檐口、散水、防潮层、屋面防水、地下室防水等构造的做法。墙身详图可以从室内外地坪、防潮层处开始一直画到女儿墙压顶。为了节省图纸，可以在门窗洞口处断开，也可以重点绘制地坪、中间层和屋面处的几个节点，而将中间层重复使用的节点集中到一个详图中表示。节点一般由上到下进行编号。下面以某低层住宅楼梯详图为例为大家讲解相关知识及其绘图方法与技巧，如图 4-278 所示。

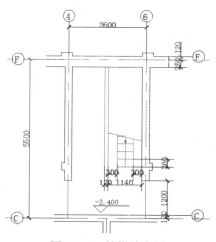

图 4-278 楼梯放大图

4.5.1 操作步骤

1. 整理图形

Step 01 以砖混住宅地下层平面图楼梯放大图制作为例。

Step 02 单击"快速访问"工具栏中的"打开"按钮 ⏏，打开"源
文件/砖混住宅地下层平面图"文件。

Step 03 单击"默认"选项卡"修改"面板中的"复制"按钮 ☍，
选择楼梯间图样，和轴线一起复制出来。然后检查楼梯
的位置，如图 4-279 所示。

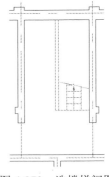

图 4-279　选楼梯间图

2. 添加标注

楼梯平面标注尺寸包括定位轴线尺寸及编号、墙柱尺寸、门窗洞口尺寸、楼梯长和宽、
平台尺寸等。符号、文字包括地面、楼面、平台标高、楼梯上下指引线及踏步级数、图名、比
例等。

Step 01 单击"默认"选项卡"注释"面板中的"线性"按钮 ├┤ 和"连续"按钮 ⊞，标注楼梯间
放大平面图，如图 4-280 所示。

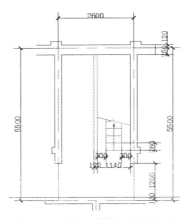

图 4-280　标注楼梯间图放大图

Step 02 单击"默认"选项卡"绘图"面板中的"圆"按钮 ⊘ 和"注释"面板中的"多行文字"
按钮 A，绘制轴号，如图 4-281 所示。

Step 03 单击"默认"选项卡"修改"面板中的"复制"按钮 ☍，选取上步已经绘制完成的轴号，
进行复制，并修改轴号内文字。完成图形内轴号的绘制，如图 4-282 所示。

Step 04 单击"默认"选项卡"绘图"面板中的"直线"按钮 ╱ 和"注释"面板中的"多行文字"
按钮 A，绘制楼梯间详图标高符号，如图 4-278 所示。

图 4-281　绘制轴号

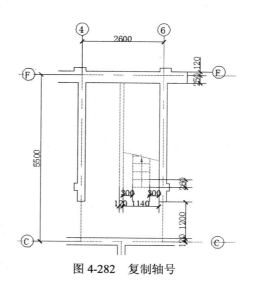

图 4-282　复制轴号

4.5.2　拓展实例——某低层住宅节点大样图

读者可以利用上面所学的相关知识完成某低层住宅节点大样图的绘制，如图 4-283 所示。

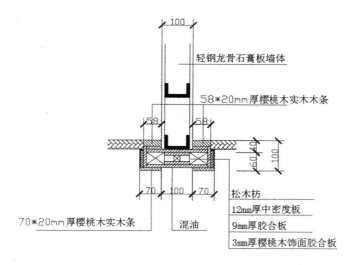

图 4-283　建筑详图

Step 01　单击"默认"选项卡"绘图"面板中的"直线"按钮 、"多段线"按钮 和"修改"面板中的"偏移"按钮 、"修剪"按钮 ，绘制龙骨轮廓，如图 4-284 所示。

Step 02　单击"默认"选项卡"绘图"面板中的"直线"按钮 、"矩形"按钮 和"修改"面板中的"偏移"按钮 、"镜像"按钮 、"修剪"按钮 ，逐步得到外侧表面构造做法，如图 4-285 所示。

185

图 4-284   绘制龙骨轮廓

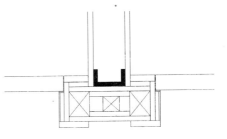

图 4-285   镜像图形

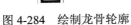

Step 03 单击"默认"选项卡"绘图"面板中的"图案填充"按钮 和 "注释"面板中的"线性"按钮 、"多行文字"按钮 A，完成建筑节点详图的绘制，如图 4-283 所示。

第 5 章

建筑施工图设计综合实例——
别墅施工图设计

知识导引

本章将结合一栋二层别墅建筑实例，详细介绍建筑平面图的绘制方法。本别墅总建筑面积约为 $250m^2$，拥有客厅、卧室、卫生间、车库、厨房等各种不同功能的房间及空间。别墅首层主要安排客厅、餐厅、厨房、工人房、车库等房间，大部分属于公共空间，用来满足业主会客和聚会等方面的需求；二层主要安排主卧室、客房、书房等房间，属于较私密的空间，给业主提供一个安静而又温馨的居住环境。

内容要点

- 别墅一层平面图
- 别墅 A-E 立面图
- 别墅 1-1 剖面图
- 别墅节点大样图

5.1　建筑施工图绘制实例——别墅一层平面图

一层主要包括活动室、放映室、工人房、卫生间、设备间、配电室、洗衣房、集水坑和采光井，下面主要以某低层住宅地下层平面图为例为大家讲解某别墅平面图的绘制，如图 5-1 所示。

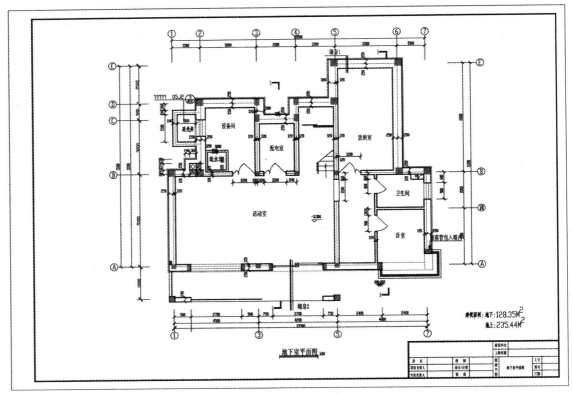

图 5-1　别墅地下室平面图

5.1.1　操作步骤

1. 绘图准备

Step 01 打开 AutoCAD 2016 应用程序，单击"快速访问"工具栏中的"新建"按钮，弹出"选择样板"对话框，如图 5-2 所示。以"acadiso.dwt"为样板文件建立新文件，并保存到适当的位置。

图 5-2　新建样板文件

Step 02　设置单位。单击主菜单，选择主菜单下的"图形实用工具"→"单位"命令，系统打开 "图形单位"对话框，如图 5-3 所示。设置长度"类型"为"小数""精度"为 0；设置 角度"类型"为"十进制度数""精度"为 0；系统默认逆时针方向为正，插入时的缩 放比例设置为"无单位"。

Step 03　在命令行中输入 LIMITS 命令设置图幅 420000 mm×297000 mm，命令行提示与操作如下。

```
命令：LIMITS✓
重新设置模型空间界限：
指定左下角点或 [开(ON)/关(OFF)]<0.0000,0.0000>：✓
指定右上角点 <12.0000,9.0000>：42000,29700✓
```

图 5-3　"图形单位"对话框

2．新建图层。

Step 01　单击"默认"选项卡"图层"面板中的"图层特性"按钮，弹出"图层特性管理器" 对话框，如图 5-4 所示。

提 示　在绘图过程中，往往有不同的绘图内容，如轴线、墙线、装饰布置图块、地板、标注、 文字等。如果将这些内容均放置在一起，绘图之后若要删除或编辑某一类型的图形， 将带来选取的困难。AutoCAD 提供了图层功能，为编辑带来了极大的方便。 在绘图初期可以建立不同的图层，将不同类型的图形绘制在不同的图层当中，在编辑 时可以利用图层的显示和隐藏功能、锁定功能来操作图层中的图形，利于编辑运用。

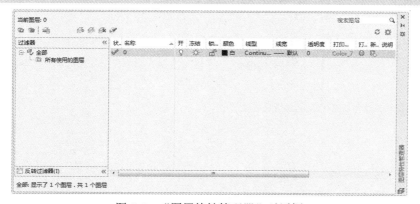

图 5-4　"图层特性管理器"对话框

Step 02 单击"图层特性管理器"对话框中的"新建图层"按钮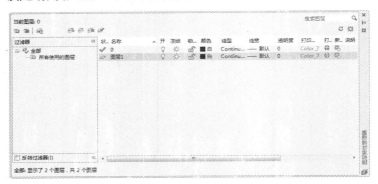，如图 5-5 所示。

Step 03 新建图层的图层名称默认为"图层 1"，将其修改为"轴线"。图层名称后面的选项主要包括："开/关图层""在所有视口中冻结/解冻图层""锁定/解锁图层""图层默认颜色""图层默认线型""图层默认线宽""打印样式"等。其中，编辑图形时最常用的是"开/关图层""锁定/解锁图层""图层默认颜色"以及"线型的设置"等。

图 5-5　新建图层

Step 04 单击新建的"轴线"图层"颜色"栏中的色块，弹出"选择颜色"对话框，如图 5-6 所示，选择红色为轴线图层的默认颜色。单击"确定"按钮，返回"图层特性管理器"对话框。

图 5-6　"选择颜色"对话框

Step 05 单击"线型"栏中的选项，弹出"选择线型"对话框，如图 5-7 所示。轴线一般在绘图中应用点划线进行绘制，因此应将"轴线"图层的默认线型设为中心线。单击"加载"按钮，弹出"加载或重载线型"对话框，如图 5-8 所示。

图 5-7　"选择线型"对话框

图 5-8　"加载或重载线型"对话框

Step 06 在"可用线型"列表框中选择"CENTER"线型，单击"确定"按钮返回"选择线型"对话框。选择刚刚加载的线型，如图 5-9 所示，单击"确定"按钮，轴线图层设置完毕。

图 5-9　已加载的线型

修改系统变量 DRAGMODE，推荐修改为 AUTO。系统变量为 ON 时，在选定要拖动的对象后，仅当在命令行中输入 DRAG 后才在拖动时显示对象的轮廓；系统变量为 OFF 时，在拖动时不显示对象的轮廓；系统变量为 AUTO 时，在拖动时总是显示对象的轮廓。

Step 07 用相同的方法按照以下说明，新建其他几个图层。

- "墙线"图层：颜色为白色，线型为实线，线宽为 0.3 mm。
- "门窗"图层：颜色为蓝色，线型为实线，线宽为默认。
- "轴线"图层：颜色为红色，线型为 CENTER，线宽为默认。
- "文字"图层：颜色为白色，线型为实线，线宽为默认。
- "尺寸"图层：颜色为 94，线型为实线，线宽为默认。
- "家具"图层：颜色为洋红，线型为实线，线宽为默认。
- "装饰"图层：颜色为洋红，线型为实线，线宽为默认。
- "绿植"图层：颜色为 92，线型为实线，线宽为默认。
- "柱子"图层：颜色为白色，线型为实线，线宽为默认。
- "楼梯"图层：颜色为白色，线型为实线，线宽为默认。

在绘制的平面图中，包括轴线、门窗、装饰、文字和尺寸标注 5 项内容，分别按照上面所介绍的方式设置图层。其中的颜色可以依照读者的绘图习惯自行设置，并没有具体的要求。设置完成后的"图层特性管理器"对话框如图 5-10 所示。

图 5-10　设置图层

191

提 示

在绘制过程中有时需要删除不要的图层，我们可以将无用的图层先关闭，再全选、粘贴至一新文件中，那些无用的图层就不会粘过来。如果曾经在这个不要的图层中定义过块，又在另一图层中插入了这个块，那么这个不要的图层是不能用这种方法删除的。

3．绘制轴线

Step 01　选择"轴线"图层为当前层，如图 5-11 所示。

✔　轴线　　　　💡　☀　🔓　■红　CENTER　——　默认　0　　Color_1　🖶　🗔

图 5-11　设置当前图层

Step 02　单击"默认"选项卡"绘图"面板中的"直线"按钮，在空白区域任选一点为起点，绘制一条长度为 16687 的竖直轴线。命令行提示与操作如下。

```
命令：LINE↙
指定第一点:↙（任选起点）
指定下一点或 [放弃(U)]：@0,16687↙
```

结果如图 5-12 所示。

Step 03　单击"默认"选项卡"绘图"面板中的"直线"按钮，以上步绘制的竖直直线下端点为起点，向右绘制一条长度为 15512 的水平轴线，结果如图 5-13 所示。

图 5-12　绘制竖直轴线　　　　　　　　　　　　　图 5-13　绘制轴线

提 示

使用"直线"命令时，若为正交轴网，可按下"正交"按钮，根据正交方向提示，直接输入下一点的距离即可，而不需要输入@符号；若为斜线，则可按下"极轴"按钮，设置斜线角度。此时，图形即进入了自动捕捉所需角度的状态，可大大提高制图时直线输入距离的速度。注意，两者不能同时使用。

Step 04　此时，轴线的线型虽然为中心线，但是由于比例太小，显示出来还是实线的形式。选择刚刚绘制的轴线并单击鼠标右键，在弹出的如图 5-14 所示的快捷菜单中选择"特性"命令，弹出"特性"对话框，如图 5-15 所示。将"线型比例"设置为 30，轴线显示如图 5-16 所示。

图 5-14　下拉菜单　　　　图 5-15　"特性"对话框　　　　图 5-16　修改轴线比例

提　示

通过全局修改或单个修改每个对象的线型比例因子，可以以不同的比例使用同一个线型。默认情况下，全局线型和单个线型比例均设置为 8.0。比例越小，每个绘图单位中生成的重复图案就越多。例如，设置为 0.5 时，每一个图形单位在线型定义中显示重复两次的同一图案。不能显示完整线型图案的短线段显示为连续线。对于太短，甚至不能显示一个虚线小段的线段，可以使用更小的线型比例。

Step 05　单击"默认"选项卡"修改"面板中的"偏移"按钮⚒️，设置"偏移距离"为 910，回车确认后选择竖直直线为偏移对象，在直线右侧单击鼠标左键，将直线向右偏移 910 的距离，命令行提示与操作如下。

```
命令：_offset✓
当前设置：删除源=否　图层=源　OFFSETGAPTYPE=0
指定偏移距离或[通过(T)/删除(E)/图层(L)]<通过>：910✓
选择要偏移的对象或[退出(E)/放弃(U)]<退出>：✓（选择竖直直线）
指定要偏移的那一侧上的点或[退出(E)/多个(M)/放弃(U)]<退出>：✓（在水平直线右侧单击鼠标左键）
选择要偏移的对象或[退出(E)/放弃(U)]<退出>：✓
```

结果如图 5-17 所示。

Step 06　选择上步偏移直线为偏移对象，将直线向右进行偏移，偏移距离为 625、2255、810、660、1440、1440、636、2303、1085、1500，如图 5-18 所示。

Step 07　单击"默认"选项卡"修改"面板中的"偏移"按钮⚒️，选择底部水平直线为偏移对象，向上进行偏移，偏移距离为 1700、1980、3250、3000、900、2100，结果如图 5-19 所示。

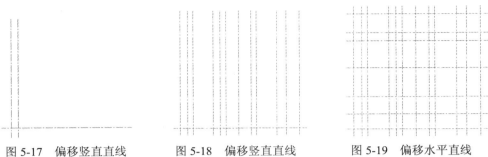

图 5-17　偏移竖直直线　　　图 5-18　偏移竖直直线　　　图 5-19　偏移水平直线

4．绘制及布置墙体柱子

Step 01 选择"柱子"图层为当前层，如图 5-20 所示。

图 5-20　设置当前图层

Step 02 单击"默认"选项卡"绘图"面板中的"矩形"按钮▢，在图形空白区域绘制一个"370×370"的矩形，如图 5-21 所示。

图 5-21　绘制矩形

Step 03 单击"默认"选项卡"绘图"面板中的"图案填充"按钮▨，系统打开"图案填充创建"选项卡，如图 5-22 所示，拾取填充区域一点，效果如图 5-23 所示。

图 5-22　"图案填充创建"选项卡

图 5-23　填充图形

利用上述方法绘制 240×240、240×370、370×240、300×300、180×370 的柱子。

Step 04 单击"默认"选项卡"修改"面板中的"复制"按钮❀，选择绘制的"370×370"的矩形为复制对象将其放置到图形轴线上，如图 5-24 所示。

Step 05 单击"默认"选项卡"修改"面板中的"复制"按钮❀，选择绘制的"240×370"的矩形为复制对象将其放置到图形轴线上，如图 5-25 所示。

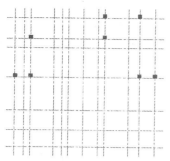
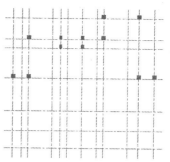

图 5-24　复制柱子　　　　　　　　　　图 5-25　复制柱子

Step 06 单击"默认"选项卡"修改"面板中的"复制"按钮 ，选择绘制的"240×240"的矩形为复制对象将其放置到图形轴线上，如图 5-26 所示。

利用上述方法完成剩余柱子图形的布置，如图 5-27 所示。

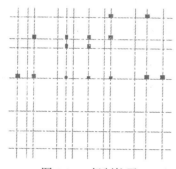
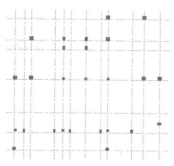

图 5-26　复制柱子　　　　　　　　　　图 5-27　布置柱子

Step 07 单击"默认"选项卡"绘图"面板中的"多段线"按钮 ，指定起点宽度为 25、端点宽度为 25，绘制柱子之间的连接线，如图 5-28 所示。

Step 08 单击"默认"选项卡"绘图"面板中的"多段线"按钮 ，指定起点宽度为 25、端点宽度为 25，完成剩余墙线的绘制，如图 5-29 所示。

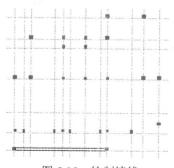
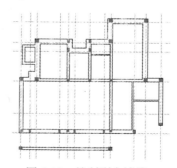

图 5-28　绘制墙线　　　　　　　　　　图 5-29　绘制剩余墙线

Step 09 单击"轴线"图层前面的"开/关"按钮 ，使其处于关闭状态，关闭轴线图层，结果如图 5-30 所示。

Step 10 单击"默认"选项卡"绘图"面板中的"多段线"按钮 ，指定起点宽度为 5、端点宽度为 5，在距离墙线外侧 60 处，绘制图形中的外围墙线，如图 5-31 所示。

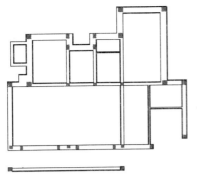

图 5-30　关闭图层

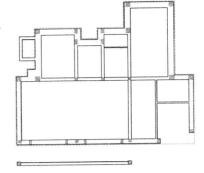

图 5-31　绘制墙体外围线

Step 11 在"图层"面板的下拉列表中，选择"门窗"图层为当前层，如图 5-32 所示。

✓ 门窗　　　　　💡　☼　🔓　■蓝　Continu...　—— 默认　0　Color_5　🖨　🔳

图 5-32　设置当前图层

Step 12 单击"默认"选项卡"绘图"面板中的"直线"按钮 ✏️，在图形适当位置绘制一条竖直直线，如图 5-33 所示。

Step 13 单击"默认"选项卡"修改"面板中的"偏移"按钮 🖿，选择上步绘制的竖直直线为偏移对象，向右进行偏移，偏移距离为 2700，如图 5-34 所示。

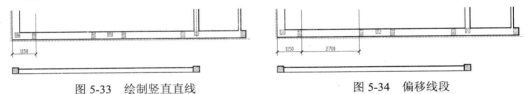

图 5-33　绘制竖直直线

图 5-34　偏移线段

利用上述方法完成剩余窗户辅助线的绘制，如图 5-35 所示。

Step 14 单击"默认"选项卡"修改"面板中的"修剪"按钮 ⊬，选择上步绘制的窗户辅助线间的墙体为修剪对象，对其进行修剪，如图 5-36 所示。

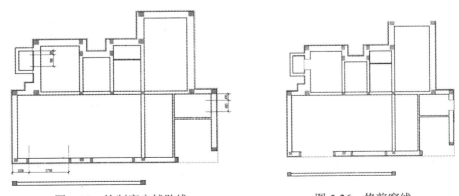

图 5-35　绘制窗户辅助线

图 5-36　修剪窗线

门洞线的绘制方法与窗洞线的绘制方法基本相同，这里不再详细阐述，如图 5-37 所示。

Step 15 单击"默认"选项卡"修改"面板中的"修剪"按钮 ⊬，选择门窗洞口线间的墙体为修剪对象，对其进行修剪，如图 5-38 所示。

如果不事先设置线型，除了基本的 contiuous 线型外，其他的线型不会显示在"线型"选项后面的下拉列表框中。

提　示

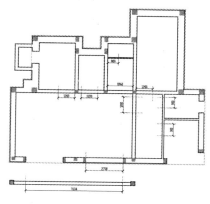

图 5-37　绘制门洞线

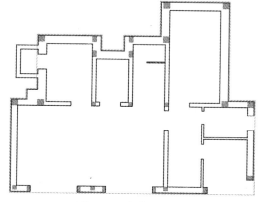

图 5-38　修剪门洞线

Step 16　在命令提示下，输入"MLSTYLE"，打开"多线样式"对话框，如图 5-39 所示。

Step 17　在"多线样式"对话框中，单击右侧的"新建"按钮，打开"创建新的多线样式"对话框，如图 5-40 所示。在"新样式名"文本框中输入"窗"作为多线的名称。单击"继续"按钮，打开"新建多线样式：窗"对话框，如图 5-41 所示。

图 5-39　"多线样式"对话框

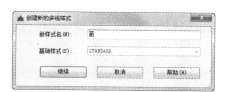

图 5-40　"创建多线样式"对话框

图 5-41　"新建多线样式：窗"对话框

197

Step 18　窗户所在墙体宽度为 370，将偏移分别修改为 185 和-185，61.6 和-61.6，单击"确定"按钮，回到"多线样式"对话框中，单击"置为当前"按钮，将创建的多线样式设为当前多线样式，单击"确定"按钮，回到绘图状态。

Step 19　在命令提示下，输入"MLINE"，绘制窗线，命令行提示与操作如下。

```
命令：MLINE✓
当前设置：对正 = 上，比例 = 20.00，样式 = 窗
指定起点或 [对正(J)/比例(S)/样式(ST)]:j✓
输入对正类型 [上(T)/无(Z)/下(B)] <上>:z✓
当前设置：对正 = 无，比例 = 20.00，样式 = 窗
指定起点或 [对正(J)/比例(S)/样式(ST)]:s✓
输入多线比例 <20.00>:1✓
当前设置：对正 = 无，比例 = 8.00，样式 = 窗
指定起点或 [对正(J)/比例(S)/样式(ST)]:✓
指定下一点:✓
指定下一点或 [放弃(U)]:✓
```

结果如图 5-42 所示。

Step 20　在命令提示下，输入"MLSTYLE"，打开"多线样式"对话框，在"多线样式"对话框中，单击右侧的"新建"按钮，打开"创建新的多线样式"对话框。在"新样式名"文本框中输入"500 窗"，作为多线的名称。单击"继续"按钮，打开"新建我线样式：500 窗"对话框。

Step 21　窗户所在墙体宽度为 500，将偏移分别修改为 250 和 -250，817.3 和-817.3，单击"确定"按钮，回到"多线样式"对话框中，单击"置为当前"按钮，将创建的多线样式设为当前多线样式，单击"确定"按钮，回到绘图状态。

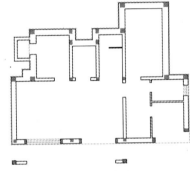

图 5-42　绘制窗线（一）

Step 22　在命令提示下，输入"MLINE"，在修剪的窗洞内绘制多线，完成窗线的绘制，如图 5-43 所示。

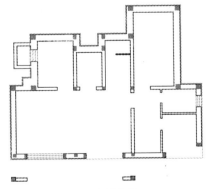

图 5-43　绘制窗线（二）

Step 23　单击"默认"选项卡"绘图"面板中的"多段线"按钮，指定起点宽度为 0、端点宽

度为 0，在墙线外围绘制连续多段线，如图 5-44 所示。

Step 24 单击"默认"选项卡"修改"面板中的"偏移"按钮 ，选择上步绘制的多段线为偏移对象，向内进行偏移，偏移距离为 100、33、34、33，结果如图 5-45 所示。

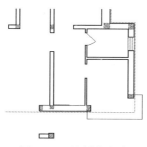

图 5-44　绘制多段线

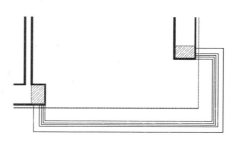

图 5-45　偏移多段线

5．绘制门

Step 01 单击"默认"选项卡"绘图"面板中的"直线"按钮 ，在图形空白区域绘制一条长为 318 的竖直直线，如图 5-46 所示。

Step 02 单击"默认"选项卡"修改"面板中的"旋转"按钮 ，选择上步绘制的竖直直线为旋转对象，以竖直直线下端点为旋转基点将其旋转-45°，如图 5-47 所示。

图 5-46　绘制竖直直线　　　　　　　　图 5-47　旋转竖直直线

Step 03 单击"默认"选项卡"绘图"面板中的"起点、端点、角度"按钮 ，绘制一段角度为 90°的圆弧，命令行提示与操作如下。

```
命令：_arc↙
指定圆弧的起点或 [圆心(C)]：(选择斜线下端点) ↙
指定圆弧的第二个点或 [圆心(C)/端点(E)]：_e↙
指定圆弧的端点：(选择左上方门洞竖线与墙轴线交点) ↙
指定圆弧的中心点(按住 Ctrl 键以切换方向)或 [角度(A)/方向(D)/半径(R)]：_a↙
指定夹角(按住 Ctrl 键以切换方向)：-90↙
```

结果如图 5-48 所示。

同理绘制右侧大门图形，完成右侧大门的绘制，如图 5-49 所示。

图 5-48　绘制圆弧

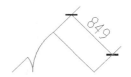

图 5-49　绘制门

Step 04 在命令行中输入 WBLOCK 命令，打开"写块"对话框，如图 5-50 所示，以"M1"为对象，以左下角的竖直线的中点为基点，定义"单扇门"图块。

对开门的绘制方法与单扇门的绘制方法基本相同，这里不再详细阐述，结果如图5-51所示。

图5-50　"写块"对话框

图5-51　绘制对开门

Step 05 在命令行中输入WBLOCK命令，打开"写块"对话框，如图5-50所示，以绘制的双扇门为对象，以左下角的竖直线的中点为基点，定义"双扇门"图块。

Step 06 单击"插入"选项卡"块"面板中的"插入"按钮，弹出"插入"对话框，如图5-52所示。

Step 07 单击"浏览"按钮，弹出"选择图形文件"对话框，选择"源文件/图块/单扇门"图块，设置旋转角度为270°，单击"打开"按钮，回到"插入"对话框，单击"确定"按钮，完成图块插入，如图5-53所示。

图5-52　"插入"对话框

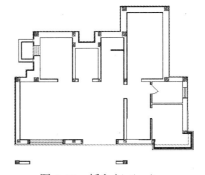

图5-53　插入门（一）

Step 08 单击"插入"选项卡"块"面板中的"插入"按钮，弹出"插入"对话框，如图5-52所示。单击"浏览"按钮，弹出"选择图形文件"对话框，选择"源文件/图块/单扇门"图块，设置旋转角度为270°，设置比例为1.1，单击"打开"按钮，回到"插入"对话框，单击"确定"按钮，完成图块插入，如图5-54所示。

Step 09 单击"插入"选项卡"块"面板中的"插入"按钮，弹出"插入"对话框，如图5-52所示。单击"浏览"按钮，弹出"选择图形文件"对话框，选择"源文件/图块/对开门"图块，单击"打开"按钮，回到"插入"对话框，单击"确定"按钮，完成图块插入，如图5-55所示。

Step 10 单击"默认"选项卡"绘图"面板中的"直线"按钮，在图形底部绘制一条水平直线，如图5-56所示。

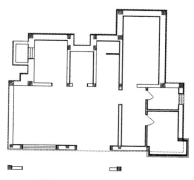

图 5-54　插入门（二）

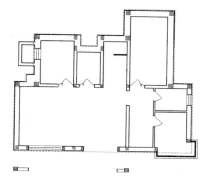

图 5-55　插入对开门

Step 11　单击"默认"选项卡"绘图"面板中的"矩形"按钮□，在上步绘制的直线上方绘制一个"3780×25"的矩形，如图 5-57 所示。

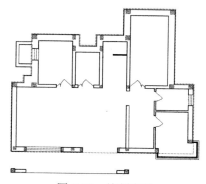

图 5-56　绘制直线

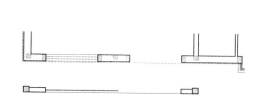

图 5-57　绘制矩形

Step 12　单击"默认"选项卡"绘图"面板中的"直线"按钮／和"矩形"按钮□，绘制剩余部分的门图形，如图 5-58 所示。

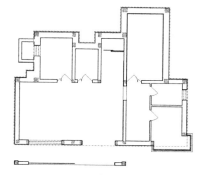

图 5-58　绘制门

提　示

绘制圆弧时，注意指定合适的端点或圆心，指定端点的时针方向即为绘制圆弧的方向。例如要绘制图示的下半圆弧，则起始端点应在左侧，终端点应在右侧，此时端点的时针方向为逆时针，即得到相应的逆时针圆弧。

插入时注意指定插入点和旋转比例的选择。

6. 绘制楼梯

（1）绘制楼梯时的参数

①楼梯形式（单跑、双跑、直行、弧形等）。

②楼梯各部位长、宽、高3个方向的尺寸，包括楼梯总宽、总长、楼梯宽度、踏步宽度、踏步高度、平台宽度等。

③楼梯的安装位置。

（2）楼梯的绘制方法

Step 01 将楼梯层设为当前图层，如图5-59所示。

图5-59　设置当前图层

Step 02 单击"默认"选项卡"绘图"面板中的"直线"按钮 ╱，在楼梯间内绘制一条长为900的水平直线，如图5-60所示。

Step 03 单击"默认"选项卡"绘图"面板中的"矩形"按钮 □，在楼梯间水平线左侧绘制一个"50×1320"的矩形，如图5-61所示。

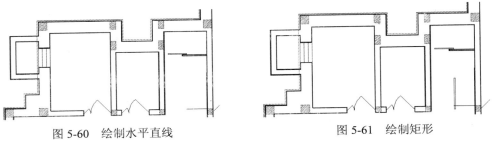

图5-60　绘制水平直线　　　　　　　　　　图5-61　绘制矩形

Step 04 单击"默认"选项卡"修改"面板中的"偏移"按钮 ╩，选择上步绘制的水平直线为偏移对象，向上进行偏移，偏移距离为270、270、270、270，如图5-62所示。

Step 05 单击"默认"选项卡"绘图"面板中的"直线"按钮 ╱，在上步偏移线段内绘制一条斜向直线，如图5-63所示。

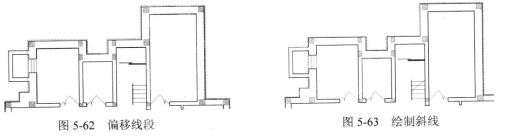

图5-62　偏移线段　　　　　　　　　　图5-63　绘制斜线

Step 06 单击"默认"选项卡"修改"面板中的"修剪"按钮 ╱-，选择上步绘制的斜线上方的线段进行修剪，如图5-64所示。

Step 07 单击"默认"选项卡"绘图"面板中的"直线"按钮 ╱，在所绘图形中间位置绘制一条竖直直线，如图5-65所示。

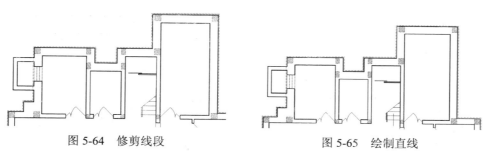

图 5-64 修剪线段 图 5-65 绘制直线

Step 08 单击"默认"选项卡"绘图"面板中的"直线"按钮 ✎，以上步绘制的竖直直线上端点为直线起点向下绘制一条斜向直线，如图 5-66 所示。

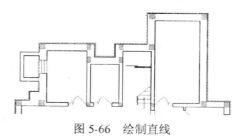

图 5-66 绘制直线

7．绘制集水坑

Step 01 单击"默认"选项卡"绘图"面板中的"多段线"按钮 ⤵，指定起点宽度为 15、端点宽度为 15，在图形适当位置绘制连续多段线，如图 5-67 所示。

Step 02 单击"默认"选项卡"修改"面板中的"偏移"按钮 ⬄，选择上步绘制的连续多段线为偏移对象，向内进行偏移，偏移距离为 100，如图 5-68 所示。

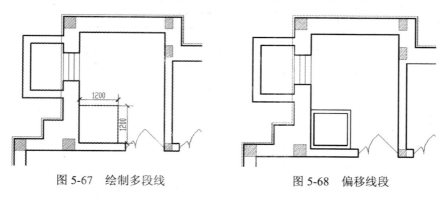

图 5-67 绘制多段线 图 5-68 偏移线段

8．绘制内墙烟囱

Step 01 单击"默认"选项卡"绘图"面板中的"多段线"按钮 ⤵，指定起点宽度为 15、端点宽度为 15，在上步图形左侧位置，绘制"360×360"的正方形，如图 5-69 所示。

Step 02 单击"默认"选项卡"绘图"面板中的"直线"按钮 ✎，在上步绘制的正方形四边中点绘制十字交叉线，如图 5-70 所示。

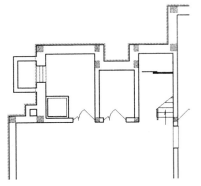

图 5-69　绘制正方形

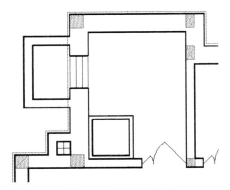

图 5-70　绘制交叉线

Step 03 单击"默认"选项卡"绘图"面板中的"圆心，半径"按钮 ⊙ ，选择上步绘制的十字交叉线中点为圆心绘制一个适当半径的圆，如图 5-71 所示。

Step 04 单击"默认"选项卡"修改"面板中的"删除"按钮 ✍ ，选择上步绘制的十字交叉线为删除对象将其删除，如图 5-72 所示。

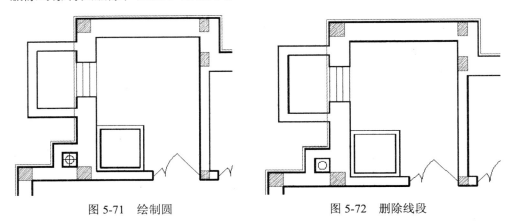

图 5-71　绘制圆　　　　　　　　　　　图 5-72　删除线段

利用相同方法绘制图形中的雨水管，如图 5-73 所示。

Step 05 单击"默认"选项卡"绘图"面板中的"直线"按钮 ✎ ，绘制图形中的剩余连接线，如图 5-74 所示。

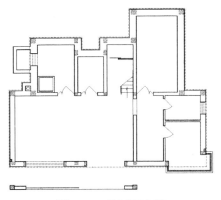

图 5-73　绘制雨水管

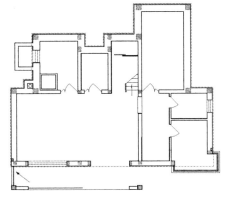

图 5-74　绘制连接线

Step 06 单击"默认"选项卡"绘图"面板中的"多段线"按钮 ⊃，指定起点宽度为 25、端点宽度为 25，在图形适当位置绘制连续多段线，如图 5-75 所示。

Step 07 单击"默认"选项卡"绘图"面板中的"多段线"按钮 ⊃，指定起点宽度为 25、端点宽度为 25，以上步绘制的多段线底部水平边中点为直线起点向上绘制一条竖直直线，如图 5-76 所示。

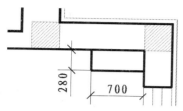

图 5-75　绘制多段线

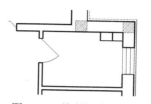

图 5-76　绘制竖直直线

Step 08 单击"默认"选项卡"绘图"面板中的"圆"下拉按钮下的"圆心，半径" ⊙，在上步绘制的图形内适当位置选一点为圆心，绘制一个半径为 50 的圆，如图 5-77 所示。

Step 09 单击"默认"选项卡"绘图"面板中的"直线"按钮 ✐，在上步图形内绘制连续直线，如图 5-78 所示。

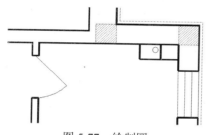

图 5-77　绘制圆

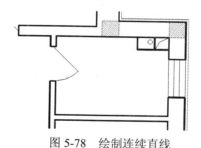

图 5-78　绘制连续直线

Step 10 单击"默认"选项卡"绘图"面板中的"多段线"按钮 ⊃，在图形适当位置绘制一个"178×74"的矩形，如图 5-79 所示。

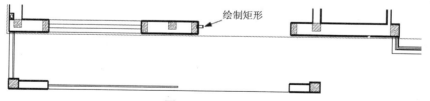

绘制矩形

图 5-79　绘制矩形

Step 11 单击"默认"选项卡"修改"面板中的"复制"按钮 ⊙，选择上步绘制的矩形为复制对象对其进行连续复制，如图 5-80 所示。

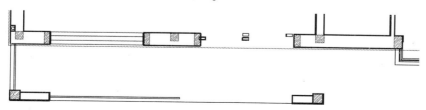

图 5-80　复制矩形

Step 12 单击"默认"选项卡"绘图"面板中的"直线"按钮／，绘制上步复制矩形之间的连接线，如图 5-81 所示。

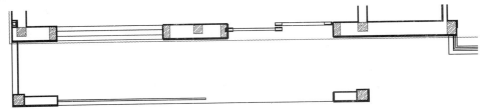

图 5-81　绘制矩形间连接线

9．尺寸标注

Step 01 在"图层"面板的下拉列表中，选择"尺寸"图层为当前层，如图 5-82 所示。

图 5-82　设置当前图层

Step 02 设置标注样式。

❶ 单击"注释"选项卡"标注"面板中的"标注，标注样式"按钮，弹出"标注样式管理器"对话框，如图 5-83 所示。

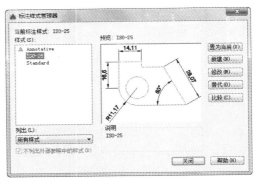

图 5-83　"标注样式管理器"对话框

❷ 单击"修改"按钮，弹出"修改标注样式"对话框。单击"线"选项卡，对话框显示如图 5-84 所示，按照图中的参数修改标注样式。

❸ 单击"符号和箭头"选项卡，按照图 5-85 所示的设置进行修改，箭头样式选择为"建筑标记"，箭头大小修改为 400。

图 5-84　"线"选项卡

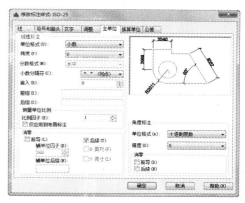

图 5-85　"符号和箭头"选项卡

❹ 在"文字"选项卡中设置"文字高度"为 450，如图 5-86 所示。

❺ "主单位"选项卡中的设置如图 5-87 所示。

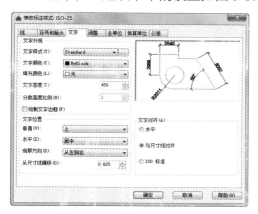

图 5-86　"文字"选项卡

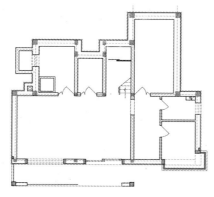

图 5-87　"主单位"选项卡

❻ 单击"默认"选项卡"绘图"面板中的"直线"按钮 ✐，在墙内绘制标注辅助线，如图 5-88 所示。

图 5-88　绘制直线

❼ 将"尺寸标注"图层设为当前层，单击"注释"选项卡"标注"面板中的"线性"按钮 □，标注图形细部尺寸，命令行提示与操作如下。

命令：DIMLINEAR✓
指定第一个尺寸界线原点或 <选择对象>:✓（指定一点）
指定第二条尺寸界线原点:✓（指定第二点）
指定尺寸线位置或[多行文字(M)/文字(T)/角度(A)/水平(H)/垂直(V)/旋转(R)]:✓（指定合适的位置）

逐个标注，结果如图 5-89 所示。

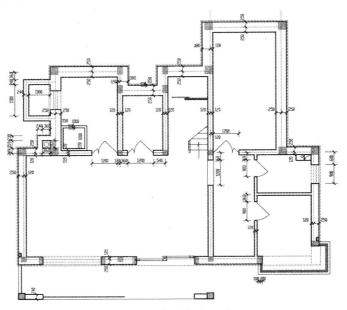

图 5-89　标注细部尺寸

❽ 单击"注释"选项卡"标注"面板中的"线性"按钮和 "连续"按钮，标注图形第一道尺寸，如图 5-90 所示。

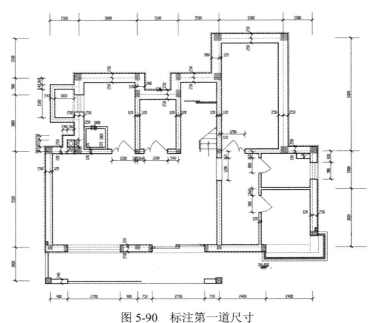

图 5-90　标注第一道尺寸

❾ 单击"注释"选项卡"标注"面板中的"线性"按钮H和 "连续"按钮H，标注图形第二道尺寸，如图 5-91 所示。

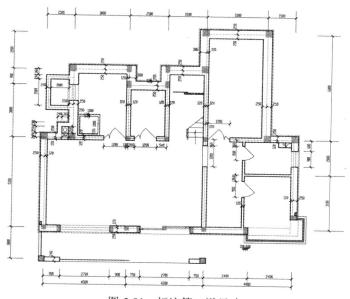

图 5-91　标注第二道尺寸

❿ 单击"注释"选项卡"标注"面板中的"线性"按钮H和 "连续"按钮H，标注图形总尺寸，如图 5-92 所示。

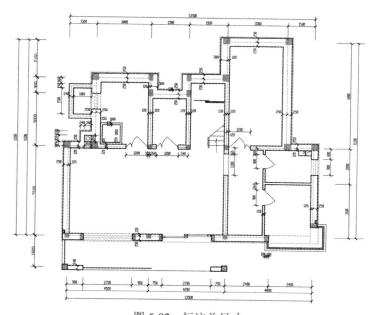

图 5-92　标注总尺寸

⓫ 单击"默认"选项卡"修改"面板中的"分解"按钮，选取标注的第二道尺寸为分解对象回车确认进行分解。

⓬ 单击"默认"选项卡"绘图"面板中的"直线"按钮，分别在横竖四条总尺寸线

上方绘制四条直线，如图 5-93 所示。

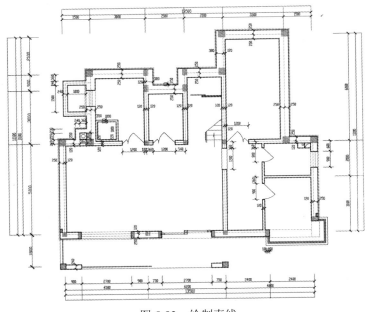

图 5-93　绘制直线

⓭ 单击"默认"选项卡"修改"面板中的"延伸"按钮，选取分解后的标注线段，进行延伸，延伸至上步绘制的直线，如图 5-94 所示。

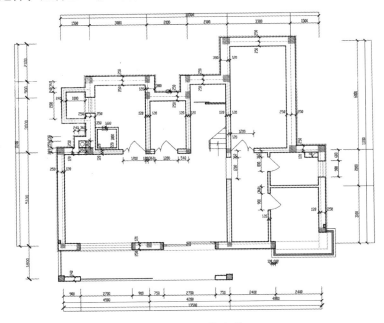

图 5-94　延伸直线

⓮ 单击"默认"选项卡"修改"面板中的"删除"按钮，选择绘制的直线为删除对象对其进行删除，如图 5-95 所示。

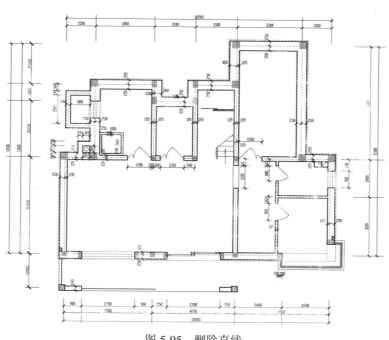

图 5-95　删除直线

10．添加轴号

Step 01　单击"默认"选项卡"绘图"面板中的"圆"下拉按钮下的"圆心，半径"按钮 ⊙，
在适当位置绘制一个半径为 200 的圆，如图 5-96 所示。

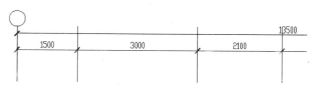

图 5-96　绘制圆

Step 02　单击"插入"选项卡"块定义"面板中的"定义属性"按钮 ，弹出"属性定义"对
话框，如图 5-97 所示，单击"确定"按钮，在圆心位置输入一个块的属性值。设置完
成后的效果如图 5-98 所示。

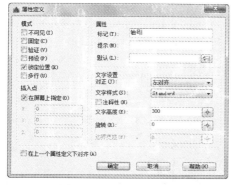

图 5-97　块属性定义

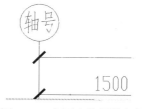

图 5-98　在圆心位置输入属性值

Step 03 单击"插入"选项卡"定义块"面板中的"创建块"按钮🖈，弹出"块定义"对话框，如图 5-99 所示。在"名称"文本框中输入"轴号"，指定圆心为基点，选择整个圆和刚才的"轴号"标记为对象，单击"确定"按钮，弹出如图 5-100 所示的"编辑属性"对话框，输入轴号为 1，单击"确定"按钮，轴号效果图如图 5-101 所示。

图 5-99　"块定义"对话框

图 5-100　"编辑属性"对话框

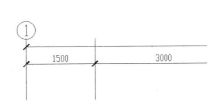

图 5-101　输入轴号

Step 04 单击"插入"选项卡"块"面板中的"插入"按钮🖈，弹出"插入"对话框，将轴号图块插入到轴线上，并修改图块属性，结果如图 5-102 所示。

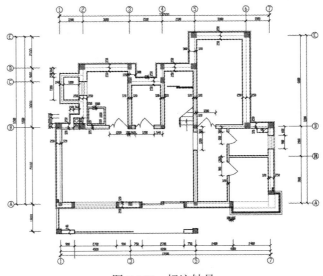

图 5-102　标注轴号

11. 绘制标高

Step 01 单击"默认"选项卡"绘图"面板中的"直线"按钮，在图形空白区域绘制一条长度为 500 的水平直线，如图 5-103 所示。

Step 02 单击"默认"选项卡"绘图"面板中的"直线"按钮，以上步绘制的水平直线左端点为起点绘制一条斜向直线，如图 5-104 所示。

Step 03 单击"默认"选项卡"修改"面板中的"镜像"按钮，选择上步绘制的斜向直线为镜像对象对其进行竖直镜像，如图 5-105 所示。

Step 04 单击"注释"选项卡"文字"面板中的"多行文字"按钮，在上步图形上方添加文字，如图 5-106 所示。

-3.300

图 5-103　绘制水平直线　　图 5-104　绘制直线　　图 5-105　镜像直线　　图 5-106　添加文字

Step 05 单击"默认"选项卡"修改"面板中的"移动"按钮，选择上步绘制的标高图形为移动对象将其放置到图形适当位置，如图 5-107 所示。

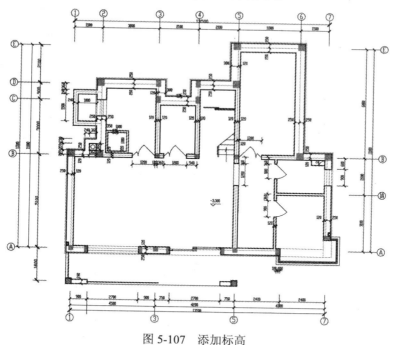

图 5-107　添加标高

12. 文字标注

Step 01 选择"文字"图层为当前层，如图 5-108 所示。

✔️　文字　　🔆　☀　🔓　■白　Continu... —— 默认　0　　Color_7　🖶　🗏

图 5-108　设置当前图层

Step 02　单击"注释"选项卡"文字"面板中的"文字样式"按钮，弹出"文字样式"对话框，如图5-109所示。

Step 03　单击"新建"按钮，弹出"新建文字样式"对话框，将文字样式命名为"说明"，如图5-110所示。

Step 04　单击"确定"按钮，在"文字样式"对话框中取消勾选"使用大字体"复选框，然后在"字体名"下拉列表中选择"宋体"，"高度"设置为150，如图5-111所示。

图5-109　"文字样式"对话框

图5-110　"新建文字样式"对话框

图5-111　修改文字样式

在CAD中输入汉字时，可以选择不同的字体，在"字体名"下拉列表中，有些字体前面有"@"标记，如"@仿宋_GB2312"，说明该字体是为横向输入汉字用的，即输入的汉字逆时针旋转90°。如果要输入正向的汉字，不能选择前面带"@"标记的字体。

Step 05　将"文字"图层设为当前层。单击"注释"选项卡"文字"面板中的"多行文字"按钮 A 和"修改"面板中的"复制"按钮，完成图形中文字的标注，如图5-112所示。

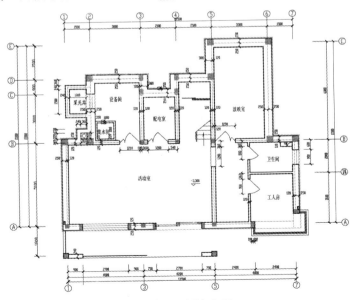

图5-112　标注文字

13．绘制剖切号

Step 01 单击"默认"选项卡"绘图"面板中的"多段线"按钮 ⊃，指定起点宽度为 50、端点宽度为 50，在图形适当位置绘制连续多段线，如图 5-113 所示。

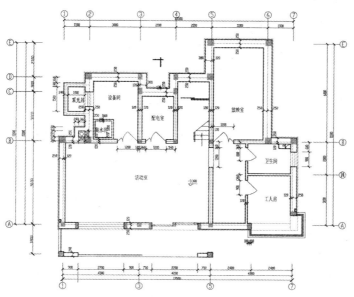

图 5-113　绘制多段线

Step 02 单击"注释"选项卡"文字"面板中的"多行文字"按钮 A，在上步图形左侧添加文字说明，如图 5-114 所示。

Step 03 单击"默认"选项卡"修改"面板中的"镜像"按钮 ⊿，选择上步图形为镜像对象对其进行水平镜像，如图 5-115 所示。

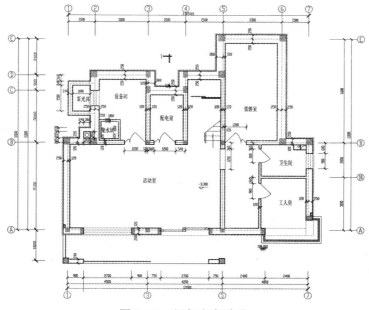

图 5-114　添加文字说明

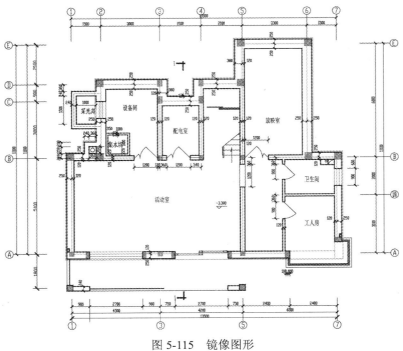

图 5-115　镜像图形

利用上述方法完成剩余剖切符号的绘制，如图 5-116 所示。

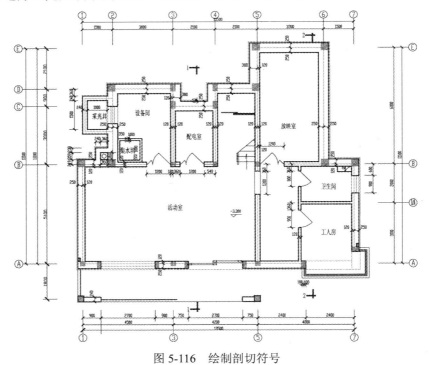

图 5-116　绘制剖切符号

利用上述方法最终完成地下室平面图的绘制，如图 5-117 所示。

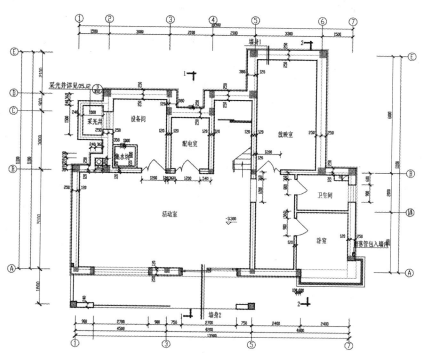

图 5-117　地下室平面图

Step 04　单击"注释"选项卡"文字"面板中的"多行文字"按钮 A，为图形添加注释说明，如图 5-118 所示。

建筑面积：地下：128.35　㎡
　　　　　地上：235.44　㎡

图 5-118　添加注释说明

14．插入图框

Step 01　单击"插入"选项卡"块"面板中的"插入"按钮，弹出"插入"对话框，如图 5-119 所示。单击"浏览"按钮，弹出"选择图形文件"对话框，选择"源文件/图块/A2 图框"图块，将其放置到图形适当位置。

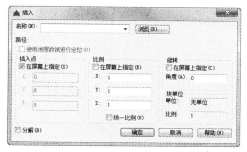

图 5-119　"插入"对话框

Step 02　单击"默认"选项卡"绘图"面板中的"直线"按钮 和 "注释"选项卡"文字"面板中的"多行文字"按钮 A，为图形添加总图名称，最终完成地下室平面图的绘制，

如图 5-1 所示。

5.1.2 拓展实例——别墅二层平面图

读者可以利用上面所学的相关知识完成某别墅二层平面图的绘制，如图 5-120 所示。

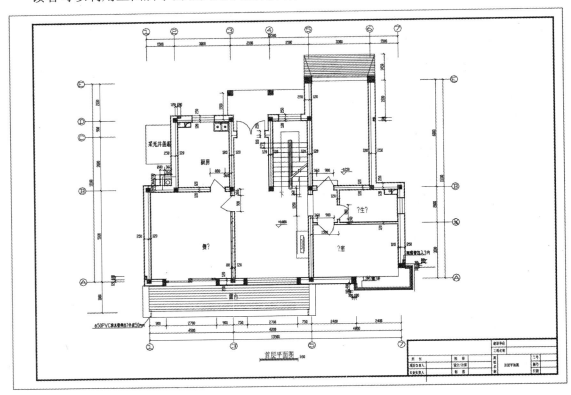

图 5-120 二层平面图

Step 02 利用一层平面图墙体改变二层平面图墙体，如图 5-121 所示。

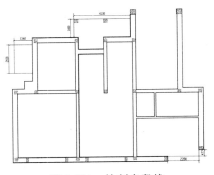

图 5-121 绘制多段线

Step 02 单击"默认"选项卡"绘图"面板中的"直线"按钮╱和"修改"面板中的"偏移"按钮╚、"修剪"按钮╱，完成门洞的修剪，如图 5-122 所示。

Step 03 单击"默认"选项卡"绘图"面板中的"直线"按钮╱、"多段线"按钮⊃、"矩形"

按钮口、"圆弧"按钮╱和"修改"面板中的"镜像"按钮▣、"偏移"按钮█、"移动"按钮⊹等，完成门窗的绘制，如图 5-123 所示。

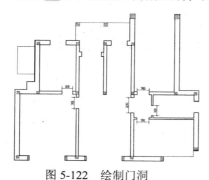

图 5-122　绘制门洞　　　　　　　　图 5-123　绘制相同图形

Step 04 单击"默认"选项卡"绘图"面板中的"直线"按钮╱、"多段线"按钮⊃、"矩形"按钮口和"修改"面板中的"偏移"按钮█、"圆角"按钮⊓、"修剪"按钮┿等，完成楼梯的绘制，如图 5-124 所示。

Step 05 单击"默认"选项卡"绘图"面板中的"直线"按钮╱、"多段线"按钮⊃、"矩形"按钮口、"图案填充"按钮▨和"修改"面板中的"镜像"按钮▣等，完成坡道及露台的绘制，如图 5-125 所示。

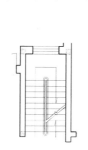

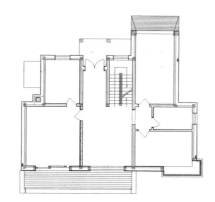

图 5-124　修剪处理　　　　　　　　图 5-125　绘制首层平面图

Step 06 单击"默认"选项卡"绘图"面板中的"插入块"按钮█和"注释"面板中的"多行文字"按钮A、"线性"按钮┣┫、"连续"按钮┫┣┫，为图形添加图框及尺寸文字标注，如图 5-120 所示。

5.2　建筑立面图绘制实例——别墅 A-E 立面图的绘制

从 A-E 立面图可以很明显地看出，由于地势地形的客观情况，本别墅的地下室实际上是一种半地下的结构，别墅南面的地下室完全露出地面，只是在北面的部分是深入到地下的。这主要是因地制宜的结果。总体来说，这种结构既利用了地形，使整个别墅建筑与自然地形融为一体，达到建筑与自然和谐共生的效果，也同时使地下室部分具有良好的采光性。

下面主要为大家讲解 A-E 立面图的绘制过程，如图 5-126 所示。

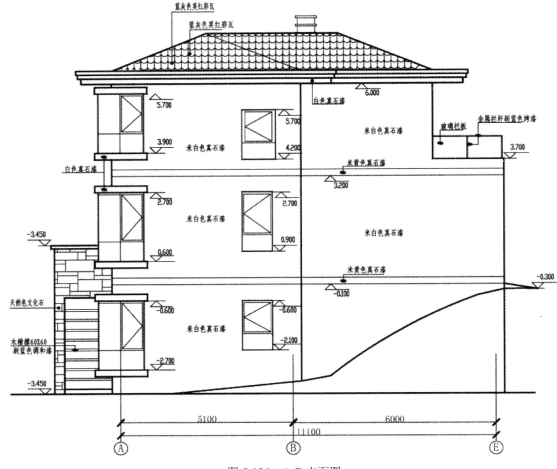

图 5-126　A-E 立面图

5.2.1　操作步骤

1. 绘制基础图形

Step 01　单击"默认"选项卡"绘图"面板中的"多段线"按钮，指定起点宽度为 30、端点宽度为 30，在图形空白区域绘制一条长度为 15496 的水平多段线，如图 5-127 所示。

图 5-127　绘制直线

Step 02　单击"默认"选项卡"绘图"面板中的"多段线"按钮，指定起点宽度为 25、端点宽度为 25，在上步绘制的水平多段线上选择一点为直线起点向上绘制一条长度为 9450 的竖直多段线，如图 5-128 所示。

Step 03　单击"默认"选项卡"修改"面板中的"偏移"按钮，选择上步绘制的多段线为偏移对象，连续向右进行偏移，偏移距离为 5600、6000，如图 5-129 所示。

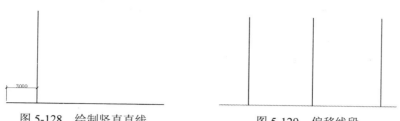

图 5-128　绘制竖直直线　　　　　　　　图 5-129　偏移线段

Step 04 单击"默认"选项卡"绘图"面板中的"直线"按钮 ，在上步图形上选择一点为直线起点向右绘制一条水平直线，如图 5-130 所示。

Step 05 单击"默认"选项卡"修改"面板中的"偏移"按钮 ，选择上步绘制的水平直线为偏移对象，向上进行偏移，偏移距离为 200，如图 5-131 所示。

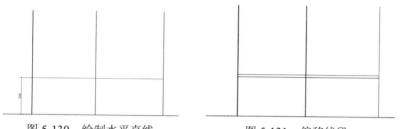

图 5-130　绘制水平直线　　　　　　　　图 5-131　偏移线段

Step 06 单击"默认"选项卡"绘图"面板中的"多段线"按钮 ，指定起点宽度为 25、端点宽度为 25，在上步图形适当位置处绘制一个"1550×200"的矩形，如图 5-132 所示。

Step 07 单击"默认"选项卡"修改"面板中的"复制"按钮 ，选择上步绘制的矩形为复制对象向上进行复制，复制间距为 2300，如图 5-133 所示。

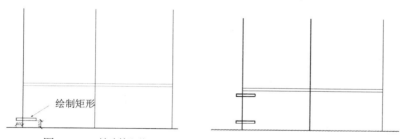

图 5-132　绘制矩形　　　　　　　　　　图 5-133　复制矩形

Step 08 单击"默认"选项卡"绘图"面板中的"多段线"按钮 ，指定起点宽度为 15、端点宽度为 15，在上步图形适当位置绘制一条竖直直线连接上步复制的两图形，如图 5-134 所示。

Step 09 单击"默认"选项卡"修改"面板中的"偏移"按钮 ，选择上步绘制的竖直直线为偏移对象，向右进行偏移，偏移距离为 1350，如图 5-135 所示。

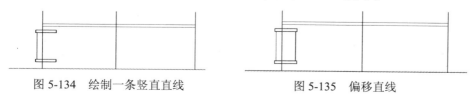

图 5-134　绘制一条竖直直线　　　　　　图 5-135　偏移直线

Step 10 单击"默认"选项卡"修改"面板中的"修剪"按钮 ✂，选择上步偏移线段之间的线段为修剪线段，对其进行修剪，如图 5-136 所示。

Step 11 单击"默认"选项卡"绘图"面板中的"直线"按钮 ╱，在上步图形内绘制一条水平直线和一条竖直直线，如图 5-137 所示。

图 5-136 修剪线段　　　　　　　图 5-137 绘制直线

Step 12 单击"默认"选项卡"修改"面板中的"偏移"按钮 ◰，选择上步绘制的竖直直线为偏移对象，向右进行偏移，偏移距离为 47、600，如图 5-138 所示。

Step 13 单击"默认"选项卡"修改"面板中的"偏移"按钮 ◰，选择上步绘制的水平直线为偏移对象，向上进行偏移，偏移距离为 50、1386，如图 5-139 所示。

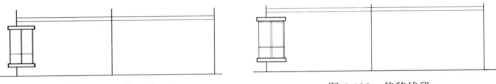

图 5-138 偏移线段　　　　　　　图 5-139 偏移线段

Step 14 单击"默认"选项卡"修改"面板中的"修剪"按钮 ✂，选择上步偏移线段为修剪对象，对其进行修剪处理，如图 5-140 所示。

Step 15 单击"默认"选项卡"绘图"面板中的"多段线"按钮 ⟲，指定起点宽度为 15、端点宽度为 15，在上步图形右侧位置绘制连续多段线，如图 5-141 所示。

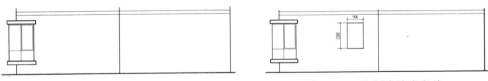

图 5-140 修剪线段　　　　　　　图 5-141 绘制连续多段线

Step 16 单击"默认"选项卡"绘图"面板中的"直线"按钮 ╱，在上步图形内绘制一条水平直线，如图 5-142 所示。

Step 17 单击"默认"选项卡"绘图"面板中的"矩形"按钮 ▢，在上步图形内绘制一个"800×886"的矩形，如图 5-143 所示。

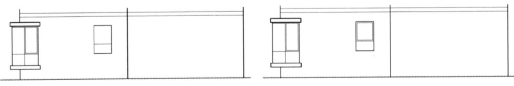

图 5-142 绘制水平直线　　　　　图 5-143 绘制矩形

Step 18 单击"默认"选项卡"绘图"面板中的"直线"按钮 ╱，在上步绘制图形内绘制两条斜向直线，如图 5-144 所示。

Step 19 单击"默认"选项卡"绘图"面板中的"多段线"按钮 ⟲，指定起点宽度为 25、端点宽度为 25，在上步图形内绘制连续多段线，如图 5-145 所示。

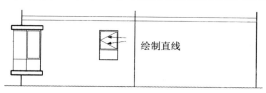

图 5-144 绘制直线

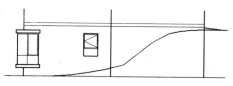

图 5-145 绘制多段线

Step 20 单击"默认"选项卡"修改"面板中的"修剪"按钮，选择上步绘制多段线内的线段为修剪对象，对其进行修剪处理，如图 5-146 所示。

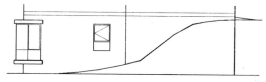

图 5-146 修剪处理

Step 21 单击"默认"选项卡"绘图"面板中的"图案填充"按钮，系统打开"图案填充创建"选项卡，设置填充图案为"AR-SAND"，填充图案比例为"5"，如图 5-147 所示，拾取填充区域内一点，对其进行图案填充，如图 5-148 所示。

图 5-147 "图案填充创建"选项卡

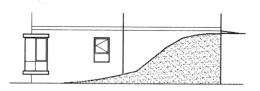

图 5-148 填充图案

Step 22 单击"默认"选项卡"修改"面板中的"偏移"按钮，选择水平直线为偏移线段，向上进行偏移，偏移距离为 3100、200，如图 5-149 所示。

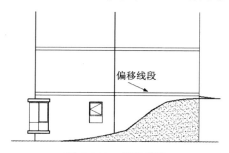

图 5-149 偏移线段

Step 23　单击"默认"选项卡"修改"面板中的"复制"按钮⬚，选择地下室立面图中的窗户图形为复制对象，向上进行复制，复制间距为 3300，将其放置到首层立面位置处，并利用上述绘制小窗户的方法绘制相同图形，如图 5-150 所示。

利用地下室窗户图形的绘制方法绘制二层平面图中的窗户图形，如图 5-151 所示。

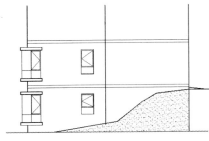
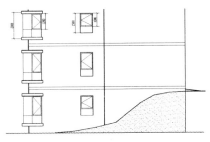

图 5-150　绘制窗户（一）　　　　　　　图 5-151　绘制窗户（二）

Step 24　单击"默认"选项卡"绘图"面板中的"多段线"按钮⬚，指定起点宽度为 25、端点宽度为 25，在图形适当位置绘制连续直线，如图 5-152 所示。

Step 25　单击"默认"选项卡"修改"面板中的"修剪"按钮⬚，选择上步绘制连续多段线外的线段为修剪对象，对其进行修剪，如图 5-153 所示。

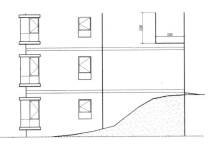
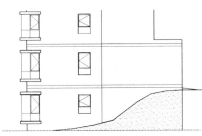

图 5-152　绘制连续直线　　　　　　　　图 5-153　修剪对象

Step 26　单击"默认"选项卡"绘图"面板中的"多段线"按钮⬚，指定起点宽度为 0、端点宽度为 0，在图形适当位置绘制连续直线，如图 5-154 所示。

Step 27　单击"默认"选项卡"修改"面板中的"偏移"按钮⬚，选择上步绘制的连续多段线为偏移对象，向内进行偏移，偏移距离为 25，如图 5-155 所示。

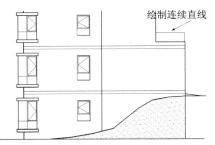
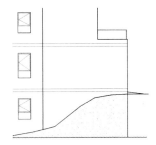

图 5-154　绘制连续直线　　　　　　　　图 5-155　偏移多段线

Step 28　单击"默认"选项卡"绘图"面板中的"直线"按钮⬚，在上步偏移线段内绘制一条竖直直线，如图 5-156 所示。

Step 29 单击"默认"选项卡"修改"面板中的"偏移"按钮，选择上步绘制的竖直直线为偏移对象，分别向两侧进行偏移，偏移距离为 12.5，如图 5-157 所示。

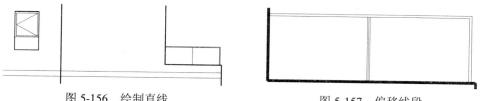

图 5-156　绘制直线　　　　　图 5-157　偏移线段

Step 30 单击"默认"选项卡"修改"面板中的"删除"按钮，选择中间线段为删除对象，对其进行删除，如图 5-158 所示。

Step 31 单击"默认"选项卡"绘图"面板中的"多段线"按钮，指定起点宽度为 25、端点宽度为 25，在上步图形上方绘制长度为 11599 的水平多段线，如图 5-159 所示。

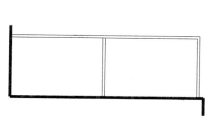
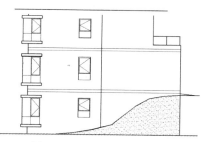

图 5-158　删除线段　　　　　图 5-159　绘制多段线

Step 32 单击"默认"选项卡"修改"面板中的"偏移"按钮，选择上步绘制的竖直多段线为偏移对象，向下进行偏移，偏移距离为 120、120、160，如图 5-160 所示。

Step 33 单击"默认"选项卡"绘图"面板中的"多段线"按钮，指定起点宽度为 25、端点宽度为 25，绘制上步偏移线段左侧的连接线，如图 5-161 所示。

图 5-160　偏移线段　　　　　图 5-161　绘制连接线

Step 34 单击"默认"选项卡"修改"面板中的"偏移"按钮，选择上步绘制的竖直直线为偏移对象，向右进行偏移，偏移距离为 50、100、7399、100、50、3750、100、50，如图 5-162 所示。

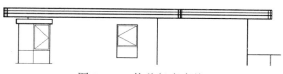

图 5-162　偏移竖直直线

Step **35** 单击"默认"选项卡"修改"面板中的"修剪"按钮 ✂，选择上步偏移线段为修剪对象，对其进行修剪处理，如图 5-163 所示。

Step **36** 单击"默认"选项卡"绘图"面板中的"多段线"按钮 ⟓，指定起点宽度为 25、端点宽度为 25，在图形上部位置绘制连续多段线，如图 5-164 所示。

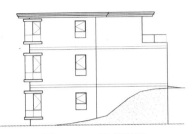

图 5-163　修剪图形

图 5-164　绘制多段线

Step **37** 单击"默认"选项卡"绘图"面板中的"直线"按钮 ✒，在上步图形内绘制一条斜向直线，如图 5-165 所示。

图 5-165　绘制斜向直线

Step **38** 单击"默认"选项卡"绘图"面板中的"直线"按钮 ✒和"圆弧"按钮 ◜，在上步图形内绘制屋顶立面瓦片，如图 5-166 所示。

Step **39** 单击"默认"选项卡"绘图"面板中的"矩形"按钮 ▭，在屋顶上方适当位置选择一点为矩形起点，绘制一个"619×526"的矩形，如图 5-167 所示。

图 5-166　绘制屋顶

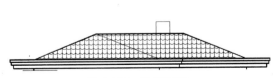

图 5-167　绘制矩形

Step **40** 单击"默认"选项卡"修改"面板中的"分解"按钮，选择上步绘制矩形为分解对象回车确认进行分解。

Step **41** 单击"默认"选项卡"修改"面板中的"偏移"按钮 ◳，选择上步绘制矩形左侧边线为偏移对象，向右进行偏移，偏移距离为 50、519、50，如图 5-168 所示。

226

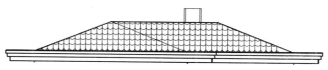

图 5-168　偏移线段

Step 42 单击"默认"选项卡"修改"面板中的"偏移"按钮 ⛁，选择分解矩形水平边为偏移对象，向下进行偏移，偏移距离为 60、195、50、195，如图 5-169 所示。

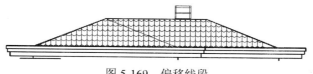

图 5-169　偏移线段

Step 43 单击"默认"选项卡"修改"面板中的"修剪"按钮 ✂，选择上步偏移线段为修剪对象，对其进行修剪处理，如图 5-170 所示。

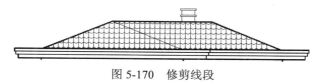

图 5-170　修剪线段

利用上述方法完成 A-E 轴立面图的绘制，如图 5-171 所示。

图 5-171　绘制立面图

2．标注文字及标高

Step 01 单击"默认"选项卡"图层"面板中的"图层特性"按钮 ⛁，新建"尺寸"图层，并将其设置为当前图层，如图 5-172 所示。

✔ 尺寸　　　♀　☼　🔓　■75　Continu...　——　默认　0　　Color ...　🖶　🗐

图 5-172　设置当前图层

Step 02 设置标注样式。

❶ 单击"注释"选项卡"标注"面板中的"标注，标注样式"按钮 🔳，弹出"标注样式管理器"对话框，如图 5-173 所示。

❷ 单击"新建"按钮，弹出"创建新标注样式"对话框，如图 5-174 所示。输入"立

面"名称,单击"继续"按钮,打开"新建标注样式:立面"对话框,如图 5-175
所示。单击"线"选项卡,按照图中的参数修改标注样式。

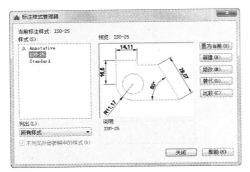

图 5-173 "标注样式管理器"对话框

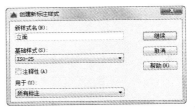

图 5-174 "创建新标注样式"对话框

图 5-175 "线"选项卡

❸ 单击"符号和箭头"选项卡,按照图 5-176 所示的设置进行修改,箭头样式选择为
"建筑标记",箭头大小修改为 200。

图 5-176 "符号和箭头"选项卡

❹ 在"文字"选项卡中设置"文字高度"为 250,如图 5-177 所示。

❺ "主单位"选项卡中的设置如图 5-178 所示。

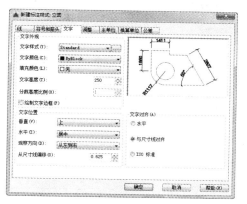

图 5-177　"文字"选项卡

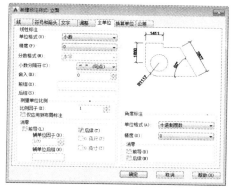

图 5-178　"主单位"选项卡

Step 03　单击"注释"选项卡"标注"面板中的"线性"按钮 ⊢，为图形添加第一道尺寸标注，如图 5-179 所示。

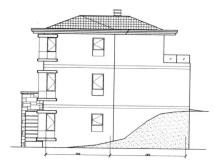

图 5-179　标注第一道尺寸

Step 04　单击"注释"选项卡"标注"面板中的"线性"按钮 ⊢，为图形添加总尺寸标注，如图 5-180 所示。

Step 05　单击"默认"选项卡"修改"面板中的"分解"按钮 ，选择上步添加尺寸为分解对象，回车确认进行分解。

Step 06　单击"默认"选项卡"绘图"面板中的"直线"按钮 ，在标注线底部绘制一条水平直线，如图 5-181 所示。

图 5-180　标注总尺寸

图 5-181　绘制水平直线

Step 07　单击"默认"选项卡"修改"面板中的"延伸"按钮 ，将竖直直线延伸至上步绘制的水平直线，如图 5-182 所示。

图 5-182　延伸直线

Step
08 单击"默认"选项卡"修改"面板中的"删除"按钮，选择上步绘制的水平直线为删除对象将其删除，如图 5-183 所示。

利用前面章节讲述的方法，完成轴号的添加，如图 5-184 所示。

图 5-183　删除直线

图 5-184　添加轴号

Step 09 单击"插入"选项卡"块"面板中的"插入"按钮，弹出"插入"对话框。单击"浏览"按钮，弹出"选择图形文件"对话框，选择"源文件/图块/标高"图块，单击"打开"按钮，回到"插入"对话框，单击"确定"按钮，完成图块插入，如图 5-185 所示。

利用上述方法完成剩余标高的添加，如图 5-186 所示。

图 5-185　插入标高

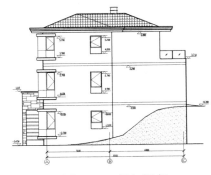

图 5-186　添加标高

Step 10 在命令行中输入"QLEADER"命令，为图形添加文字说明，最终结果如图 5-126 所示。

5.2.2　拓展实例——某别墅 1-7 立面图

读者可以利用上面所学的相关知识完成某别墅 1-7 立面图的绘制，如图 5-187 所示。

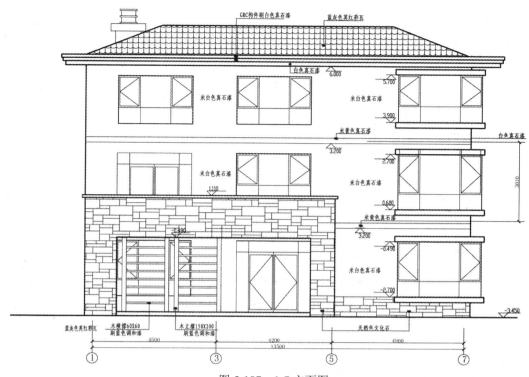

图 5-187　1-7 立面图

Step 01　单击"默认"选项卡"绘图"面板中的"多段线"按钮 、"图案填充"按钮 和"修改"面板中的"偏移"按钮 、"修剪"按钮 ，绘制立面图左侧图形，如图 5-188 所示。

Step 02　单击"默认"选项卡"绘图"面板中的"直线"按钮 、"多段线"按钮 、"矩形"按钮 、"图案填充"按钮 和"修改"面板中的"偏移"按钮 、"修剪"按钮 、"复制"按钮 ，完成窗户的绘制，如图 5-189 所示。

图 5-188　绘制文化石　　　　　　　图 5-189　绘制窗户

Step 03　单击"默认"选项卡"绘图"面板中的"多段线"按钮 和"修改"面板中的"偏移"按钮 、"修剪"按钮 ，完成 1-7 立面图的绘制，如图 5-187 所示。

5.3　建筑剖面图绘制实例——别墅 1-1 剖面图

本节以别墅剖面图为例，通过绘制墙体、门窗等剖面图形，建立地下室建筑剖面图及首层、二层剖面轮廓图，完成整个剖面图绘制。整个剖面图把该别墅墙体构造、门洞以及窗口

高度、垂直空间利用情况表达得非常清楚。

下面以某别墅 1-1 剖面图为例为大家讲解相关知识及其绘图方法与技巧，如图 5-190 所示。

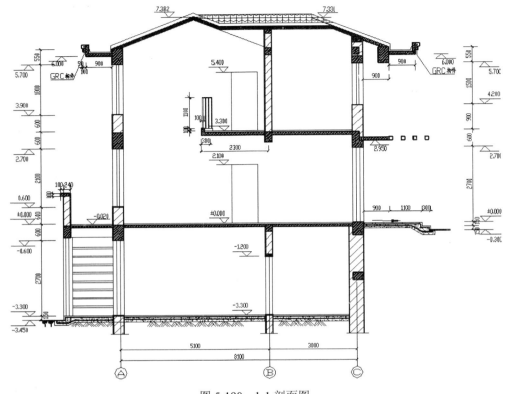

图 5-190　1-1 剖面图

5.3.1　操作步骤

1．设置绘图环境

Step 01 在命令行中输入 LIMITS 命令设置图幅：设置图幅为 42000×29700。

Step 02 单击"默认"选项卡"图层"面板中的"图层特性"按钮，创建"剖面"图层，并将其设置为当前图层，如图 5-191 所示。

图 5-191　新建图层

2．绘制楼板

Step 01　单击"默认"选项卡"绘图"面板中的"多段线"按钮 ⟲，指定起点宽度为 25、端点宽度为 25，在图形空白区域绘制连续多段线，如图 5-192 所示。

图 5-192　绘制连续多段线

Step 02　单击"默认"选项卡"绘图"面板中的"多段线"按钮 ⟲，指定起点宽度为 0、端点宽度为 0，在上步多段线下方绘制连续多段线，如图 5-193 所示。

图 5-193　绘制连续多段线

Step 03　单击"默认"选项卡"绘图"面板中的"多段线"按钮 ⟲，在上步图形适当位置处绘制连续多段线，如图 5-194 所示。

图 5-194　绘制连续多段线

Step 04　单击"默认"选项卡"绘图"面板中的"直线"按钮 ╱，在上步图形底部绘制一条水平直线，如图 5-195 所示。

图 5-195　绘制水平直线

Step 05　单击"默认"选项卡"修改"面板中的"修剪"按钮 ⁄，对上步图形内的多余线段进行修剪，如图 5-196 所示。

图 5-196　修剪线段

利用上述方法完成右侧相同图形的绘制，如图 5-197 所示。

图 5-197　绘制相同图形

Step 06　单击"默认"选项卡"绘图"面板中的"图案填充"按钮 ▨，系统打开"图案填充创建"选项卡，设置填充图案为"ANSI31"图案，填充图案比例为"60"，如图 5-198 所示，拾取填充区域内一点，效果如图 5-199 所示。

图 5-198   "图案填充创建"选项卡

图 5-199   填充图形

Step 07单击"默认"选项卡"绘图"面板中的"直线"按钮 ✐ 和"默认"选项卡"修改"面板中的"复制"按钮 ❀，在图形底部绘制图案，如图 5-200 所示。

图 5-200   绘制图案

Step 08 单击"默认"选项卡"绘图"面板中的"多段线"按钮 ⤵，指定起点宽度为 25、端点宽度为 25，在图形上方位置绘制一个"1491×240"的矩形，如图 5-201 所示。

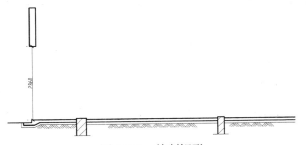

图 5-201   绘制矩形

Step 09 单击"默认"选项卡"绘图"面板中的"多段线"按钮 ⤵，指定起点宽度为 25、端点宽度为 25，在上步绘制的矩形上方绘制一个"343×100"的矩形，如图 5-202 所示。

图 5-202   绘制矩形

Step 10 单击"默认"选项卡"绘图"面板中的"多段线"按钮 ⤵，在图形右侧绘制一个"370×1200"的矩形，如图 5-203 所示。

利用上述方法完成右侧剩余矩形的绘制，如图 5-204 所示。

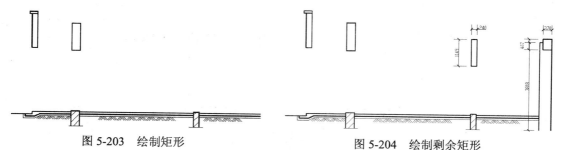

图 5-203　绘制矩形　　　　　　　　　　图 5-204　绘制剩余矩形

Step 11 单击"默认"选项卡"绘图"面板中的"多段线"按钮 ⤵，指定起点宽度 23、端点宽度为 23，绘制上步矩形之间的连接线，如图 5-205 所示。

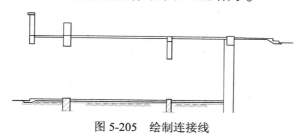

图 5-205　绘制连接线

Step 12 单击"默认"选项卡"绘图"面板中的"直线"按钮 ✎，在上步图形底部绘制一条水平直线，如图 5-206 所示。

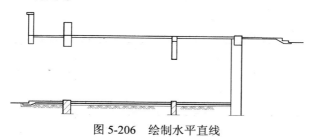

图 5-206　绘制水平直线

Step 13 单击"默认"选项卡"绘图"面板中的"直线"按钮 ✎，在剖面窗左侧窗洞处绘制一条竖直直线，如图 5-207 所示。

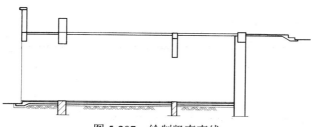

图 5-207　绘制竖直直线

Step 14 单击"默认"选项卡"修改"面板中的"偏移"按钮 ⟸，选择上步绘制的竖直直线为偏移对象，向右进行偏移，偏移距离为 70、100、130，如图 5-208 所示。

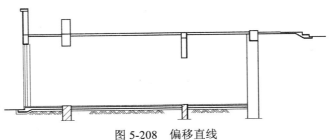

图 5-208　偏移直线

Step 15 单击"默认"选项卡"绘图"面板中的"直线"按钮✐，在上步图形适当位置绘制一条竖直直线，如图 5-209 所示。

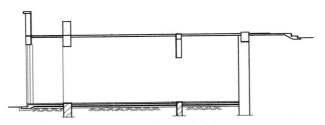

图 5-209　绘制竖直直线

Step 16 单击"默认"选项卡"修改"面板中的"偏移"按钮✑，选择上步绘制的竖直直线为偏移对象，向右进行偏移，偏移距离为 123、123、124，如图 5-210 所示。

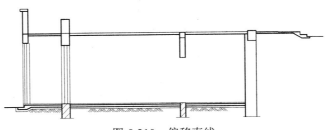

图 5-210　偏移直线

Step 17 单击"默认"选项卡"绘图"面板中的"直线"按钮✐，在上步图形适当位置绘制一条水平直线，如图 5-211 所示。

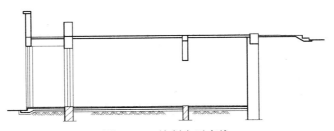

图 5-211　绘制水平直线

Step 18 单击"默认"选项卡"修改"面板中的"偏移"按钮✑，选择上步绘制的水平直线为偏移对象，向下进行偏移，偏移距离为 354、60、240、60、240、60、240、60、240、60、240、60、240、60、240、60，如图 5-212 所示。

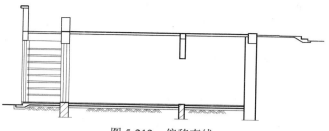

图 5-212　偏移直线

Step
19　单击"默认"选项卡"修改"面板中的"修剪"按钮 ⊬，选择上步偏移线段为修剪对象，对其进行修剪处理，如图 5-213 所示。

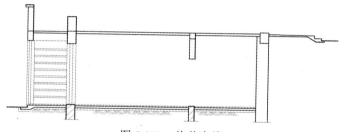

图 5-213　修剪直线

利用上述方法完成右侧剩余图形的绘制，如图 5-214 所示。

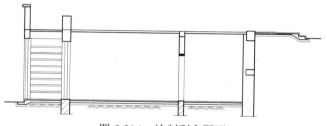

图 5-214　绘制剩余图形

Step
20　单击"默认"选项卡"绘图"面板中的"图案填充"按钮 ▨，系统打开"图案填充创建"选项卡，设置填充图案为"ANSI31"图案，填充图案比例为"6"，拾取填充区域内一点，效果如图 5-215 所示。

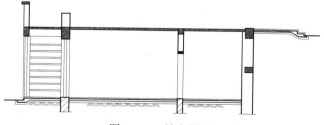

图 5-215　填充图形

Step
21　单击"默认"选项卡"绘图"面板中的"图案填充"按钮 ▨，系统打开"图案填充创建"选项卡，设置图案填充图案为"ANSI31"图案，填充图案比例为"60"，拾取填充区域内一点，效果如图 5-216 所示。

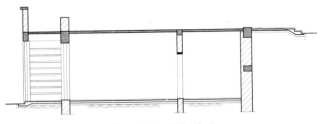

图 5-216　填充图形

Step
22 单击"默认"选项卡"绘图"面板中的"图案填充"按钮,系统打开"图案填充创建"选项卡,设置填充图案为"AR-CONC"图案,填充图案比例为"1",拾取填充区域内一点,效果如图 5-217 所示。

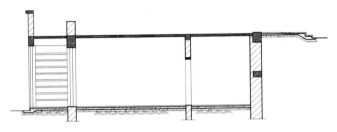

图 5-217　填充图形

利用绘制楼板线的方法完成首层楼板的绘制,如图 5-218 所示。

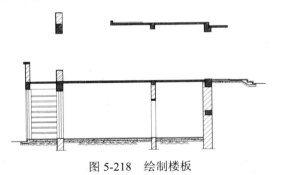

图 5-218　绘制楼板

Step
23 单击"默认"选项卡"绘图"面板中的"多段线"按钮,指定起点宽度为 25、端点宽度为 25,在图形适当位置绘制"119×116"的矩形,如图 5-219 所示。

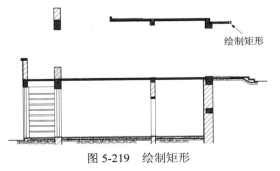

绘制矩形

图 5-219　绘制矩形

Step
24 单击"默认"选项卡"修改"面板中的"复制"按钮,选择上步绘制的矩形为复制对象，向右进行复制，复制间距为 410，如图 5-220 所示。

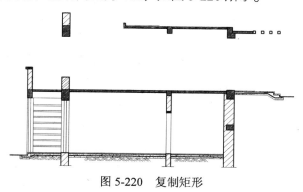

图 5-220 复制矩形

Step 25 单击"默认"选项卡"绘图"面板中的"直线"按钮，在二层立面窗洞处绘制一条竖直直线，如图 5-221 所示。

Step 26 单击"默认"选项卡"修改"面板中的"偏移"按钮，选择上步绘制的竖直直线为偏移对象，向右进行偏移，偏移距离为 145、80、145，如图 5-222 所示。

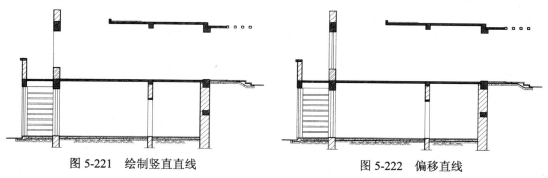

图 5-221 绘制竖直直线　　　　　　　图 5-222 偏移直线

Step 27 单击"默认"选项卡"绘图"面板中的"直线"按钮，在图形适当位置绘制水平直线，如图 5-223 所示。

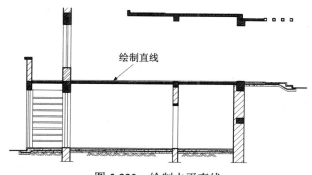

图 5-223 绘制水平直线

Step 28 单击"默认"选项卡"绘图"面板中的"矩形"按钮，在二层立面的适当位置绘制一个"2100×900"的矩形，如图 5-224 所示。

Step 29 单击"默认"选项卡"绘图"面板中的"直线"按钮和"偏移"按钮，完成右侧剩余的立面窗户图形的绘制，如图 5-225 所示。

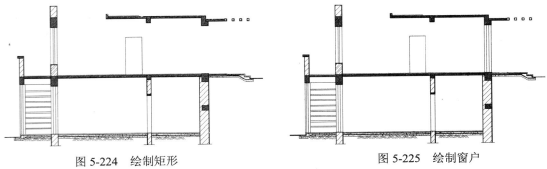

图 5-224 绘制矩形   图 5-225 绘制窗户

利用上述方法完成剩余立面图形的绘制，如图 5-226 所示。

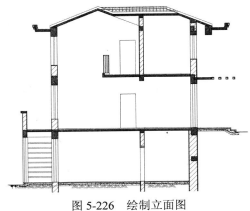

图 5-226 绘制立面图

Step 30 单击"默认"选项卡"绘图"面板中的"多段线"按钮 ，命令行提示与操作如下。

```
命令:PLINE↙
指定起点:↙
当前线宽为 0
指定下一个点或 [圆弧(A)/半宽(H)/长度(L)/放弃(U)/宽度(W)]:↙
指定下一点或 [圆弧(A)/闭合(C)/半宽(H)/长度(L)/放弃(U)/宽度(W)]:W↙
指定起点宽度 <0>:80↙
指定端点宽度 <80>:0↙
指定下一个点或 [圆弧(A) /半宽(H)/长度(L)/放弃(U)/宽度(W)]:↙
指定下一点或 [圆弧(A)/闭合(C)/半宽(H)/长度(L)/放弃(U)/宽度(W)]:*取消*
```

结果如图 5-227 所示。

图 5-227 绘制指引箭头

Step 31 单击"默认"选项卡"修改"面板中的"移动"按钮 ，选择上步绘制的箭头图形为移动对象，将其放置到图形适当位置，如图 5-228 所示。

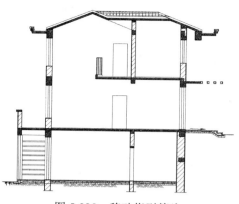

图 5-228　移动指引箭头

利用前面讲述的方法完成 1-1 剖面图尺寸及轴号的添加，如图 5-229 所示。

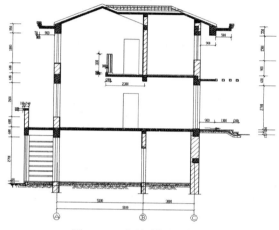

图 5-229　添加轴号及标注

Step 32　单击"插入"选项卡"块"面板中的"插入"按钮 ，弹出"插入"对话框。单击"浏览"按钮，弹出"选择图形文件"对话框，选择"源文件/图块/标高"图块，单击"打开"按钮，回到"插入"对话框，单击"确定"按钮，完成图块插入，如图 5-230 所示。

图 5-230　插入标高

Step 33 在命令行中输入"QLEADER"命令，为图形添加文字说明，如图 5-190 所示。

5.3.2 拓展实例——某别墅 2-2 剖面图

读者可以利用上面所学的相关知识完成某别墅 2-2 立面图的绘制，如图 5-231 所示。

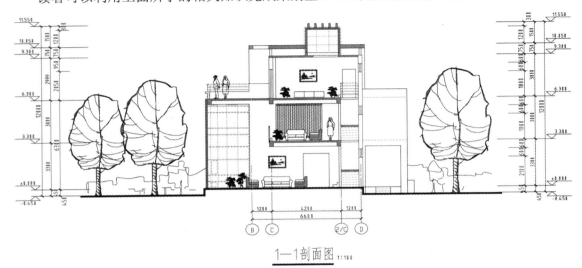

图 5-231 某别墅 2-2 剖面图

Step 01 单击"默认"选项卡"绘图"面板中的"构造线"按钮和"修改"面板中的"偏移"按钮，得到定位辅助线，如图 5-232 所示。

Step 02 单击"默认"选项卡"绘图"面板中的"多段线"按钮和"修改"面板中的"打断于点"按钮，绘制楼梯，如图 5-233 所示。

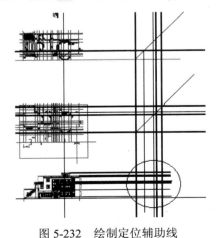

图 5-232 绘制定位辅助线

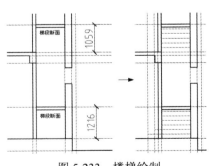

图 5-233 楼梯绘制

Step 03 单击"默认"选项卡"绘图"面板中的"直线"按钮、"矩形"按钮和"修改"面板中的"偏移"按钮，完成次要构造及配件的绘制，如图 5-234 所示。

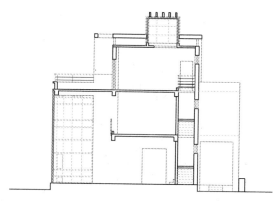

图 5-234　完成次要构造及配件的绘制

Step 04 单击"默认"选项卡"块"面板中的"插入"按钮 ，布置剖面图家具，如图 5-235 所示。

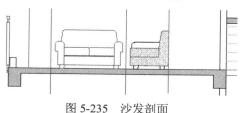

图 5-235　沙发剖面

Step 05 单击"默认"选项卡"绘图"面板中的"直线"按钮 、"圆"按钮 和"注释"面板中的"多行文字"按钮 A、"线性"按钮 ，完成剖面图的绘制，如图 5-231 所示。

5.4　建筑详图绘制实例——别墅节点大样图

　　前面介绍的平、立、剖面图均是全局性的图形，由于比例的限制，不可能将一些复杂的细部或局部做法表示清楚，因此需要将这些细部、局部的构造、材料及相互关系用较大的比例详细绘制出来，以指导施工。这样的建筑图形称为建筑详图，也称详图。对局部平面（如厨房、卫生间）进行放大绘制的图形，习惯叫做放大图。需要绘制详图的位置一般包括室内外墙节点、楼梯、电梯、厨房、卫生间、门窗、室内外装饰等。

　　内外墙节点一般用平面和剖面表示，常用比例为 1:20。平面节点详图表示出墙、柱或构造柱的材料和构造关系。剖面节点详图即常说的墙身详图，需要表示出墙体与室内外地坪、楼面、屋面的关系，同时表示出相关的门窗洞口、梁或圈梁、雨篷、阳台、女儿墙、檐口、散水、防潮层、屋面防水、地下室防水等构造的做法。墙身详图可以从室内外地坪、防潮层处开始一直画到女儿墙压顶。为了节省图纸，可以在门窗洞口处断开，也可以重点绘制地坪、中间层和屋面处的几个节点，而将中间层重复使用的节点集中到一个详图中表示。节点一般由上到下进行编号。下面以某低层住宅楼梯详图为例为大家讲解相关知识及其绘图方法与技巧，如图 5-236 所示。

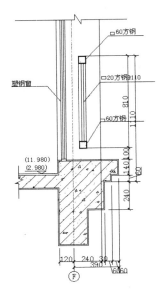

图 5-236　节点大样图

5.4.1　操作步骤

1．绘制图形

Step 01 单击"默认"选项卡"绘图"面板中的"直线"按钮，绘制一条竖直直线，作为节点大样图的轴线，如图 5-237 所示。

Step 02 单击"默认"选项卡"绘图"面板中的"直线"按钮，绘制节点大样图的墙体轮廓线，如图 5-238 所示。

Step 03 单击"默认"选项卡"修改"面板中的"偏移"按钮，选择上步绘制的轮廓线向内偏移，偏移距离为 10，如图 5-239 所示。

Step 04 单击"默认"选项卡"修改"面板中的"修剪"按钮，对偏移线段进行修剪，如图 5-240 所示。

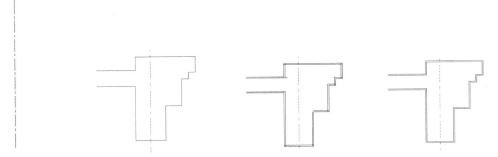

图 5-237　绘制竖直轴线　　图 5-238　绘制轮廓线　　图 5-239　绘制节点图轮廓线　　图 5-240　修剪图形，

Step 05 单击"默认"选项卡"绘图"面板中的"直线"按钮，绘制图形折弯线，如图 5-241 所示。

Step
06
单击"默认"选项卡"修改"面板中的"修剪"按钮，修剪多余的线段，如图 5-242 所示。

Step
07
单击"默认"选项卡"绘图"面板中的"直线"按钮，在图形上边绘制两段竖直直线，如图 5-243 所示。

Step
08
单击"默认"选项卡"绘图"面板中的"多段线"按钮，指定起点宽度为 5，端点宽度为 5，绘制一个大小为 60×60 的矩形，如图 5-244 所示。

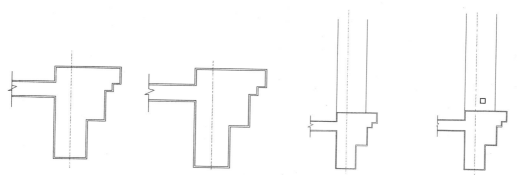

图 5-241 绘制折弯线，　图 5-242 绘制折弯线　图 5-243 绘制竖直直线　图 5-244 绘制矩形

Step
09
单击"默认"选项卡"修改"面板中的"复制"按钮，选取上步绘制的矩形向上复制，如图 5-245 所示。

Step
10
单击"默认"选项卡"绘图"面板中的"矩形"按钮，在图形的适当位置绘制一个 20×60 的矩形，如图 5-246 所示。

Step
11
单击"默认"选项卡"修改"面板中的"修剪"按钮，对图形进行修剪，如图 5-247 所示。

Step
12
单击"默认"选项卡"绘图"面板中的"直线"按钮，在矩形上端绘制直线，如图 5-248 所示。

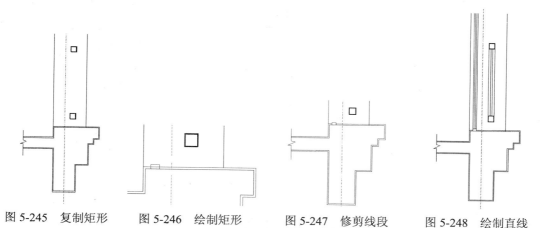

图 5-245 复制矩形　　图 5-246 绘制矩形　　图 5-247 修剪线段　　图 5-248 绘制直线

Step
13
单击"默认"选项卡"绘图"面板中的"图案填充"按钮，打开"图案填充创建"选项卡。设置填充图案为"ANSI31"，填充图案比例为"25"，用鼠标在填充区域拾取一点，继续选择填充区域填充图形"AR-CONC"，设置比例为 1，结果如图 5-249 所示。

Step
14
单击"默认"选项卡"绘图"面板中的"直线"按钮和"修改"面板中的"修剪"

按钮 ，绘制上步折弯线，如图 5-250 所示。

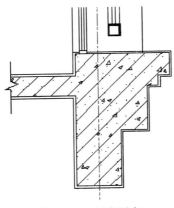
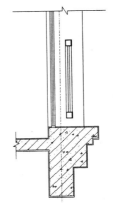

图 5-249　填充图案　　　　　图 5-250　绘制折弯线

2．添加标注

Step 01 单击"注释"选项卡"标注"面板中的"线性"按钮 和"连续"按钮 ，标注节点大样图的尺寸，如图 5-251 所示。

Step 02 在命令行中输入"QLEADER"命令和单击"注释"选项卡"文字"面板中的"多行文字"按钮 A，为图形添加文字说明，如图 5-252 所示。

Step 03 单击"默认"选项卡"绘图"面板中的"圆"按钮 和单击"注释"选项卡"文字"面板中的"多行文字"按钮 A，为图形添加轴号，如图 5-253 所示。

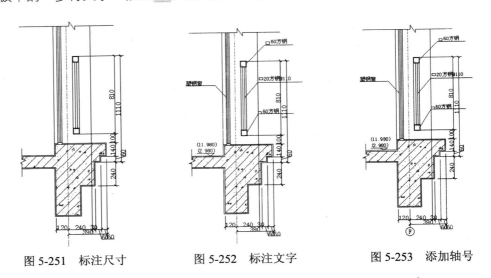

图 5-251　标注尺寸　　　　图 5-252　标注文字　　　　图 5-253　添加轴号

5.4.2　拓展实例——某低层住宅节点大样图

读者可以利用上面所学的相关知识完成别墅设计节点大样图 3 的绘制，如图 5-254 所示。

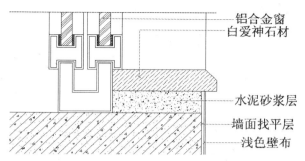

图 5-254　节点大样图

Step 01　单击"默认"选项卡"绘图"面板中的"直线"按钮 ∕、"多段线"按钮 ⅂、"矩形"按钮 ▫ 和"修改"面板中的"偏移"按钮 ⚏，绘制基本轮廓，如图 5-255 所示。

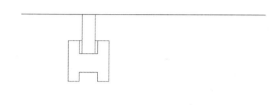

图 5-255　绘制连续多段线

Step 02　单击"默认"选项卡"绘图"面板中的"直线"按钮 ∕、"多段线"按钮 ⅂ 和"修改"面板中的"偏移"按钮 ⚏，绘制连续直线，如图 5-256 所示。

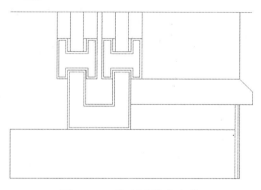

图 5-256　绘制连续多段线

Step 03　单击"默认"选项卡"绘图"面板中的"圆"按钮 ⊙、"圆弧"按钮 ∕、"图案填充"按钮 ▨ 和"修改"面板中的"删除"按钮 ✐，完成大样图 3 的绘制，如图 5-257 所示。

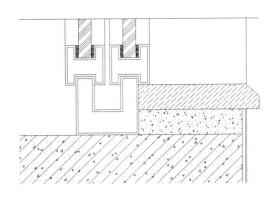

图 5-257　删除线段

Step 04　单击"默认"选项卡"绘图"面板中的"直线"按钮 ，和"注释"面板中的"多行文字"按钮 A，完成节点大样图 3 的绘制，如图 5-254 所示。

第 6 章

建筑电气设计综合实例——
居民楼建筑电气设计

知识导引

建筑电气设计是基于建筑设计和电气设计的一个交叉学科。建筑电气一般分为建筑电气平面图和建筑电气系统图。本章将通过某居民楼电气设计实例着重讲解建筑电气平面图和系统图的绘制方法和技巧。

内容要点

- 某居民楼首层照明平面图
- 某居民楼首层插座平面图
- 某居民楼接地及等电位平面图
- 某居民楼首层电话、悠闲电视及监控平面图
- 某居民楼配电系统图

6.1 室内立面图绘制实例——某居民楼首层照明平面图

照明线路及其设备一般采用图形符号和标注文字相结合的方式来表示，在电气照明施工平面图中不表示线路及设备本身的尺寸、形状，但必须确定其敷设和安装的位置。其平面位置是根据建筑平面图的定位轴线和某些构筑物的平面位置来确定照明线路和设备布置的位置，而垂直位置（安装高度），一般采用标高、文字符号等方式来表示。

下面以某居民楼首层照明图为例为大家讲解，如图 6-1 所示。

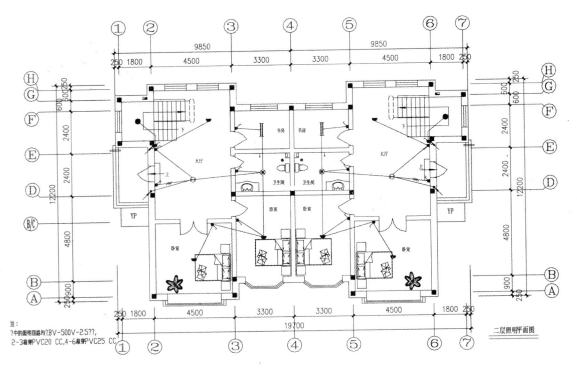

图 6-1　首层照明平面图

6.1.1　操作步骤

1. 绘制图形

Step 01　单击"默认"选项卡"图层"面板中的"图层特性"按钮，打开"图层特性管理器"对话框，如图 6-2 所示。单击"新建图层"按钮，将新建图层名修改为"轴线"。

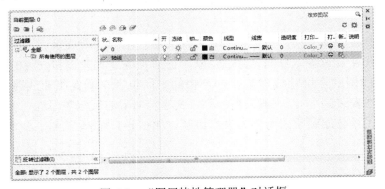

图 6-2　"图层特性管理器"对话框

Step 02　单击"轴线"图层的图层颜色，打开"选择颜色"对话框，如图 6-3 所示，选择红色为轴线图层颜色，单击"确定"按钮。

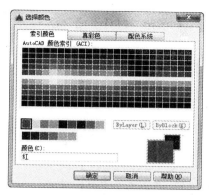

图 6-3　"选择颜色"对话框

Step 03 单击"轴线"图层的图层线型，打开"选择线型"对话框，如图 6-4 所示，单击"加载"按钮，打开"加载或重载线型"对话框，如图 6-5 所示。选择"CENTER"线型，单击"确定"按钮。返回到"选择线型"对话框，选择"CENTER"线型，单击"确定"按钮，完成线型的设置。

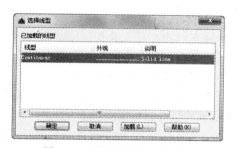

图 6-4　"选择线型"对话框

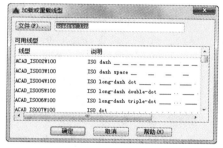

图 6-5　"加载或重载线型"对话框

同理创建其他图层，如图 6-6 所示。

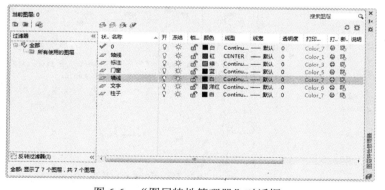

图 6-6　"图层特性管理器"对话框

2. 绘制轴线

Step 01 单击"默认"选项卡"绘图"面板中的"直线"按钮，绘制长度为 30000 的水平轴线和长度为 23000 的垂直轴线，如图 6-7 所示。

图 6-7　绘制轴线

使用"直线"line 命令时，若为正交直线，可单击按下"正交"按钮，根据正交方向提示，直接输入下一点的距离即可，而不需要输入@符号；若为斜线，则可单击按下"极轴"按钮，右击"极轴"按钮，弹出窗口，可设置斜线的捕捉角度，此时，图形即进入了自动捕捉所需角度的状态，可大大提高制图时输入直线长度的效率，如图6-8 所示。

图 6-8　"状态栏"命令按钮

同时，右击"对象捕捉"开关，在打开的快捷菜单中选择"对象捕捉设置"命令，如图 6-9 所示。打开"草图设置"对话框，如图 6-10 所示，进行对象捕捉设置。绘图时，只需按下"对象捕捉"按钮，程序会自动进行某些点的捕捉，如端点、中点、圆切点、等线等等，"捕捉对象"功能的应用可以极大提高制图速度。使用对象捕捉可指定对象上的精确位置，例如，使用对象捕捉可以绘制到圆心或多段线中点的直线。若某命令下提示输入某一点（如起始点、中心点或基准点等），都可以指定对象捕捉。默认情况下，当光标移到对象的对象捕捉位置时，将显示标记和工具栏提示。 此功能称为 AutoSnap（自动捕捉），AutoSnap 提供了视觉提示，指示哪些对象捕捉正在使用。

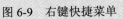

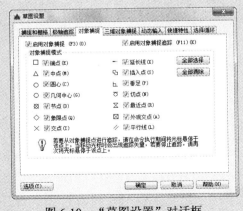

图 6-9　右键快捷菜单　　　　图 6-10　"草图设置"对话框

Step 02 单击"默认"选项卡"修改"面板中的"偏移"按钮 ，将竖直轴线向右偏移 1800。命令行中提示与操作如下：

```
命令: _offset
当前设置: 删除源=否　图层=源　OFFSETGAPTYPE=0
指定偏移距离或 [通过(T)/删除(E)/图层(L)] <通过>:1800
选择要偏移的对象，或 [退出(E)/放弃(U)] <退出>:
指定要偏移的那一侧上的点，或 [退出(E)/多个(M)/放弃(U)] <退出>:
选择要偏移的对象，或 [退出(E)/放弃(U)] <退出>:
```

重复"偏移"命令，将竖直轴线向右偏移，偏移距离为 4500、3300、3300、4500、1800。将水平轴线向上偏移，偏移距离为 900、4500、300、2400、560、1840、600、600。结果如图 6-11 所示。

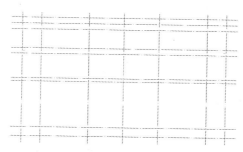

图 6-11　绘制轴线

3. 绘制轴号

Step 01 单击"默认"选项卡"绘图"面板中的"圆"按钮 ⊙，绘制一个圆。

提 示

处理字样重叠的问题，亦可以在标注样式中进行相关设置，这样电脑会自动处理，但处理效果有时不太理想，也可以单击"标注"工具栏"编辑标注文字"按钮 来调整文字位置，读者可以试一试。

有用户在将 AutoCAD 中的图形粘贴或插入到 WORD 或其他软件中时，发现圆变成了正多边形，图样变形了，此时，只需用一下 VIEWRES 命令，将它设得大一些，即可改变图形质量。

命令: VIEWRES
是否需要快速缩放？[是(Y)/否(N)] <Y>:
输入圆的缩放百分比 (1-20000) <1000>: 5000
正在重生成模型。

VIEWRES 使用短矢量控制圆、圆弧、椭圆和样条曲线的外观。矢量数目越大，圆或圆弧的外观越平滑。例如，如果创建了一个很小的圆然后将其放大，它可能显示为一个多边形。使用 VIEWRES 增大缩放百分比并重生成图形，可以更新圆的外观并使其平滑。减小缩放百分比会有相反的效果。

上述操作也可执行如下路径实现：菜单→工具→选项→显示→显示精度，如图 6-12 所示。

Step 02 选取菜单栏中的"绘图"→"块"→"定义属性"命令，打开"属性定义"对话框，如图 6-13 所示，单击"确定"按钮，在圆心位置，写入一个块的属性值。设置完成后的效果如图 6-14 所示。

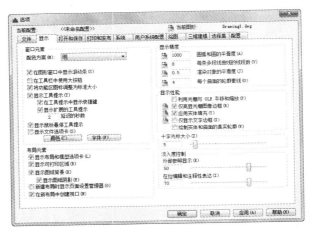

图 6-12　显示精度

图 6-13　块属性定义

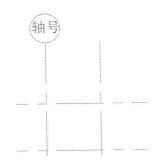

图 6-14　在圆心位置写入属性值

提　示

插入块中的对象可以保留原特性，可以继承所插入的图层的特性，或继承图形中的当前特性设置。

插入块时，块中对象的颜色、线型和线宽通常保留其原设置而忽略图形中的当前设置。但是，可以创建其对象继承当前颜色、线型和线宽设置的块。这些对象具有浮动特性。

插入块参照时，对于对象的颜色、线型和线宽特性的处理，有 3 种选择：

①块中的对象不从当前设置中继承颜色、线型和线宽特性。不管当前设置如何，块中对象的特性都不会改变。

对于此选择，建议分别为块定义中的每个对象设置颜色、线型和线宽特性，而不要在创建这些对象时使用 "BYBLOCK" 或 "BYLAYER" 作为颜色、线型和线宽的设置。

②块中的对象仅继承指定给当前图层的颜色、线型和线宽特性。

对于此选择，在创建要包含在块定义中的对象之前，请将当前图层设置为 0，将当前颜色、线型和线宽设置为 "BYLAYER"。

③对象继承已明确设置当前颜色、线型和线宽特性，即这些特性已设置成取代指定给当前图层的颜色、线型和线宽。如果未进行明确设置，则继承指定给当前图层的颜色、线型和线宽特性。

对于此选择，在创建要包含在块定义中的对象之前，请将当前颜色或线型设置为 "BYBLOCK"。

修改轴圈内的文字时，只需双击文字（命令：ddedit），即弹出闪烁的文字编辑符（同
WORD），此模式下用户即可输入新的文字。

提　示

4．绘制柱子

Step 01　将"柱子"设置为当前图层。单击"默认"选项卡"绘图"面板中的"矩形"按钮□，
在空白处绘制 240×240 的矩形，命令行中提示与操作如下：

```
命令：_rectang
指定第一个角点或 [倒角(C)/标高(E)/圆角(F)/厚度(T)/宽度(W)]：
指定另一个角点或 [面积(A)/尺寸(D)/旋转(R)]：@240,240
结果如图 6-15 所示。
```

Step 02　单击"默认"选项卡"绘图"面板中的"图案填充"按钮▨，选择"SOLID"图例，如
图 6-16 所示，单击"添加：拾取点"按钮▦，拾取上步绘制的矩形，完成对柱子的填
充，结果如图 6-17 所示。

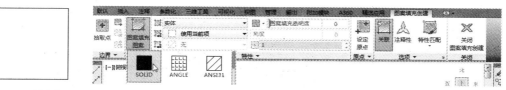

图 6-15　绘制矩形　　　　　　　图 6-16　"图案填充创建"选项卡

Step 03　单击"默认"选项卡"修改"面板中的"复制"按钮❀，将上步绘制的柱子复制到如
图所示的位置。如图 6-18 所示，命令行中提示与操作如下：

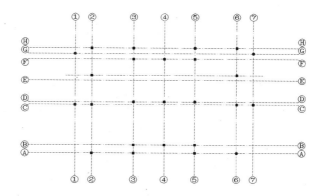

图 6-17　柱子　　　　　　　　图 6-18　布置柱子

```
命令：_copy
选择对象：（选择填充的柱子）
选择对象：
当前设置：复制模式 = 多个
指定基点或 [位移(D)/模式(O)] <位移>：（捕捉柱子上边线的中点）
指定第二个点或 [阵列(A)] <使用第一个点作为位移>：（捕捉第二根水平轴线和偏移后轴线的交点）
指定第二个点或 [阵列(A)/退出(E)/放弃(U)] <退出>：
```

提 示

AutoCAD 提供点（ID）、距离（Distance）、面积（area）的查询，给图形的分析带来了很大的方便。用户可以即时查询相关信息进行修改，可依次单击菜单"工具"→"查询"→"距离"等来执行上述命令。

5．绘制墙线

Step 01　将"墙线"设置为当前图层。选择菜单栏中的"格式"→"多线样式"命令，打开如图 6-19 所示的"多线样式"对话框，单击"新建"按钮，打开如图 6-20 所示的"创建新的多线样式"对话框，输入新样式名为"360"，单击"继续"按钮，弹出如图 6-21 所示的"新建多线样式：360"对话框，在偏移文本框中输入 240 和-120，单击"确定"按钮，返回到"多线样式"对话框。

图 6-19　"多线样式"对话框

图 6-20　"创建新的多线样式"对话框

图 6-21　"新建多线样式：360"对话框

Step 02　选择菜单栏中的"绘图"→"多线"命令，绘制接待室大厅两侧墙体命令行中提示与操作如下：

```
命令：MLINE
当前设置：对正 = 无，比例 =20.00，样式= 360
指定起点或 [对正(J)/比例(S)/样式(ST)]: s
```

```
输入多线比例 <20.00>: 1
当前设置: 对正 = 上, 比例 = 1.00, 样式 = 360
指定起点或 [对正(J)/比例(S)/样式(ST)]: j
输入对正类型 [上(T)/无(Z)/下(B)] <无>: z
当前设置: 对正 = 无, 比例 = 1.00, 样式 = 360
指定起点或 [对正(J)/比例(S)/样式(ST)]:
指定下一点:
指定下一点或 [放弃(U)]:
指定下一点或 [闭合(C)/放弃(U)]:
指定下一点或 [闭合(C)/放弃(U)]:
```

同理设置多线样式（120，-120）绘制居民楼内墙，并选择菜单栏中的"修改"→"对象"→"多线"，对绘制的墙体进行修剪，结果如图 6-22 所示。

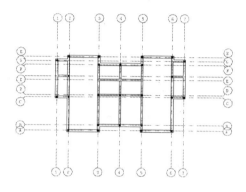

图 6-22　绘制墙体

提　示

目前，国内对建筑 CAD 制图开发了多套适合我国规范的专业软件，如天正、广厦等。这些以 AutoCAD 为平台开发的制图软件，通常根据建筑制图的特点，对许多图形进行模块化、参数化，故在使用这些专业软件时，大大提高了 CAD 制图的速度，而且这些专业软件制图格式规范统一，大大降低了一些单靠 CAD 制图易出现的小错误，给制图人员带来了极大的方便，节约了大量的制图时间，感兴趣的读者也可对相关软件试一试。

6. 绘制洞口

Step 01 将"门窗"设置为当前图层。单击"默认"选项卡"修改"面板中的"分解"按钮，将墙线进行分解。单击"默认"选项卡"修改"面板中的"偏移"按钮，选取轴线 1 向右偏移 750、1200，如图 6-23 所示。

Step 02 单击"默认"选项卡"修改"面板中的"修剪"按钮，修剪掉多余图形。单击"默认"选项卡"修改"面板中的"删除"按钮，删除偏移轴线，如图 6-24 所示。

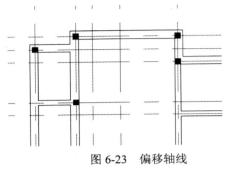

图 6-23　偏移轴线

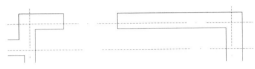

图 6-24　修剪图形

提示

有些门窗的尺寸已经标准化，所以在绘制门窗洞口时，应该查阅相关标准，给予合适尺寸。

提示

在使用修剪这个命令的时候，通常在选择修剪对象的时候，是逐个单击选择，有时显得效率不高。要比较快地实现修剪的过程，可以这样操作：执行修剪命令 "TR" 或 "TRIM"，命令行提示 "选择修剪对象" 时不选择对象，继续回车或单击空格键，系统默认选择全部对象！这样做可以很快地完成修剪过程，没用过的读者不妨一试。

Step
03　利用上述方法绘制出图形中所有门窗洞口，如图 6-25 所示。

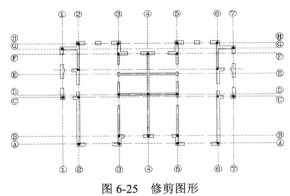

图 6-25　修剪图形

7. 绘制窗线

Step
01　将门窗图层设为当前图层，单击 "默认" 选项卡 "绘图" 面板中的 "直线" 按钮，绘制一段直线，如图 6-26 所示。

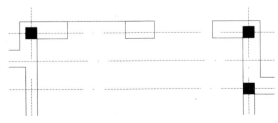

图 6-26　绘制直线

Step 02 单击"默认"选项卡"修改"面板中的"偏移"按钮🗗，选择上步绘制的直线向下偏移，偏移距离为 120、120、120，如图 6-27 所示。

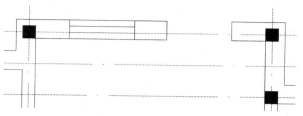

图 6-27　偏移直线

Step 03 利用上述方法绘制剩余窗线，如图 6-28 所示。

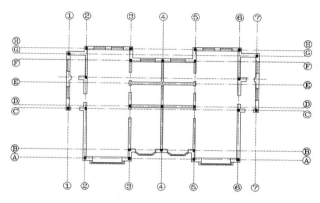

图 6-28　完成窗线绘制

Step 04 单击"默认"选项卡"绘图"面板中的"圆弧"按钮🗗和"直线"按钮🖊，绘制门图形如图 6-29 所示。

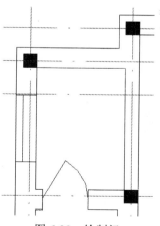

图 6-29　绘制门

Step 05 单击"默认"选项卡"绘图"面板中的"创建块"按钮🗗，打开"块定义"对话框，在"名称"文本框中输入"单扇门"。单击"拾取点"按钮，选择"单扇门"的任意一点为基点，单击"选择对象"按钮🗗，选择全部对象，结果如图 6-30 所示。

Step 06 单击"默认"选项卡"绘图"面板中的"插入块"按钮🗗，打开"插入"对话框，如图

6-31 所示。

图 6-30   定义"单扇门"图块   图 6-31   "插入"对话框

Step 07 在"名称"下拉列表中选择"单扇门",指定任意一点为插入点,在平面图中插入所有单扇门图形,结果如图 6-32 所示。

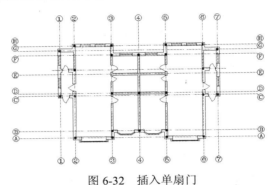

图 6-32   插入单扇门

Step 08 单击"默认"选项卡"绘图"面板中的"矩形"按钮□,绘制一个 420×1575 的矩形,如图 6-33 所示。

Step 09 单击"默认"选项卡"绘图"面板中的"直线"按钮✎,在矩形内绘制一条直线,如图 6-34 所示。

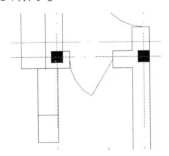 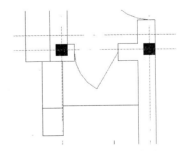

图 6-33   绘制立柱   图 6-34   绘制一条直线

Step 10 单击"默认"选项卡"修改"面板中的"偏移"按钮△,向下偏移直线,偏移距离为 250,偏移三次,单击"默认"选项卡"修改"面板中的"镜像"按钮⚐,选择台阶向右镜像,如图 6-35 所示。

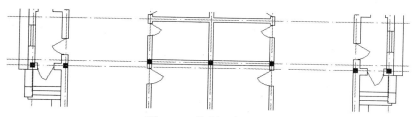

图 6-35　绘制一条直线

Step 11　单击"默认"选项卡"绘图"面板中的"直线"按钮 ✐，在图形内绘制长度为 1640 的直线，如图 6-36 所示。

Step 12　单击"默认"选项卡"修改"面板中的"偏移"按钮 ◲，将直线向上偏移 1100，如图 6-37 所示。

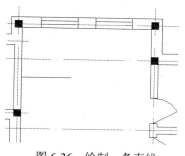

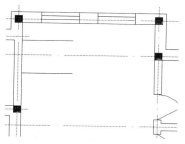

图 6-36　绘制一条直线　　　　　　　图 6-37　偏移直线

Step 13　单击"默认"选项卡"绘图"面板中的"直线"按钮 ✐，连接两竖直直线，如图 6-38 所示。

Step 14　单击"默认"选项卡"修改"面板中的"偏移"按钮 ◲，将上步绘制的竖直直线连续向左偏移，偏移距离为 250，如图 6-39 所示。

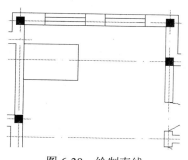

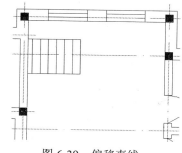

图 6-38　绘制直线　　　　　　　　　图 6-39　偏移直线

Step 15　单击"默认"选项卡"修改"面板中的"圆角"按钮 ◿，对图形上步进行倒圆角，圆角距离为 125，如图 6-40 所示。

Step 16　利用前面所学知识绘制楼梯折弯线，如图 6-41 所示。

Step 17　单击"默认"选项卡"修改"面板中的"修剪"按钮 ⊢，将上步绘制的图形进行修剪，如图 6-42 所示。

Step 18　单击"默认"选项卡"绘图"面板中的"多段线"按钮 ⊅，指定其起点宽度及端点宽度绘制楼梯指引箭头，如图 6-43 所示。

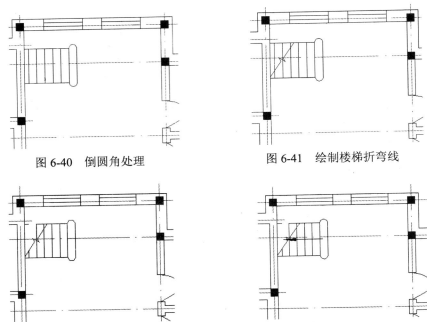

图 6-40　倒圆角处理　　　　　　图 6-41　绘制楼梯折弯线

图 6-42　修剪图形　　　　　　图 6-43　绘制楼梯指引箭头

Step 19 单击"默认"选项卡"修改"面板中的"镜像"按钮 ◭，将绘制好楼梯进行镜像，如图 6-44 所示。

图 6-44　复制楼梯

Step 20 将家具层设为当前图层，单击"默认"选项卡"块"面板中的"插入"按钮 🗗，插入"源文件/图块/餐椅"，结果如图 6-45 所示。

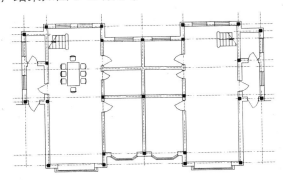

图 6-45　插入图块

Step 21 继续调用上述方法，插入所有图块，单击"默认"选项卡"修改"面板中的"偏移"按钮 🖉，选取外墙线向外偏移 500，单击"默认"选项卡"修改"面板中的"修剪"按钮

，修剪掉多余线段。单击"默认"选项卡"绘图"面板中的"直线"按钮，绘制
图形剩余部分，如图 6-46 所示。

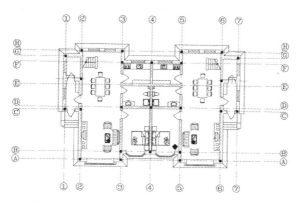

图 6-46　插入全部图块

提 示

本例图形为两边对称图形，所以也可以先绘制左边图形，然后利用镜像命令得到右边
图形。

建筑制图时，常会应用到一些标准图块，如卫具、桌椅等，此时用户可以从 AutoCAD
设计中心直接调用一些建筑图块。

8．设置标注样式

Step 01　将"标注"图层设置为当前图层。单击"默认"选项卡"注释"面板中的"标注样式"
按钮，打开"标注样式管理器"对话框，如图 6-47 所示。

Step 02　单击"新建"按钮，打开"创建新标注样式"对话框，输入新样式名为"建筑平面图"，
如图 6-48 所示。

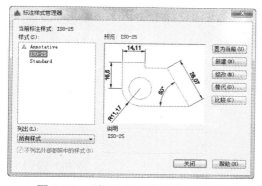

图 6-47　"标注样式管理器"对话框

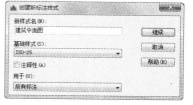

图 6-48　"创建新标注样式"对话框

Step 03　单击"继续"按钮，打开"新建标注样式：建筑平面图"对话框，各个选项卡设置参数
如图 6-49 所示。设置完参数后，单击"确定"按钮，返回到"标注样式管理器"对话
框，将"建筑"样式置为当前。

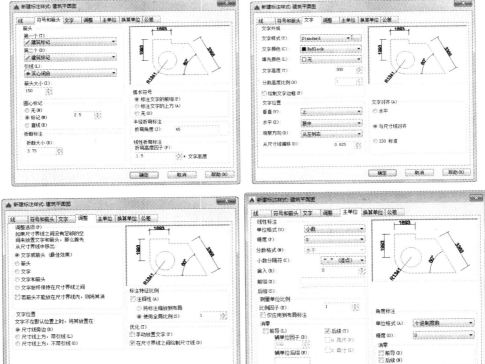

图 6-49 "新建标注样式：建筑平面图"对话框

9. 标注图形

单击"默认"选项卡"注释"面板中的"线性"按钮┣┨和"连续"按钮┣╫┫，标注第一道尺寸，如图 6-50 所示。

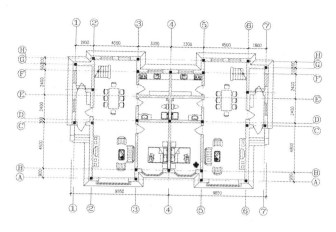

图 6-50 标注图形

提示

①如果改变现有文字样式的方向或字体文件,当图形重生成时所有具有该样式的文字对象都将使用新值。

②在 AutoCAD 提供的 "TrueType" 字体中,大写字母可能不能正确反应指定的文字高度。只有在 "字体名" 中指定 "SHX" 文件,才能使用 "大字体"。

③读者应学习掌握字体文件的加载方法,以及对乱码现象的解决途径。

提示

图样尺寸及文字标注时,一个好的制图习惯是首先设置完成文字样式,即先准备好写字的字体。可利用 DWT 模板文件创建某专业 CAD 制图的统一文字及标注样式,方便下次制图直接调用,而不必重复设置样式。用户也可以从 CAD 设计中心查找所需的标注样式,直接导入新建的图纸中,即可完成对齐的调用。

提示

连续标注与线性标注的区别:连续标注只需在第一次标注时指定标注的起点,下次标注自动以上次标注的末点作为起点,因此连续标注时只需连续指定标注的末点;线性标注需要每标注一次都要指定标注的起点及末点,其相对于连续标注效率较低。连续标注常用于建筑轴网的尺寸标注,一般连续标注前都先采用线性标注进行定位。

10. 绘制照明电气元件

前述的设计说明、图例中应画出各图例符号及其表征的电气元件名称,此处对图例符号的绘制作简要介绍。图层定义为电气—照明,设置好颜色,线条为中粗实线,设置好线宽 0.5b,此处取 0.35mm。

提示

在建筑平面图的相应位置,电气设备布置应满足生产生活功能、使用合理及施工方便,按国家标准图形符号画出全部的配电箱、灯具、开关、插座等电气配件。在配电箱旁应标出其编号及型号,必要时还应标注其进线。在照明灯具旁应用文字符号标出灯具的数量、型号、灯泡功率、安装高度、安装方式等。相关的电气标准中均提供了诸多电气元件的标准图例,读者应多学习,熟练掌握各电气元件的图例特征。

11. 绘制单相二、三孔插座。

Step 01 新建"电气—照明"图层并设置为当前图层。单击"默认"选项卡"绘图"面板中的"圆弧"按钮，绘制一段圆弧，如图 6-51 所示。

Step 02 单击"默认"选项卡"绘图"面板中的"直线"按钮，在圆弧内绘制一条直线，如图 6-52 所示。

图 6-51　绘制圆　　　　　　　图 6-52　绘制直线

Step 03 单击"默认"选项卡"绘图"面板中的"图案填充"按钮，填充圆弧，如图 6-53 所示。

Step 04 单击"默认"选项卡"绘图"面板中的"直线"按钮，在圆弧上方绘制一段水平直线和一竖直直线，如图 6-54 所示。

Step 05 同上所述绘制三孔插座的绘制方法。

图 6-53　填充图形　　　　　　图 6-54　绘制直线

12. 绘制三联翘板开关

Step 01 单击"默认"选项卡"绘图"面板中的"圆"按钮，绘制一个圆，如图 6-55 所示。

Step 02 单击"默认"选项卡"绘图"面板中的"图案填充"按钮，填充圆图形，如图 6-56 所示。

图 6-55　绘制圆　　　　　　　图 6-56　填充圆

Step 03 单击"默认"选项卡"绘图"面板中的"直线"按钮，在圆上方绘制一条斜向直线，如图 6-57 所示。

Step 04 单击"默认"选项卡"绘图"面板中的"直线"按钮，绘制几段水平直线，如图 6-58 所示。

图 6-57　绘制直线

图 6-58　绘制直线

13.　绘制单联双控翘板开关

Step 01 单击"默认"选项卡"绘图"面板中的"圆"按钮⊙，绘制一个圆，如图 6-59 所示。

Step 02 单击"默认"选项卡"绘图"面板中的"图案填充"按钮，将圆填充，如图 6-60 所示。

图 6-59　绘制圆

图 6-60　填充圆

Step 03 单击"默认"选项卡"绘图"面板中的"直线"按钮，绘制一段斜向竖直直线和一条水平直线，如图 6-61 所示。

Step 04 单击"默认"选项卡"修改"面板中的"镜像"按钮，镜像上步绘制的线段，如图 6-62 所示。

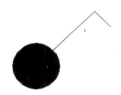

图 6-61　绘制直线

图 6-62　镜像直线

14.　绘制环形荧光灯

Step 01 单击"默认"选项卡"绘图"面板中的"圆"按钮⊙，绘制一个圆，如图 6-63 所示。

Step 02 单击"默认"选项卡"绘图"面板中的"直线"按钮，在圆内绘制一条直线，如图 6-64 所示。

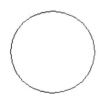

图 6-63　绘制圆

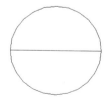

图 6-64　在圆内绘制一条直线

Step 03 单击"默认"选项卡"修改"面板中的"修剪"按钮，修剪圆，如图 6-65 所示。

Step 04 单击"默认"选项卡"绘图"面板中的"图案填充"按钮，填充圆，如图 6-66 所示。

图 6-65　修剪图形

图 6-66　填充圆

15．绘制花吊灯

Step 01 单击"默认"选项卡"绘图"面板中的"圆"按钮⊙，绘制一个圆，如图 6-67 所示。

Step 02 单击"默认"选项卡"绘图"面板中的"直线"按钮✎，在圆内中心处绘制一条直线，如图 6-68 所示。

图 6-67　绘制圆

图 6-68　有圆内绘制一条直线

Step 03 单击"默认"选项卡"修改"面板中的"旋转"按钮⟳，选择上步绘制的直线进行旋转复制，角度为 15°和-15°，如图 6-69 所示。

图 6-69　旋转直线

16．绘制防水、防尘灯。

Step 01 单击"默认"选项卡"绘图"面板中的"圆"按钮⊙，绘制一个圆，如图 6-70 所示。

Step 02 单击"默认"选项卡"修改"面板中的"偏移"按钮⟳，将圆向内偏移，如图 6-71 所示。

图 6-70　绘制圆

图 6-71　偏移圆

Step 03 单击"默认"选项卡"绘图"面板中的"直线"按钮✎，在圆内绘制交叉直线，如图 6-72 所示。

Step 04 单击"默认"选项卡"修改"面板中的"修剪"按钮━，修剪圆内直线，如图 6-73 所示。

Step 05 单击"默认"选项卡"绘图"面板中的"图案填充"按钮▥，将上步偏移的小圆进行填充，如图 6-74 所示。

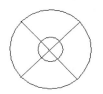

图 6-72　绘制直线

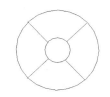

图 6-73　修剪直线

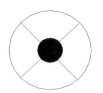

图 6-74　填充圆

17．绘制门铃

Step 01 单击"默认"选项卡"绘图"面板中的"圆"按钮⊙，绘制一个圆，如图 6-75 所示。

Step 02 单击"默认"选项卡"绘图"面板中的"直线"按钮／，在圆内绘制一条直线，如图 6-76 所示。

Step 03 单击"默认"选项卡"修改"面板中的"修剪"按钮／，修剪圆图形，如图 6-77 所示。

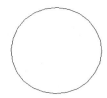

图 6-75　绘制一个圆

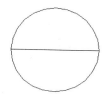

图 6-76　绘制直线

图 6-77　修剪圆

提 示　以上用的 AutoCAD 基本命令，虽为基本操作，但若能灵活运用，掌握其诸多使用技巧，在 AutoCAD 制图时可以达到事半功倍的效果。

Step 04 单击"默认"选项卡"绘图"面板中的"直线"按钮／，绘制两条竖直直线，如图 6-78 所示。

Step 05 单击"默认"选项卡"绘图"面板中的"直线"按钮／，绘制一条水平直线，如图 6-79 所示。

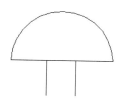

图 6-78　绘制两条垂直直线

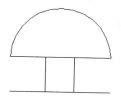

图 6-79　绘制水平直线

Step 06 单击"默认"选项卡"修改"面板中的"复制"按钮，选择需要的图例复制到图形中，剩余图例可调用源文件/图库"中的图例，如图 6-80 所示。

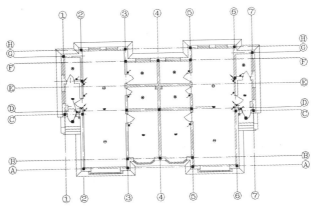

图 6-80　布置图例

在建筑平面图的相应位置，电气设备布置应满足生产生活功能、使用合理及施工方便，按国家标准图形符号画出全部配电箱、灯具、开关、插座等电气配件。在配电箱旁应标出编号和型号，必要时还应标注其进线。在照明灯具旁应用文字符号标出灯具的数量、型号、灯泡功率、安装高度、安装方式等。相关的电气标准中均提供了诸多电气元件的标准图例，读者应多学习，熟练掌握各电气元件的图例特征。

18. 绘制线路

Step 01　将当前图层由"照明"改为"线路"。

在图纸上绘制完各种电气设备符号后，就可以绘制线路了（将各电气元件通过导线合理的连接起来）。下面介绍一下绘制线路的注意事项。

Step 02　在绘制线路前应按室内配线的敷线方式，规划出较为理想的线路布局。绘制线路时，应用中粗实线绘制干线、支线的位置及走向，连接好配电箱至各灯具、插座及所有用电设备和器具以构成回路，并将开关至灯具的导线一并绘出。当灯具采用开关集中控制时，连接开关的线路应绘制在最近且较为合理的灯具位置处。最后，在单线条上画出细斜面用来表示线路的导线根数，并在线路的上侧和下侧，用文字符号标注出干线、支线编号、导线型号及根数、截面、敷设部位和敷设方式等。当导线采用穿管敷设时，还要标明穿管的品种和管径。

Step 03　导线绘制可以采用"多段线"命令 ➲ 或直线命令 ✎。采用"多段线"命令时，注意设置线宽 W。多段线是作为单个对象创建的相互连接的序列线段，可以创建直线段、弧线段或两者的组合线段。故编辑多段线时，注意多段线是一个整体，而不是多个线段。

Step 04　线路的布置涉及线路走向，故 CAD 绘制时宜按下"状态栏"的"对象捕捉"按钮，并按下"正交"按钮，以便于绘制直线，如图 6-81 所示。

模型 ▦ ▦ ▾ └ ∟ ⊙ ▾ ∠ ◻ ▾ 〓 ↗ 人 1:1 ▾ ❖ ▾ ● ▱ ☰

图 6-81　对象捕捉与追踪

复制时，电器元件的平面定位，可利用辅助线的方式定位，复制完成后再将辅助线删除。同时，在使用"复制命令时一定要注意选择合适的基点（基准点），以方便电气图例的准确定位。

在复制相同的图例时，也可以把该图例定义为块，利用插入命令插入该图块。

Step 05 鼠标右击"对象捕捉"按钮，打开"草图设置"窗口，选中其中的"对象捕捉"，单击右侧的"全部选择"按钮即可选中所有的对象捕捉模式。当线路复杂时，为避免自动捕捉干扰制图，用户仅勾选其中的几项即可。捕捉开启的快捷键为 F9。

Step 06 线路的连接应遵循电气元件的控制原理，比如一个开关控制一只灯的线路连接方式与一个开关控制两只灯的线路连接方式是不同的，读者在进行电气专业课学习时，应掌握电气制图时的相关电气知识和理论。

Step 07 单击"默认"选项卡"绘图"面板中的"直线"按钮，连接各电气设备绘制线路。如图 6-82 所示。

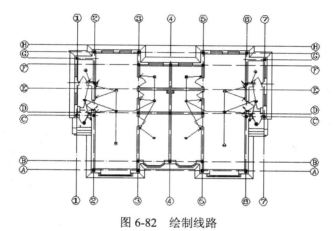

图 6-82　绘制线路

用户需注意标注样式、设置字高时的数值，以及作为比例的制图中，标注样式设置时，其中的几个"比例"的具体效果，如"调整"项的"标注特征比例"中的"使用全局比例"，了解掌握其使用技巧。

当一副图纸中出现不同比例的图样时，如平面图为 1：100、节点详图为 1：20，此时用户应设置不同的标注样式，特别应注意调整测量因子。

当线路用途明确时，可以不标注线路的用途。

Step 08 打开关闭的图层，单击"默认"选项卡"注释"面板中的"多行文字"按钮，为图形添加文字说明，如图 6-83 所示。

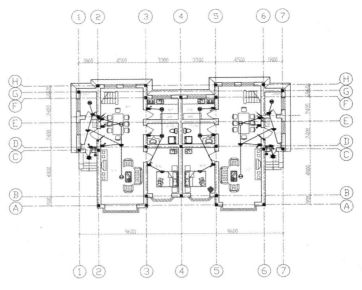

图 6-83　添加文字

提　示

灵活使用动态输入功能。动态输入功能在光标附近提供了一个命令界面，可以帮助用户专注于绘图区域，启用"动态输入"时，工具栏提示将在光标附近显示信息，该信息会随着光标移动而动态更新。当某条命令为活动时，工具栏提示将为用户提供输入位置。

单击状态栏上的"动态输入"，打开和关闭动态输入功能，快捷键 F12 也可以将其关闭。动态功能有有 3 个组件："指针输入""标注输入"和"动态提示"。在"动态输入"上单击鼠标右键然后单击"设置"，打开"草图设置"对话框的"动态输入"选项卡，勾选相关项内容，可以控制启用"动态输入"对每个组件所显示的内容。

19．线路文字标注

动力及照明线路在平面图上均用图形表示。而且只要走向相同，无论导线根数的多少，都可用一条图形（单线法）表示，同时在图线上打上短斜线或标以数字，用以说明导线的根数。另外，在图线旁标注必要的文字符号，用以说明线路的用途，如导线型号、规格、根数、线路的敷设方式及敷设部位等，这种标注方式习惯为直接标注。

其标注基本格式单位：

$$a\text{-}(b\text{-}c)e\text{-}f$$

其中：a—线路编号或线路用途的符号

　　　b—导线符号

　　　c—导线根数

　　　d—导线截面，mm

　　　e—保护管直径，mm

　　　f—线路敷设方式和部位

作为电气工程制图可能会涉及诸多特殊符号，特殊符号的输入在单行文本输入与多行文本输入是有很大不同的，并且对于字体文件的选择特别重要。多行文字中插入符号或特殊字符的步骤如下：

（1）双击多行文字对象，打开在位文字编辑器。

（2）在展开的工具栏上单击"符号"，如图 6-84 所示。

（3）单击符号列表上的某符号或单击"其他"显示"字符映射表"对话框，如图 6-85 所示。在"字符映射表"对话框中，选择一种字体，然后选择一种字符，并使用以下方法之一：

A——要插入单个字符，请将选定字符拖动到编辑器中；

B——要插入多个字符，请单击"选定"，将所有字符都添加到"复制字符"框中。选择了所有所需的字符后，单击"复制"，在编辑器中单击鼠标右键，单击"粘贴"。

关于特殊符号的运用，用户可以适当记住一些常用符号的 ASC 代码，同时也可以试从软键盘中输入，即右击输入法工具条，弹出相关字符的输入，如图 6-86 所示。

图 6-84　"符号"命令按钮

图 6-85　"字符映射表"对话框

图 6-86　软键盘输入特殊字符

单击"绘图"工具栏中的"多行文字"按钮 **A**，为图形添加必要说明。

6.1.2 拓展实例——某居民楼地下室照明平面图

读者可以利用上面所学的相关知识完成居民楼地下室照明平面图的绘制,如图6-87所示。

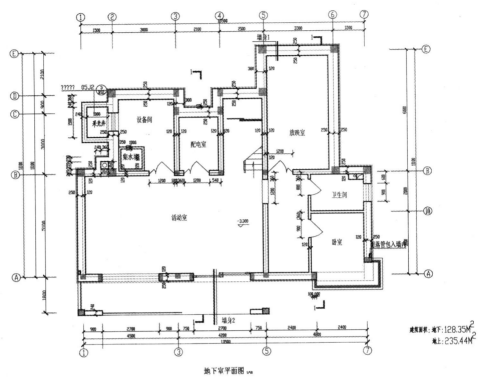

图 6-87　地下室照明平面图

Step
01　打开地下室平面图,如图6-88所示。

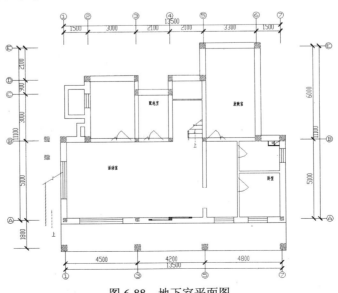

图 6-88　地下室平面图

Step 02　单击"默认"选项卡"绘图"面板中的"矩形"按钮□和"图案填充"按钮▨，绘制配电箱，如图 6-89 所示。

图 6-89　填充图形

Step 03　单击"默认"选项卡"绘图"面板中的"直线"按钮✏、"圆"按钮⊙、"多段线"按钮⤴、"图案填充"按钮▨和"修改"面板中的"偏移"按钮⬚、"旋转"按钮⟳等，绘制单级安装开关和剩余图形，绘制结果如图 6-90 所示。

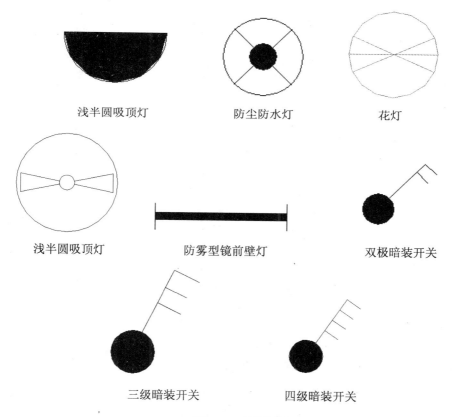

浅半圆吸顶灯　　　　　　　防尘防水灯　　　　　　　　　花灯

浅半圆吸顶灯　　　　防雾型镜前壁灯　　　　双极暗装开关

三级暗装开关　　　　　四级暗装开关

图 6-90　绘制图例

Step 04　单击"默认"选项卡"修改"面板中的"复制"按钮🗐、"移动"按钮✛，布置图例，如图 6-91 所示。

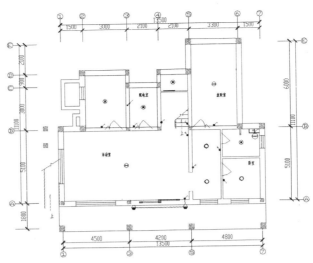

图 6-91　布置图例

Step 05 单击"默认"选项卡"绘图"面板中的"多段线"按钮，绘制多段线，如图 6-92 所示。

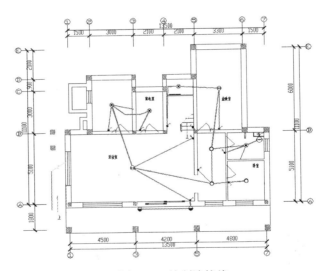

图 6-92　绘制连接线

Step 06 单击"默认"选项卡"绘图"面板中的"直线"按钮 、"多段线"按钮 、"圆"按钮 和"注释"面板中的"多行文字"按钮 A ，完成剩余图形的绘制，如图 6-87 所示。

6.2　插座平面图绘制实例——某居民楼首层插座平面图

　　一般建筑电气工程照明平面图应表达出插座等（非照明电气）电气设备，但有时可能因工程庞大，电气化设备布置的复杂，为求建筑照明平面图表达清晰，可将插座等一些电气设备归类，单独绘制（根据图纸深度，分类分层次），以求清晰表达。本节讲述插座等电位平面图的绘制，下面主要以某居民楼首层插座平面图为例为大家讲解，如图 6-93 所示。

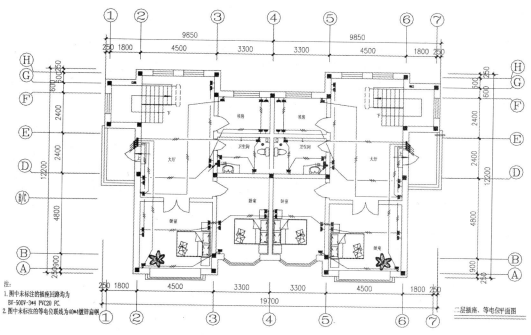

图 6-93 首层插座平面图

6.2.1 操作步骤

1. 打开首层平面图图例

单击"快速访问"工具栏中的"打开"按钮 ，打开"源文件/第 6 章/首层平面图"如图 6-94 所示。

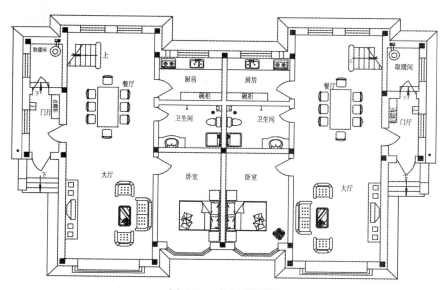

图 6-94 首层平面图

2．插座与开关图例绘制

插座与开关都是照明电气系统中的常用设备。插座分为单相与三相，其安装方式分为明装与暗装。若不加说明，明装式一律距地面 1.8 m，暗装式一律距地面 0.3 m。开关分板把开关、按钮开关、拉线开关，扳把开关分单连和多连，若不加说明，安装高度一律距地 1.4 m，拉线式开关分普通式和防水式，安装高度或距地 3 m，或距顶 0.3 m。

以洗衣机三孔插座为例，其 AutoCAD 制图步骤如下：

Step 01 单击"默认"选项卡"绘图"面板中的"圆"按钮⊙，绘制一个圆半径为 125（制图比例为 1：100，A4 图纸上实际尺寸为 1.25 mm），如图 6-95 所示。

Step 02 单击"默认"选项卡"修改"面板中的"修剪"按钮，剪去下半圆如图 6-96 所示。

Step 03 单击"默认"选项卡"绘图"面板中的"直线"按钮，在圆内绘制一条直线，如图 6-97 所示。

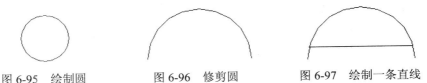

图 6-95　绘制圆　　　　　　图 6-96　修剪圆　　　　　　图 6-97　绘制一条直线

Step 04 单击"默认"选项卡"绘图"面板中的"图案填充"按钮，选择 SOLID 图案，填充半圆，如图 6-98 所示。

Step 05 单击"默认"选项卡"绘图"面板中的"直线"按钮，在半圆上方绘制一条水平直线，一条竖直直线，如图 6-99 所示。

Step 06 单击"默认"选项卡"注释"面板中的"多行文字"按钮A，标注文字，如图 6-100 所示。

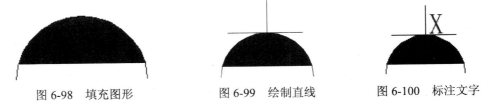

图 6-98　填充图形　　　　　　图 6-99　绘制直线　　　　　　图 6-100　标注文字

其他类型开关绘制方法基本相同，如图 6-101 所示。

序号	图例	名称	规格及型号	单位	数量	备注
01		洗衣机三孔插座	220V、10A	个		距地1.4m暗装
02		空调三孔插座	220V、10A带开关式	个		距地1.4m暗装
03		电热三孔插座	220V、10A带开关式	个		距地2.0m暗装
04		一般三孔插座	220V、10A带开关式	个		距地1.8m暗装
05		带开关插座	220V、10A	个		距地2.0m暗装

图 6-101　各种插座图例

3．绘制局部等单位端子箱

Step 01 单击"默认"选项卡"绘图"面板中的"矩形"按钮，绘制一个矩形，如图 6-102

所示。

Step 02 单击"默认"选项卡"绘图"面板中的"图案填充"按钮，填充矩形，如图6-103所示。

图6-102 绘制一个矩形

图6-103 填充一个矩形

提示

在建筑平面图的相应位置，电气设备布置应满足生产生活功能、使用合理及施工方便，按国家标准图形符号画出全部的配电箱、灯具、开关、插座等电气配件。在配电箱旁应标出其编号及型号，必要时还应标注其进线。在照明灯具旁应用文字符号标出灯具的数量、型号、灯泡功率、安装高度、安装方式等。相关的电气标准中均提供了诸多电气元件的标准图例，读者应多学习，熟练掌握各电气元件的图例特征。

对于各种图例，可以统一制作成为标准图块，统一归类管理，使用时直接调用，大大提高制图效率。也可利用DWT模板文件，在0层绘制常用图块，方便使用。

还可以灵活利用CAD设计中心，其库中预制了许多各专业的标准设计单元，这些设计中对标注样式、表格样式、布局、块、图层、外部参照、文字样式、线型等都作了专业的标准绘制，用户使用这些时，可通过设计中心来直接调用。快捷键为CTRL+2。重复利用和共享图形内容是有效管理AutoCAD电子制图的基础。使用AutoCAD设计中心可以管理块参照、外部参照、光栅图像以及来自其他源文件或应用程序的内容。不仅如此，如果同时打开多个图形，还可以在图形之间复制和粘贴内容（如图层定义）来简化绘图过程。

在内容区域中，通过拖动、双击或单击鼠标右键并选择"插入为块""附着为外部参照"或"复制"，可以在图形中插入块、填充图案或附着外部参照。可以通过拖动或单击鼠标右键向图形中添加其他内容（例如图层、标注样式和布局）。可以从设计中心将块和填充图案拖动到工具选项板中，如图6-104所示。

图6-104 设计中心模块

4. 图形符号的平面定位布置

当前图层指定为"电源—照明（插座）"图层。

将绘制好的图例，通过"复制"等基本命令，按设计意图，将插座、配电箱等，一一对应复制到相应位置，插座的定位与房间的使用要求有关，配电箱、插座等一般贴着门洞的墙壁设置，如图 6-105 所示。

提 示

正确选择"复制"的基点，对于图形定位是非常重要的。第二点的选择定位，用户可打开捕捉及极轴状态开关，利用自动捕捉有关点，自动定位。节点是我们在 AutoCAD 中常用来做定位、标注以及移动、复制等复杂操作的关键点，节点有效捕捉很关键。在实际应用中我们会发现，有的时候我们选择了稍微复杂一点的图形并不出现节点，给我们的图形操作带来了一点麻烦。解决这个问题有小窍门：当选择的图形不出现节点的时候，使用复制的快捷键 Ctrl+C，节点就会在选择的图形中显示出来。

5．绘制线路

在图纸上绘制完配电箱和各种电气设备符号后，就可以绘制线路了，线路的连接应符合电气工程原理并充分考虑设计意图。在绘制线路前应按室内配线的敷线方式，规划出较为理想的线路布局。绘制线路时应用中粗实线绘制干线、支线的位置及走向，连接好配电箱至各灯具、插座及所有用电设备和器具，构成回路，并将开关至灯具的连线一并绘出。在单线条上画出细斜面用来表示线路的导线根数，并在线路的上或下侧，用文字符号标注出干线编号、支线编号、导线型号及根数、截面、敷设部位和敷设方式等。当导线采用穿管敷设时，还要标明穿管的品种和管径。

线路绘制完成，如图 6-106 所示。读者可识读该图的线路控制关系。

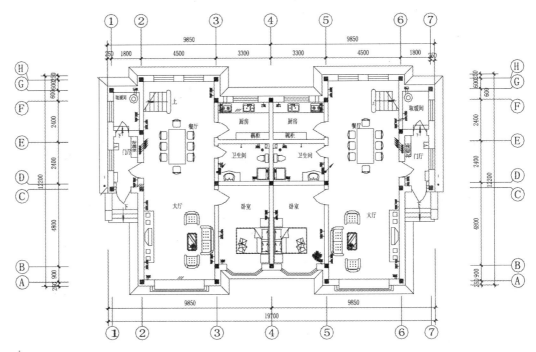

图 6-105　首层插座布置

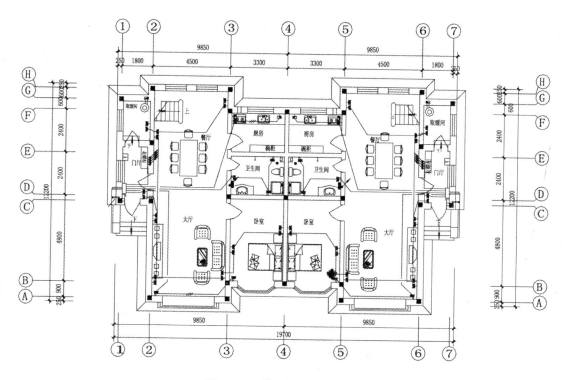

图 6-106　首层插座线路布置图

提　示

AutoCAD 将操作环境和某些命令的值存储在系统变量中。可以通过直接在命令提示下输入系统变量名来检查任意系统变量和修改任意可写的系统变量,也可以通过使用 SETVAR 命令或 AutoLISP® getvar 和 setvar 函数来实现。许多系统变量还可以通过对话框选项访问。要访问系统变量列表,请在"帮助"窗口的"目录"选项卡上,单击"系统变量"旁边的"+"号。

用户应对 AutoCAD 某些系统变量的设置意义有所了解,AutoCAD 的某些特殊功能,往往是需要修改系统变量来实现的。AutoCAD 中共有上百个系统变量,通过改变其数值,可以提升制图效率。

6.标注、附加说明

Step 01　将当前图层设置为"标注"图层。

Step 02　文字标注的代码符号前面已经讲述,读者自行学习。尺寸标注前面也已经讲述,用户应熟悉标注样式设置的各环节。图 6-107 为完成标注后的插座平面图。

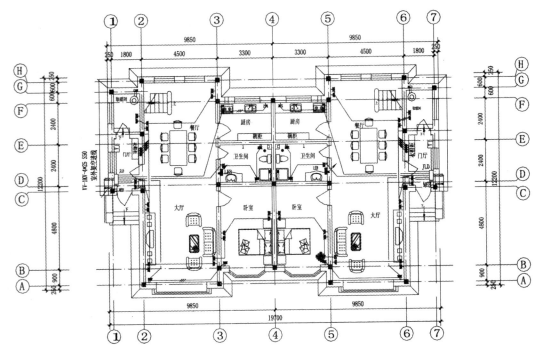

图 6-107　首层插座平面图

6.2.2　拓展实例——某居民楼插座平面图

读者可以利用上面所学的相关知识完成居民楼插座平面图，如图 6-108 所示。

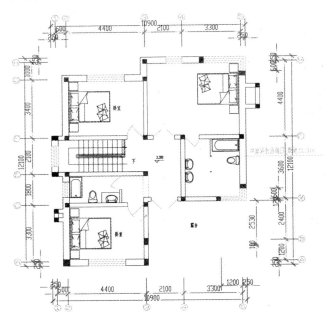

图 6-108　居民楼插座平面图

Step 01　单击"默认"选项卡"绘图"面板中的"直线"按钮／、"圆"按钮⊙、"矩形"按钮▭、"图案填充"按钮▨和"修改"面板中的"复制"按钮⊗、"移动"按钮✥，布置图例，如图 6-109 所示。

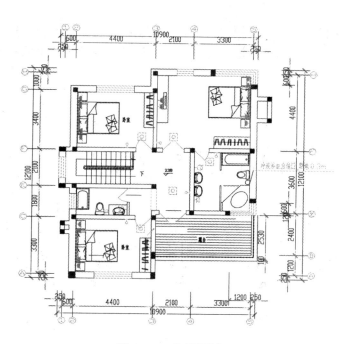

图 6-109　布置图例

Step 02　单击"默认"选项卡"绘图"面板中的"多段线"按钮⊃，连接图例绘制线路，如图 6-110 所示。

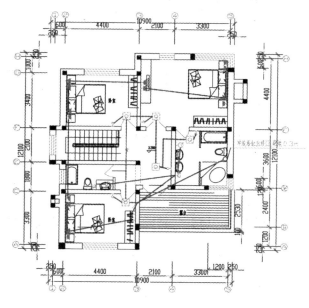

图 6-110　布置图例

6.3 接地及等电位平面图绘制实例——
某居民楼接地及等电位平面图

建筑物的金属构件及引进、引出金属管路应与总电位接地系统可靠连接。两个总等电位端子箱之间采用镀锌扁钢连接。下面主要以某居民楼接地及等电位平面图为例为大家讲解，如图 6-111 所示。

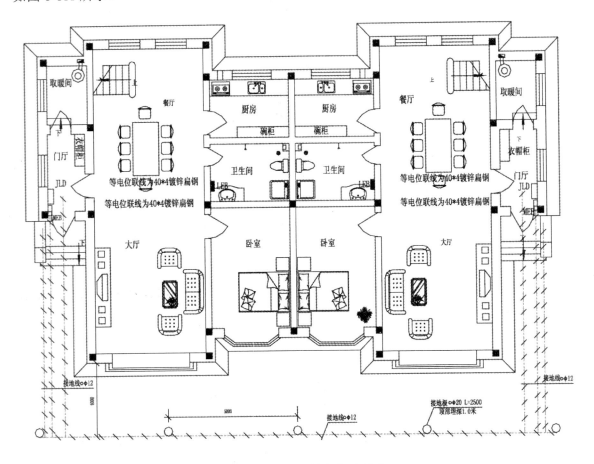

图 6-111　接地及等电位平面图

6.3.1 操作步骤

Step 01 单击"快速访问"工具栏中的"打开"按钮 📂，打开"源文件/第 6 章/首层平面图"如图 6-112 所示。

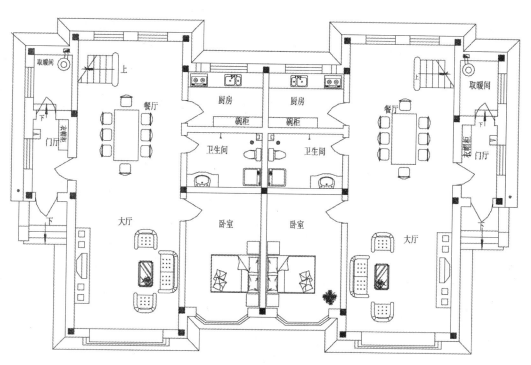

图 6-112　首层平面图

Step 02 单击"默认"选项卡"绘图"面板中的"矩形"按钮□，绘制 375×150 的矩形，如图 6-113 所示。

Step 03 单击"默认"选项卡"绘图"面板中的"图案填充"按钮▨，将矩形填充为黑色，完成局部等电位电子箱，如图 6-114 所示。

图 6-113　绘制矩形

图 6-114　填充矩形

Step 04 剩余图例的绘制方法与局部等电位电子箱的绘制方法基本相同，我们这里就不再阐述，如图 6-115、6-116 所示。

图 6-115　计量漏电箱（560×235）

图 6-116　总等电位端子箱（375×150）

Step 05 单击"默认"选项卡"修改"面板中的"移动"按钮✛，选择上步绘制的图例将其移动到图形的指定位置，如图 6-117 所示。

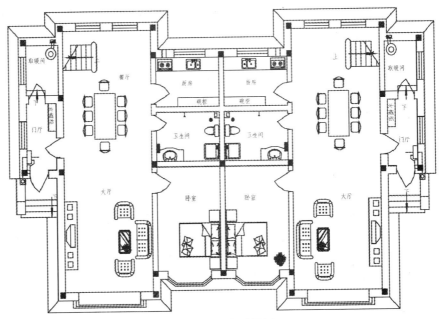

图 6-117　布置图例

Step 06 单击"默认"选项卡"绘图"面板中的"直线"按钮，连接图例，如图 6-118 所示。

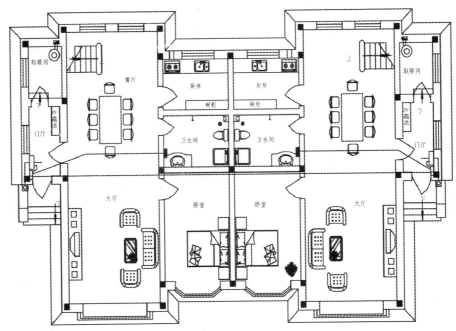

图 6-118　绘制线路

Step 07 单击"默认"选项卡"绘图"面板中的"直线"按钮 及"圆"按钮 ，绘制接地线，如图 6-119 所示。

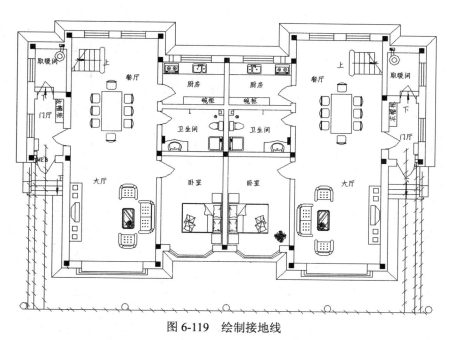

图 6-119　绘制接地线

Step 08 单击"默认"选项卡"注释"面板中的"线性"按钮，线路细部做细部标注，如图 6-120 所示。

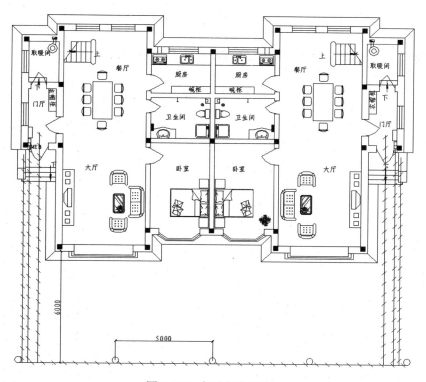

图 6-120　标注细部图形

Step 09 单击"默认"选项卡"注释"面板中的"多行文字"按钮 A，为接地及电位平面图添加文说明，如图 6-121 所示。

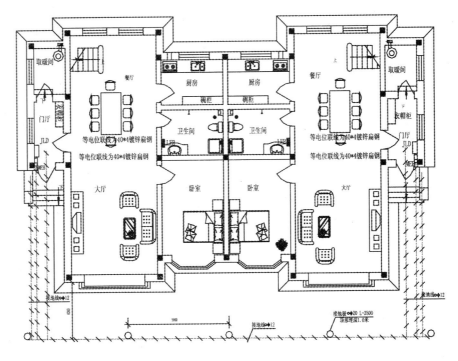

图 6-121　添加文字说明

6.3.2　拓展实例——某居民楼接地及等电位平面图

打开已有源文件，如图 6-122 所示。

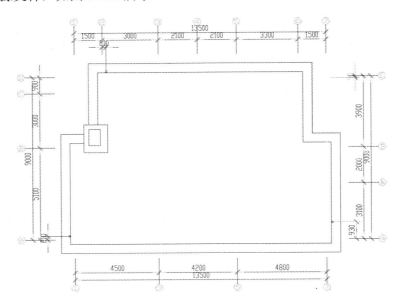

图 6-122　打开已有源文件

Step 01 单击"默认"选项卡"绘图"面板中的"直线"按钮 ，和"修改"面板中的"复制"按钮 、"移动"按钮 ，绘制图形并布置图形，如图 6-123 所示。

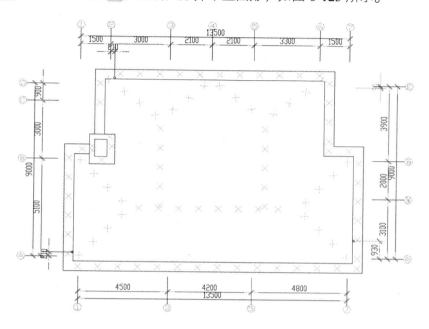

图 6-123　布置避雷针

Step 02 单击"默认"选项卡"绘图"面板中的"直线"按钮 、"圆"按钮 、"图案填充"按钮 和"修改"面板中的"复制"按钮 、"移动"按钮 ，布置避雷针，如图 6-124 所示。

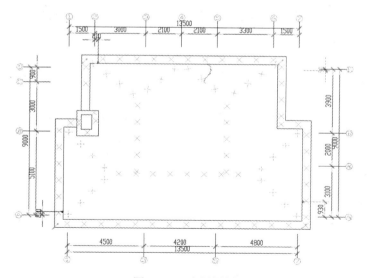

图 6-124　布置图例

Step 03 单击"默认"选项卡"绘图"面板中的"多段线"按钮 ，绘制连接线，如图 6-125 所示。

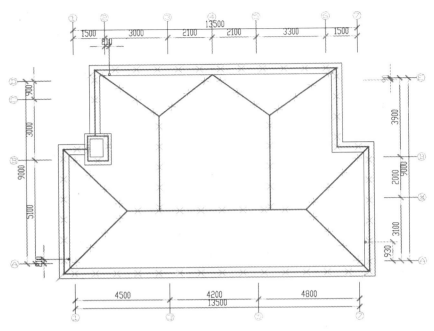

图 6-125　绘制连接线

6.4　电话、有线电视及电视监控平面图绘制实例——某居民楼首层电话、有线电视及电视监控平面图

　　监控主机设备包括监视器和摄像机。由摄像机到监视器预留 PVC40 塑料管，用于传输线路敷设，钢管沿墙暗敷。

　　1. 电话电缆由室外网架空进户。

　　2. 电话进户线采用 HYV 型电缆穿钢管沿墙暗敷设引入电话分线箱，支线采用 RVS-2×0.5 穿阻燃塑料沿地面、墙、顶板暗敷设。

　　3. 有线电视主干线采用 SYKV-75-12 型穿钢管架空进户。进户线沿墙暗敷设进入有线电视前端箱，支线采用 SKYV-75-5 型电缆穿阻燃塑料沿地面、墙、顶板暗敷设。

　　4. 电视监控系统采用单头单尾系统。在室外的墙上安装摄像机，安装高度室外距地面 4.0，在客厅内设置监控主机。

　　5. 弱点系统安装调试由专业厂家负责。

　　下面以某居民楼首层电话、有线电视及电视监控平面图为例为大家讲解，如图 6-126 所示。

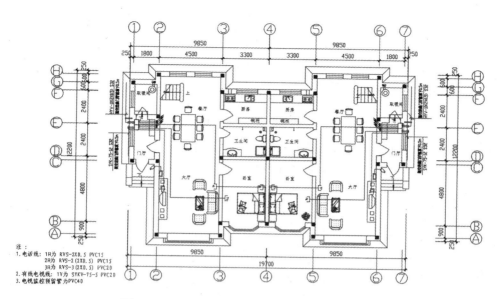

图 6-126　首层电话、有线电视及电视监控平面图

6.4.1　操作步骤

1．绘制图形

Step 01　单击"快速访问"工具栏中的"打开"按钮，打开"源文件/第 6 章/首层平面图"如图 6-127 所示。

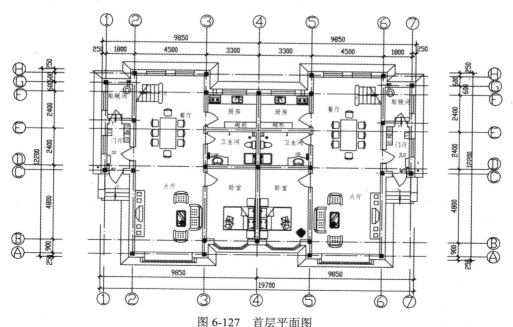

图 6-127　首层平面图

Step 02　利用前面章节中所学的绘制知识绘制图例，如图 6-128 所示。

1	TP	电话端口		个	距地0.5米暗装
2	TC	宽带端口		个	距地0.5米暗装
3	TV	有线电视端口		个	距地0.5米暗装
4		监控摄像机	室外球型摄像机	个	距室外地面4.0米安装
5		电视监控主机	包括监视器和24小时录像机	个	室内台上安装

图 6-128　绘制图例

Step
03　单击"默认"选项卡"修改"面板中的"复制"按钮、"移动"按钮，将图例复制到上步打开的首层平面图，如图 6-129 所示。

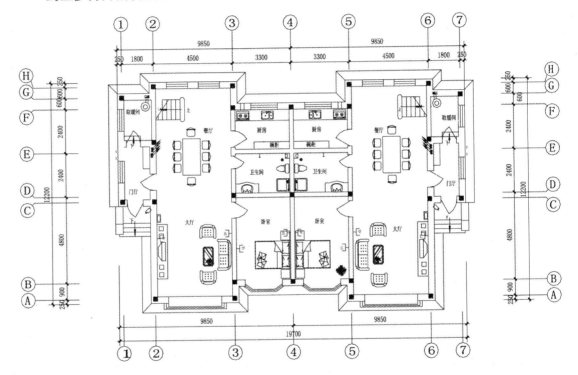

图 6-129　布置图例

导线穿管表示：

SC—焊接钢管

MT—电线管

PC—PVC 塑料硬管

FPC—阻燃塑料硬管

CT—桥架

M—钢索

CP—金属软管

PR—塑料线槽

RC—镀锌钢管

导线敷设方式的表示：

DE—直埋

TC—电缆沟

BC—暗敷在梁内

CLC—暗敷在柱内

WC—暗敷在墙内

CE—沿天棚顶敷设

CC—暗敷在天棚顶内

SCE—吊顶内敷设

F—地板及地坪下

SR—沿钢索

BE—沿屋架，梁

WE—沿墙明敷

2. 绘制线路

在图纸上绘制完电话、有线电视及电视监控设备符号后，就可以绘制线路了，线路的连接应符合电气弱电工程原理并充分考虑设计意图。在绘制线路前应按室内配线的敷线方式，规划出较为理想的线路布局。绘制线路时应用中粗实线绘制导线的位置及走向，连接好电话及有线电视，在单线条上画出细斜面用来表示线路的导线根数，并在线路的上或下侧，用文字符号标注出干线型号、导线型号及根数、截面、敷设部位和敷设方式等。当导线采用穿管敷设时，还要标明穿管的品种和管径。

线路绘制完成，如图 6-130 所示。读者可识读该图的线路控制关系。

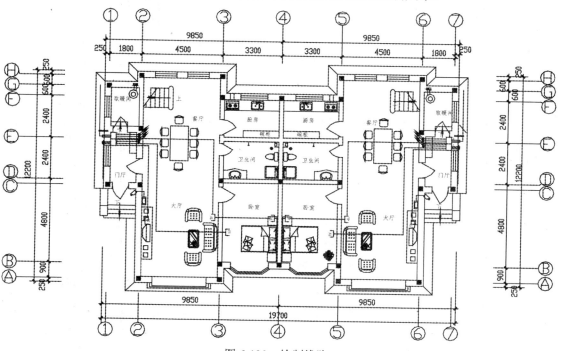

图 6-130　绘制线路

提示 当线路用途明确时，可以不标注线路的用途。

标注的相关符号所代表的含义如表 6-1、6-2、6-3 所示。

表6-1　标注线路用文字符号

序号	中文名称	英文名称	常用文字符号		
			单字母	双字母	三字母
1	控制线路	Control line		WC	
2	直流线路	Direct current line		WD	
3	应急照明线路	Emergency lighting ine		WE	WEL
4	电话线路	Telephone line		WF	
5	照明线路	Illuminating ine	W	WL	
6	电力设备	Power line		WP	
7	声道(广播)线路	Sound gate line		WS	
8	电视线路	TV.line		WV	
9	插座线路	Socket line		WX	

表6-2　线路敷设方式文字符号

序号	中文名称	英文名称	旧符号	新符号
1	暗敷	Concealed	A	C
2	明敷	Exposed	M	E
3	铝皮线卡	Aluminum clip	QD	AL
4	电缆桥架	Cable tray		CT
5	金属软管	Flexible metalic conduit		F
6	水煤气管	Gas tube	G	G
7	瓷绝缘子	Porcelain insulator	CP	K
8	钢索敷设	Supported by messenger wire	S	MR
9	金属线槽	metallic raceway		MR
10	电线管	Electrial metallic tubing	DG	T
11	塑料管	Plastic conduit	SG	P
12	塑料线卡	Plastic clip	VJ	PL
13	塑料线槽	Plastic raceway		PR
14	钢管	Steel conduit	GG	S

表6-3　线路敷设部位文字符号

序号	中文名称	英文名称	旧符号	新符号
1	梁	Beam	L	B
2	顶棚	Ceiling	P	CE
3	柱	Column	Z	C
4	地面(楼板)	Floor	D	F

294

（续表）

5	构架	Rack		R
6	吊顶	Suspended ceiling		SC
7	墙	Wall	Q	W

弱电布线注意事项：

（1）为避免干扰，弱电线和强电线应保持一定距离，国家标准规定，电源线及插座与电视线及插座的水平间距不应小于 50 厘米。

（2）充分考虑潜在需求，预留插口。

（3）为方便日后检查维修，尽量把家中的电话、网络等控制集中在一个方便检查的位置，从一个位置再分到各个房间。

（4）单击"默认"选项卡"注释"面板中的"多行文字"按钮 A ，为线路添加文字说明。完成所有文字标注，如图 6-131 所示。

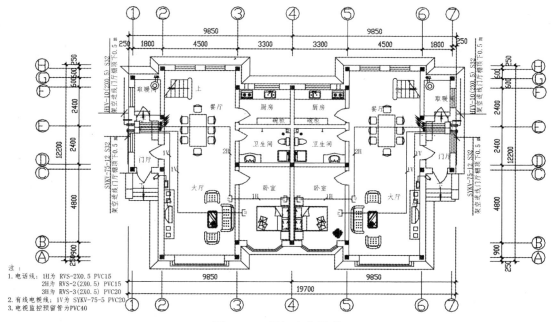

图 6-131　添加文字说明

6.4.2　拓展实例——某居民楼电话、有线电视及电视监控平面图

读者可以利用上面所学的相关知识完成居民楼电话、有线电视及电视监控平面图，如图 6-132 所示。

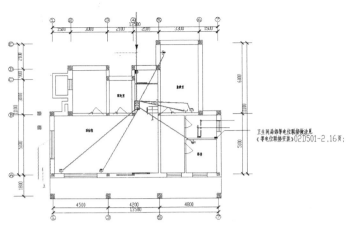

图 6-132 居民楼电话、有线电视、及电视监控平面图

Step 01 利用所学命令整理平面图，如图 6-133 所示。

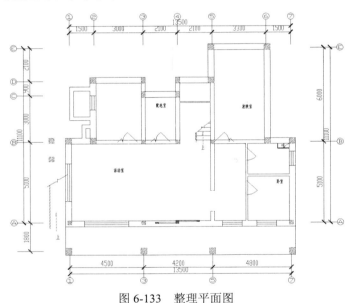

图 6-133 整理平面图

Step 02 单击"默认"选项卡"绘图"面板中的"直线"按钮、"多段线"按钮、"矩形"按钮和"注释"面板中的"多行文字"按钮，绘制剩余图例，如图 6-134 所示。

电视插座　　　　　　　　放大器　　　　　　　电视天线三分配器

图 6-134 绘制图例

Step 03 单击"默认"选项卡"块"面板中的"插入"按钮，布置图例，如图 6-135 所示。

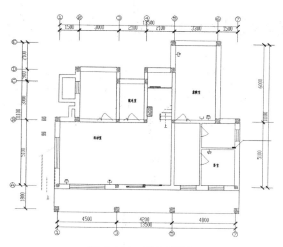

图 6-135　插入图例

Step 04　单击"默认"选项卡"绘图"面板中的"多段线"按钮，绘制连接线，如图 6-136 所示。

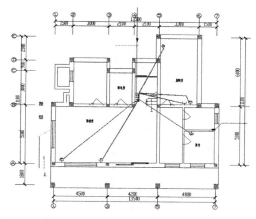

图 6-136　电视电话平面图

Step 05　单击"默认"选项卡"绘图"面板中的"直线"按钮、"矩形"按钮、"图案填充"按钮和"修改"面板中的"修剪"按钮，绘制剩余线路，如图 6-137 所示。

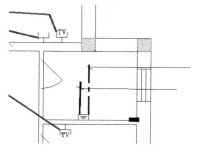

图 6-137　绘制直线

Step 06　单击"默认"选项卡"注释"面板中的"多行文字"按钮A，为图形添加文字，如图 6-132 所示。

6.5 电气系统图绘制实例——某居民楼配电系统图

电气工程 CAD 制图中，对于新建结构往往会由建筑专业提供建筑施工图，本节讲述居民楼配电系统图的绘制，下面以某居民楼配电系统图为例为大家讲解，如图 6-138 所示。

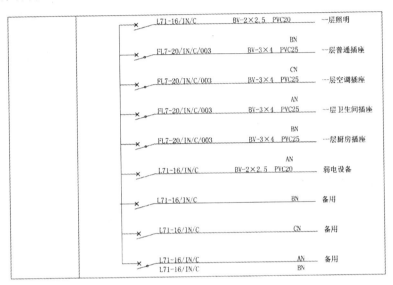

图 6-138 配电系统图

6.5.1 操作步骤

Step 01 单击"默认"选项卡"绘图"面板中的"矩形"按钮口，绘制一个 1300×750 的矩形，如图 6-139 所示。

Step 02 单击"默认"选项卡"修改"面板中的"分解"按钮，将上步绘制的矩形进行分解。
单击"默认"选项卡"修改"面板中的"偏移"按钮，将矩形左侧竖直边线向内偏移，偏移距离为 200，如图 6-140 所示。

图 6-139 绘制一个矩形

图 6-140 偏移直线

Step 03 单击"默认"选项卡"绘图"面板中的"直线"按钮，在矩形中间区域绘制一条直线，如图 6-141 所示。

Step 04 选择菜单栏中的"绘图"→"点"→"定数等分"命令，选取上步绘制的直线将其定数等分成 9 份。

图 6-141　绘制直线

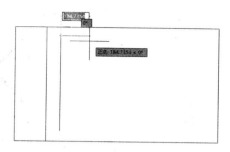

图 6-142　绘制直线

Step 05 绘制回路。

❶ 单击"默认"选项卡"绘图"面板中的"直线"按钮 ，从线段的端点绘制直线段长度为 50，如图 6-142 所示。

❷ 在不按鼠标的情况下向右拉伸追踪线，在命令行中输入 50，中间间距为 50 个单位，单击鼠标左键在此确定点 1，如图 6-143 所示。

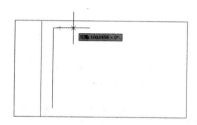

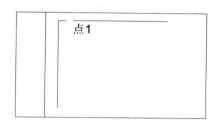

图 6-143　长度为 500 单位的线段

❸ 设置 15° 角捕捉。打开"草图设置"对话框中的"极轴追踪"，在"增量角"下拉列表中选择 15°，如图 6-144 所示。单击"确定"退出对话框。

❹ 单击"默认"选项卡"绘图"面板中的"直线"按钮 ，取点 1 为起点，在 195° 追踪线上向左移动鼠标，直至 195° 追踪线与竖向追踪线出现交点，选此交点为线段的终点，如图 6-145 所示。

图 6-144　设置 15° 角度捕捉

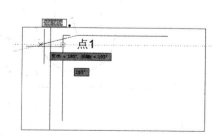

图 6-145　绘制斜线段

Step 06 单击"默认"选项卡"绘图"面板中的"矩形"按钮 ，在绘图区域内绘制一个正方形，如图 6-146 所示。

Step 07 单击"默认"选项卡"绘图"面板中的"多段线"按钮 ，绘制正方形的对角线，设置

线宽为 0.5 个单位，如图 6-147 所示。删除外围矩形，得到图形如图 6-148 所示。

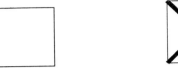

图 6-146　绘制矩形　　　　　　图 6-147　绘制对角线　　　　　　图 6-148　删除矩形

Step 08 选取交叉线段的交点，移动到指定位置，如图 6-149 所示。

图 6-149　移动交叉线

Step 09 单击"默认"选项卡"注释"面板中的"多行文字"按钮 **A**，在回路中标识出文字，如图 6-150 所示。

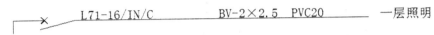
L71-16/IN/C　　　　BV-2×2.5　PVC20　　　　一层照明

图 6-150　标识文字

Step 10 单击"默认"选项卡"修改"面板中的"复制"按钮，选取上面绘制的回路及文字，点取左端点为复制基点，依次复制到各个节点上，如图 6-151 所示。

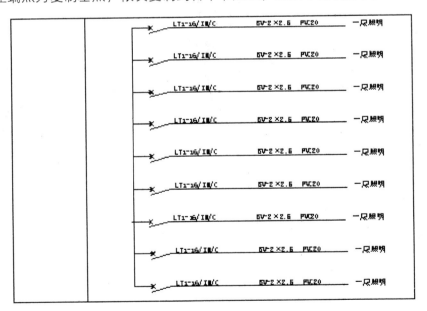

图 6-151　复制其他回路

Step 11 用右键单击要修改的文字，就可修改文字，如图 6-152 所示。

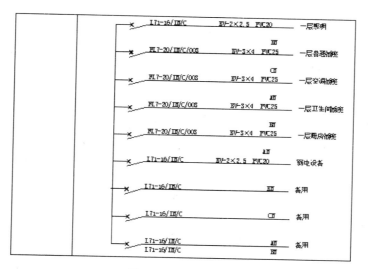

图 6-152　修改文字

Step
12　对于端部连接插座的回路，还必须配置有漏电断路器，单击"默认"选项卡"绘图"面板中的"椭圆"按钮 ○，绘制一个椭圆如图 6-153 所示。

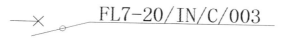

图 6-153　绘制椭圆

Step
13　单击"默认"选项卡"修改"面板中的"复制"按钮 ，选取上步绘制的椭圆进行复制，如图 6-154 所示。

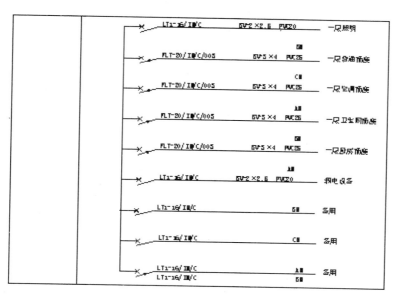

图 6-154　复制椭圆

Step
14　利用所学知识绘制剩余图形，如图 6-155 所示。

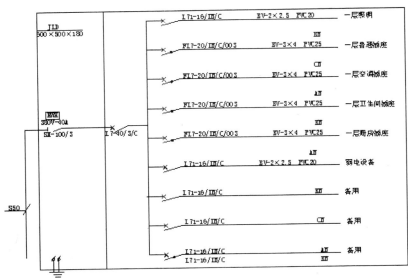

图 6-155 配电系统图

6.5.2 拓展实例——某居民楼电话系统图

读者可以利用上面所学的相关知识完成某居民楼电话系统图,如图 6-156 所示。

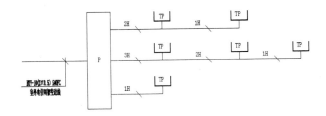

图 6-156 某居民楼电话系统图

Step 01 单击"默认"选项卡"绘图"面板中的"矩形"按钮□和"插入块"按钮🔜,组合系统图,如图 6-157 所示。

图 6-157 组合系统图

Step 02 单击"默认"选项卡"绘图"面板中的"直线"按钮╱,绘制室外电信网架空进线,如图 6-158 所示。

Step 03 单击"默认"选项卡"注释"面板中的"多行文字"按钮 **A**,添加文字说明,完成电话系统图的绘制,如图 6-159 所示。

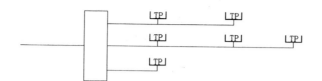

图 6-158　绘制空进线

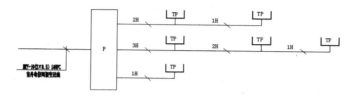

图 6-159　添加文字说明

6.5.3　拓展实例——某居民楼有线电视系统图

读者可以利用上面所学的相关知识完成某居民楼有线电视系统图，如图 6-160 所示。

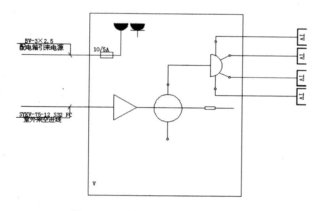

图 6-160　某居民楼有线电视系统图

Step
01
单击"默认"选项卡"绘图"面板中的"直线"按钮、"圆"按钮和"矩形"按钮，绘制基础图形，如图 6-161 所示。

Step
02
单击"默认"选项卡"绘图"面板中的"插入块"按钮，插入所需图例，如图 6-162 所示。

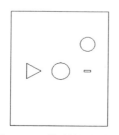

图 6-161　绘制基础图形

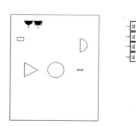

图 6-162　插入图例

Step 03 单击"默认"选项卡"绘图"面板中的"直线"按钮 ╱、"圆"按钮 ⊙ 和"修改"面板中的"修剪"按钮 ⊬，绘制进户线，如图 6-163 所示。

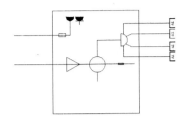

图 6-163　绘制进户线

Step 04 单击"默认"选项卡"注释"面板中的"多行文字"按钮 **A**，为有线电视系统图添加文字说明，如图 6-160 所示。

第 7 章

建筑水暖设计综合实例——居民楼水暖设计

知识导引

建筑水暖设计主要包括建筑给排水设计和暖通空调设计。本章通过居民楼水暖设计实例讲解加深读者对 AutoCAD 功能的理解和掌握,熟悉建筑水暖设计的方法及绘制思路。

内容要点

- 某居民楼给排水系统图
- 某居民楼排水平面图
- 某办公楼消防报警平面图
- 某居民楼采暖系统图
- 某居民楼采暖平面图
- 某办公楼空调平面图

7.1 建筑给排水系统图设计实例——某居民楼给排水系统图

本节将逐步带领读者完成给水排水系统图的绘制,并讲述关于给水排水设计的相关知识和技巧。本章包括给水排水系统图绘制的知识要点,图例的绘制,管线的绘制及尺寸文字标注等内容。下面以某居民楼给排水系统图为例为大家讲解,如图 7-1 所示。

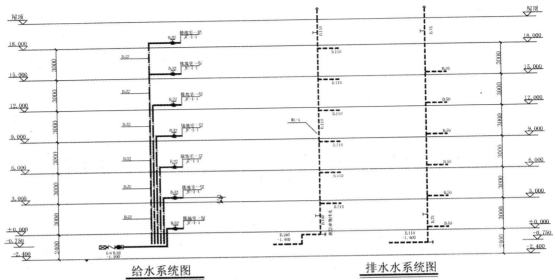

图 7-1　排水系统

7.1.1　操作步骤

1. 绘制闸阀

Step 01　单击"默认"选项卡"绘图"面板中的"矩形"按钮口，在空白区域内绘制一个矩形，如图 7-2 所示。

Step 02　单击"默认"选项卡"绘图"面板中的"直线"按钮，绘制矩形的对角线，如图 7-3 所示。

图 7-2　绘制矩形

图 7-3　绘制直线

2. 绘制止回阀

Step 01　单击"默认"选项卡"绘图"面板中的"矩形"按钮口和"直线"按钮，绘制如图 7-4 所示的图形。

Step 02　单击"默认"选项卡"修改"面板中的"修剪"按钮，修剪多余的线段。完成止回阀的绘制，如图 7-5 所示。

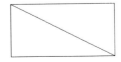

图 7-4　修剪矩形

图 7-5　绘制止回阀

3．绘制截止阀

Step 01 单击"默认"选项卡"绘图"面板中的"圆"按钮 ⊙，绘制一个适当半径的圆，如图 7-6 所示。

Step 02 单击"默认"选项卡"绘图"面板中的"图案填充"按钮 ▦，选取上步绘制的圆为填充区域，填充图案为"solid"，如图 7-7 所示。

图 7-6　绘制圆

图 7-7　填充圆

Step 03 单击"默认"选项卡"绘图"面板中的"多段线"按钮 ⤵，指定其起点宽度和端点宽度为 100，绘制一段通过圆心的多段线，如图 7-8 所示。

Step 04 单击"默认"选项卡"绘图"面板中的"直线"按钮 ∕，以圆上端一点为直线起点，向上绘制一条竖直直线。重复"直线"命令，在上步绘制的竖直直线上方，绘制一条水平直线。完成截止阀的绘制，如图 7-9 所示。

图 7-8　绘制多段线

图 7-9　完成截止阀的绘制

4．布置图例

Step 01 单击"默认"选项卡"绘图"面板中的"直线"按钮 ∕，绘制一条长度为 49200 的水平直线，如图 7-10 所示。

Step 02 单击"默认"选项卡"修改"面板中的"偏移"按钮 ⊴，将上步绘制的水平直线向上偏移，偏移距离为 2400、3000、3000、3000、3000、3000、3000、2000，如图 7-11 所示。

图 7-10　绘制水平直线

图 7-11　偏移水平直线

Step 03 单击"默认"选项卡"修改"面板中的"移动"按钮 ✛，将绘制的闸阀、截止阀和止回阀移动到适当位置。

Step 04 单击"默认"选项卡"绘图"面板中的"矩形"按钮 ▢，在止回阀后面绘制一个小矩形，如图 7-12 所示。

Step 05 单击"默认"选项卡"绘图"面板中的"直线"按钮 ∕，以矩形左侧竖直边上端点为起点，矩形右侧竖直边中点为端点绘制一条直线。同理绘制另外一条直线，如图 7-13 所示。

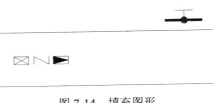

图 7-12　绘制矩形　　　　　　　　　图 7-13　绘制直线

Step
06
　单击"默认"选项卡"绘图"面板中的"图案填充"按钮，选取矩形中间的三角形进
行填充，填充图案为"solid"，如图 7-14 所示。

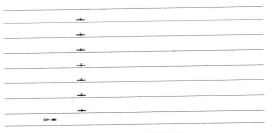

图 7-14　填充图形

Step
07
　单击"默认"选项卡"修改"面板中的"复制"按钮，将截止阀复制到适当位置，
如图 7-15 所示。

图 7-15　复制图例

Step
08
　单击"默认"选项卡"绘图"面板中的"多段线"按钮，指定起点宽度和端点宽度为
100，绘制连接图例的线路，如图 7-16 所示。

Step
09
　单击"默认"选项卡"绘图"面板中的"多段线"按钮，指定起点宽度和端点宽度为
0，在图形中绘制多段线，结果如图 7-17 所示。

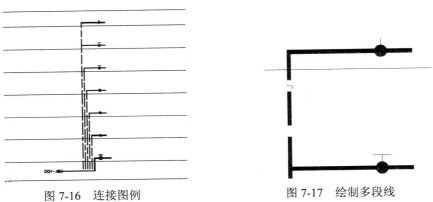

图 7-16　连接图例　　　　　　　　　图 7-17　绘制多段线

Step
10
　单击"默认"选项卡"修改"面板中的"复制"按钮，选取上步绘制的多段线向下
复制，如图 7-18 所示。

Step 11　单击"默认"选项卡"绘图"面板中的"直线"按钮 ✐，在截止阀断点处绘制一条竖直直线和一条水平直线，如图 7-19 所示。

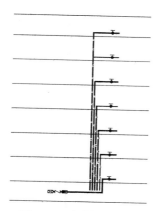

图 7-18　复制多段线

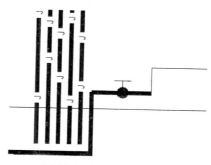

图 7-19　绘制直线

Step 12　单击"默认"选项卡"修改"面板中的"复制"按钮 ❀，将上步绘制的直线复制到各截止阀处，如图 7-20 所示。

图 7-20　复制直线

5．标注文字

Step 01　单击"默认"选项卡"注释"面板中的"多行文字"按钮 A，打开"文字编辑器"选项卡，如图 7-21 所示。设置文字高度为"200"，在文本区输入"接地宅一层"。完成文字标注，如图 7-22 所示。

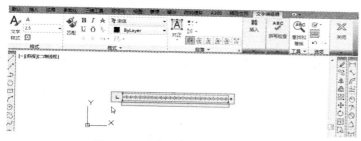

图 7-21　"文字编辑器"选项卡

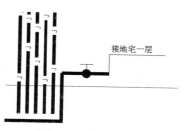

图 7-22　标注文字

Step 02 利用上述方法标注相同文字，如图 7-23 所示。

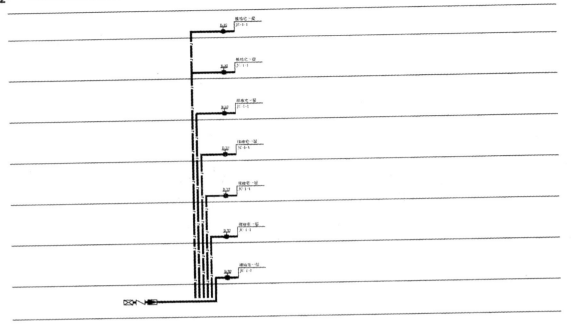

图 7-23　添加文字说明

Step 03 单击"默认"选项卡"绘图"面板中的"直线"按钮 ，在图形左侧绘制一条水平直线，如图 7-24 所示。

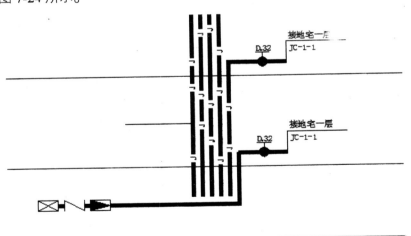

图 7-24　绘制水平直线

Step 04 单击"默认"选项卡"修改"面板中的"复制"按钮 ，选取上步绘制的水平直线进行复制，如图 7-25 所示。

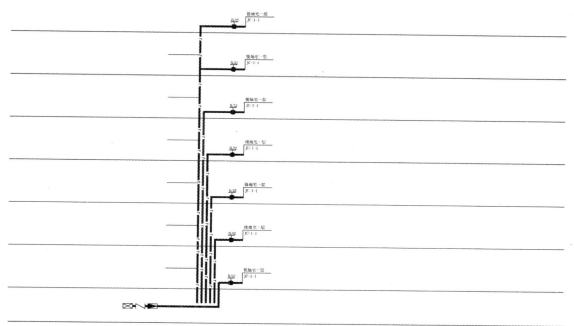

图 7-25　复制直线

Step 05 单击"默认"选项卡"注释"面板中的"多行文字"按钮 **A**，标注文字，如图 7-26 所示。

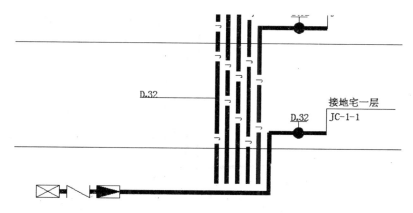

图 7-26　文字标注

Step 06 单击"默认"选项卡"修改"面板中的"复制"按钮，对相同文字进行复制，如图 7-27 所示。

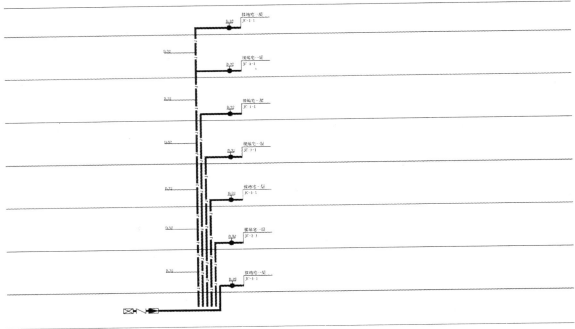

图 7-27　复制相同文字

Step 07 单击"默认"选项卡"注释"面板中的"多行文字"按钮 **A**，在闸阀下方添加文字，如图 7-28 所示。

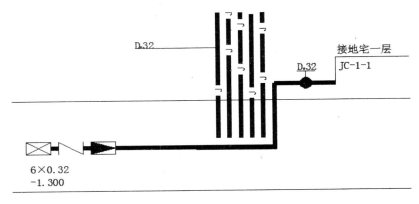

图 7-28　文字标注

6. 设置标注样式

Step 01 选择菜单栏中的"标注"→"标注样式"命令，系统打开"标注样式管理器"对话框，如图 7-29 所示。

Step 02 单击"新建"按钮，打开"创建新标注样式"对话框，在"新样式名"文本框中输入"给水排水系统图"，如图 7-30 所示。

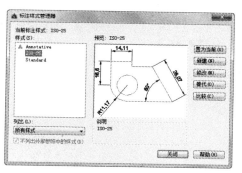

图 7-29　"标注样式管理器"对话框

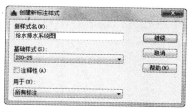

图 7-30　"创建新标注样式"对话框

Step 03 单击"继续"按钮，打开"新建标注样式：给水排水系统图"对话框，单击"线"选项卡，进行如图所示的设置，如图 7-31 所示。

Step 04 单击"符号和箭头"选项卡，在"箭头"选项组"第一个"下拉列表框中选择"▨建筑标记"选项，在"第二个"下拉列表框中选择"◪建筑标记"选项，并设定"箭头大小"为 200，完成"符号和箭头"选项卡的设置，如图 7-32 所示。

图 7-31　"线"选项卡

图 7-32　"符号和箭头"选项卡

Step 05 单击"文字"选项卡，设定文字"高度"为 300，如图 7-33 所示。

Step 06 "主单位"选项卡的设置，如图 7-34 所示。单击"确定"按钮返回"标注样式管理器"对话框，在"样式"列表框中选择"给水排水系统"样式，单击"置为当前"按钮，最后单击"关闭"按钮返回绘图区。

图 7-33　"文字"选项卡

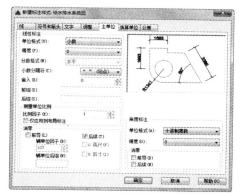

图 7-34　"主单位"选项卡

Step 07 单击"默认"选项卡"注释"面板中的"线性"按钮┤和"连续"┼┼，标注给水系统图，如图 7-35 所示。

Step 08 单击"默认"选项卡"绘图"面板中的"直线"按钮╱和"注释"面板中的"多行文字"按钮A，绘制标高，如图 7-36 所示。

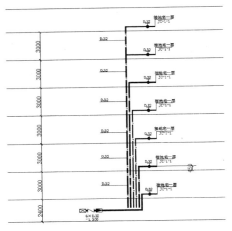

图 7-35　标注图形

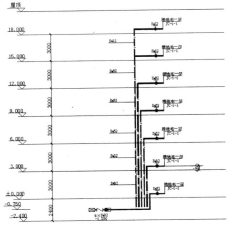

图 7-36　绘制标高

Step 09 单击"默认"选项卡"修改"面板中的"复制"按钮，选取绘制完成的标高进行复制。双击标高上文字弹出"文字编辑器"选项卡，如图 7-37 所示。在对话框内输入新的文字。最终给水系统图绘制完成，如图 7-38 所示。

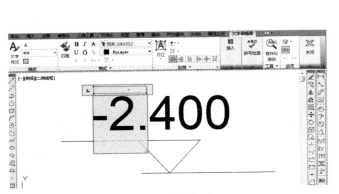

图 7-37　复制标高

图 7-38　给水系统图

Step 10 排水系统图。在给水系统图的基础上绘制排水管线，标注文字和尺寸，如图 7-39 所示。

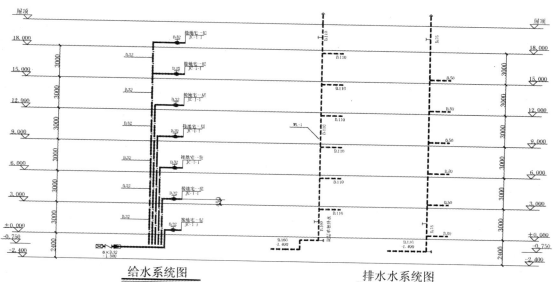

给水系统图　　　　　　　　　　　　　　排水水系统图

图 7-39　排水系统图

11．绘制图形

Step 01　单击"默认"选项卡"绘图"面板中的"多段线"按钮 ，指定起点宽度和端点宽度为 100，在给水系统图右侧绘制一段连续多段线，如图 7-40 所示。

Step 02　选择上步绘制的多段线并单击鼠标右键，在弹出的如图 7-41 所示的快捷菜单中选择"特性"命令，弹出"特性"对话框，如图 7-42 所示。将"线型比例"设置为"50"，线型设置为"DASHED"，如图 7-43 所示。

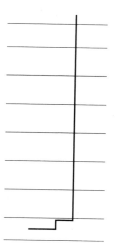

图 7-40　绘制多段线

图 7-41　下拉菜单

图 7-42　"特性"对话框

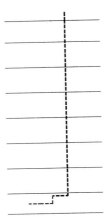

图 7-43　修改线型

Step 03　单击"默认"选项卡"绘图"面板中的"多段线"按钮⌐, 绘制一条水平直线, 如图 7-44 所示。

Step 04　单击"默认"选项卡"修改"面板中的"复制"按钮⌐, 将上步绘制的水平线向上复制, 复制到适当位置, 如图 7-45 所示。

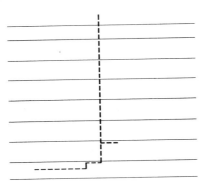

图 7-44　绘制多段线

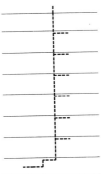

图 7-45　水平多段线

Step 05　单击"默认"选项卡"绘图"面板中的"直线"按钮∕, 在绘制的多段线上绘制两段竖直直线和一段水平直线, 如图 7-46 所示。

Step 06　利用上述方法绘制类似图形, 如图 7-47 所示。

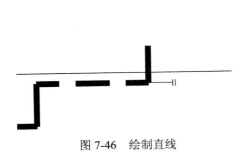

图 7-46　绘制直线

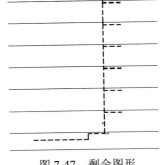

图 7-47　剩余图形

Step 07　重复步骤 1 和 2，在右侧绘制多段线并修改多段线特性，如图 7-48 所示。

Step 08　单击"默认"选项卡"修改"面板中的"复制"按钮，选取左侧图形中绘制的直线和多段线向右侧进行复制，如图 7-49 所示。

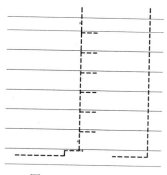

图 7-48　绘制多段线

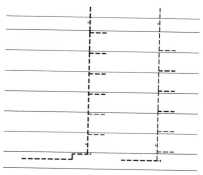

图 7-49　复制直线

Step 09　单击"默认"选项卡"绘图"面板中的"直线"按钮，在图形顶部绘制连续直线，如图 7-50 所示。

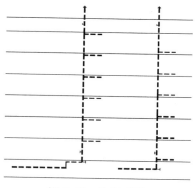

图 7-50　绘制直线

12. 标注文字和尺寸

Step 01　单击"默认"选项卡"注释"面板中的"多行文字"按钮 A，打开"文字编辑器"选项卡及"多行文字编辑器"对话框，如图 7-51 所示。设置文字高度为"200"，在文本区输入"De110"。完成文字标注，如图 7-52 所示。

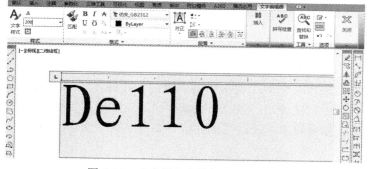

图 7-51　"多行文字编辑器"对话框

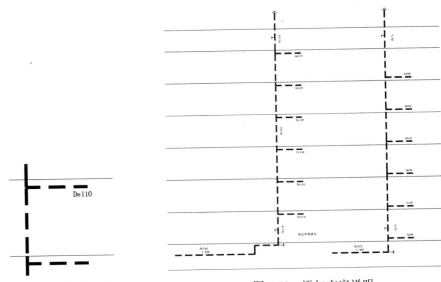

图 7-52 标注文字   图 7-53 添加文字说明

Step
02 利用上述方法标注相同文字，如图 7-53 所示。

Step
03 单击"默认"选项卡"注释"面板中的"线性"按钮 ┣┫ 和"连续"按钮 ⊞，标注排水
系统图，如图 7-54 所示。

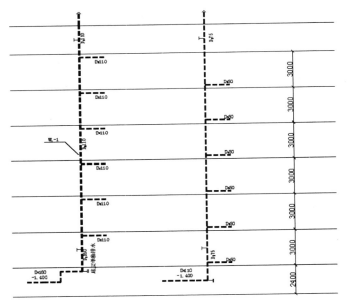

图 7-54 标注图形

Step
04 单击"默认"选项卡"修改"面板中的"复制"按钮 ⊙，选取给水系统中的标高进行
复制。双击标高上文字弹出"多行文字编辑器"对话框，如图 7-55 所示。在对话框内
输入新的文字。最终排水系统图绘制完成，如图 7-56 所示。

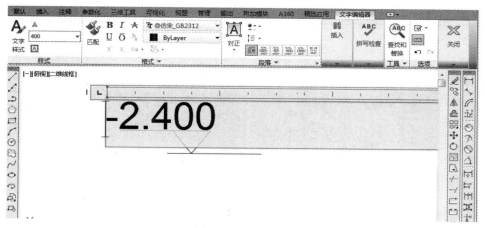

图 7-55　文字格式

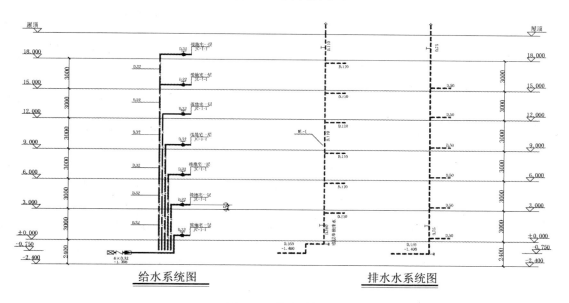

图 7-56　排水系统图

7.1.2　拓展实例——某办公楼给排水系统图

读者可以利用上面所学的相关知识完成某办公楼给排水系统图的绘制，如图 7-57 所示。

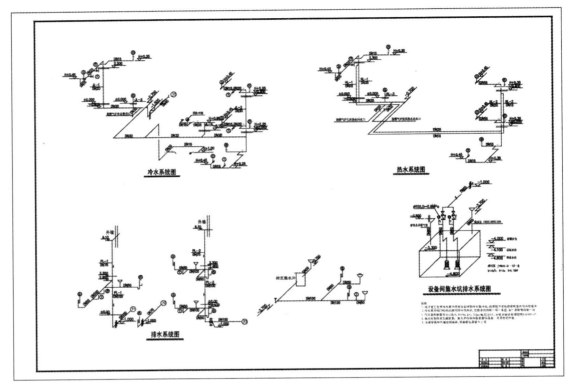

图 7-57　某办公楼给排水系统图

Step 01 单击"默认"选项卡"绘图"面板中的"直线"按钮／，绘制连续直线，如图 7-58 所示。

Step 02 单击"默认"选项卡"绘图"面板中的"直线"按钮／、"圆"按钮⊙、"矩形"按钮▱、"图案填充"按钮▨和"注释"面板中的"多行文字"按钮 A 以及"修改"面板中的"修剪"按钮∕，绘制图例并布置图例，如图 7-59 所示。

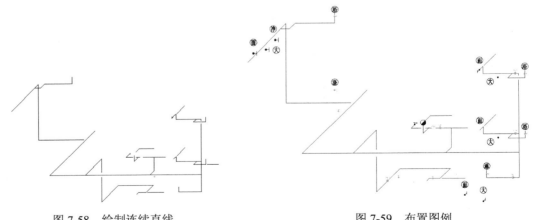

图 7-58　绘制连续直线　　　　　　　　图 7-59　布置图例

Step 03 单击"默认"选项卡"绘图"面板中的"直线"按钮／和"注释"面板中的"多行文字"按钮 A 以及"修改"面板中的"复制"按钮，为图形添加标高及文字，如图 7-60 所示。

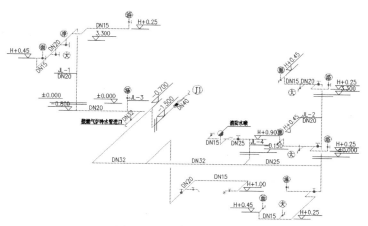

图 7-60　添加标高及文字

Step 04 单击"默认"选项卡"绘图"面板中的"直线"按钮、"多段线"按钮和"注释"面板中的"多行文字"按钮，完成冷水系统图的绘制，如图 7-61 所示。

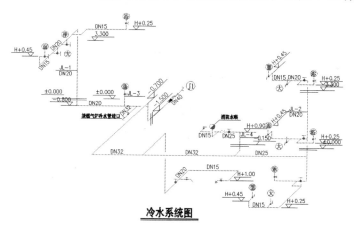

冷水系统图

图 7-61　冷水系统图

Step 05 利用冷水系统图的画法完成排水系统图的绘制，如图 7-62 所示。

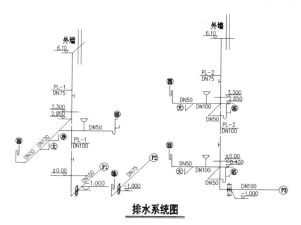

排水系统图

图 7-62　排水系统图

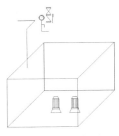

图 7-63 绘制图例

Step 06 单击"默认"选项卡"绘图"面板中的"直线"按钮/、"圆"按钮⊙和"修改"面板中的"复制"按钮℃、"偏移"按钮叠，绘制图例，如图 7-63 所示。

Step 07 单击"默认"选项卡"绘图"面板中的"直线"按钮/、"圆"按钮、"多段线"按钮↪和"注释"面板中的"多行文字"按钮 A 以及"修改"面板中的"复制"按钮℃，绘制热水系统图，如图 7-64 所示。

Step 08 单击"默认"选项卡"绘图"面板中的"插入块"按钮🔲，插入图框，如图 7-65 所示。

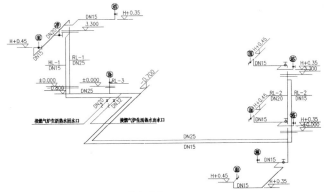

图 7-64 热水系统图

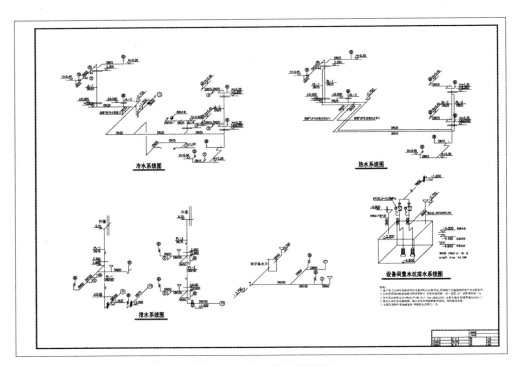

图 7-65 给水排水系统图

7.2　建筑给排水平面图设计实例——某居民楼给排水平面图

住宅楼给水排水平面图是建筑工程一个很重要的组成部分，能熟练地绘制给水排水平面图尤其关键。

下面以某居民楼给排水平面图为例为大家讲解，如图 7-66 所示。

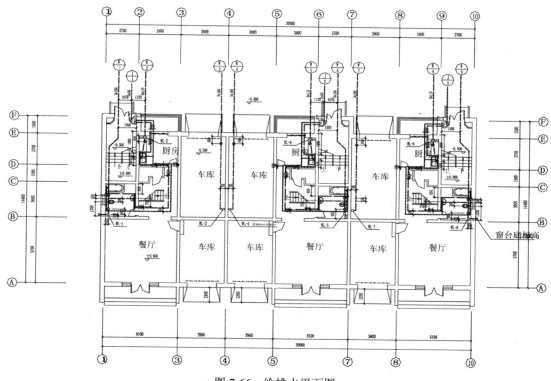

图 7-66　给排水平面图

7.2.1　操作步骤

1.　绘图准备

Step 01 选择"快速访问"工具栏中的"打开"按钮 ⬀，弹出"选择文件"对话框打开"源文件/第 7 章/平面一层"，如图 7-67 所示。

Step 02 单击"默认"选项卡"图层"面板中的"图层特性"按钮 ⬒，打开"图层特性管理器"对话框，新建图层，如图 7-68 所示。

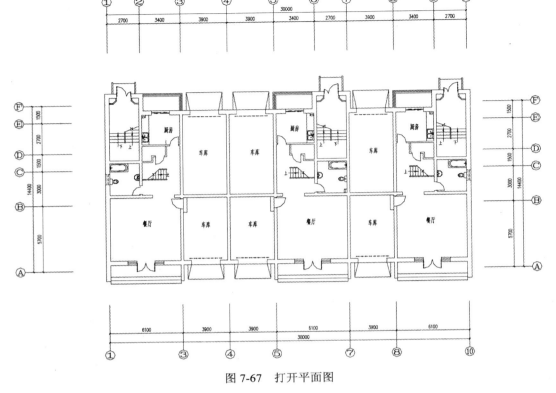

图 7-67　打开平面图

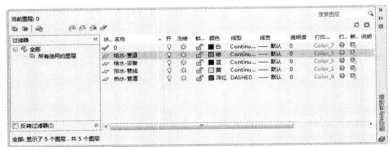

图 7-68　新建图层

2．绘制地漏

Step 01　将"给水—设备"图层设为当前图层。单击"默认"选项卡"绘图"面板中的"圆"按钮 ◎ ，绘制一个圆，半径为 195，如图 7-69 所示。

Step 02　单击"默认"选项卡"绘图"面板中的"图案填充"按钮 ，填充圆，如图 7-70 所示。

图 7-69　绘制圆

图 7-70　填充圆

"hatch" 图案填充时找不到范围怎么解决？

在用 "hatch" 图案填充时常常碰到找不到线段封闭范围的情况，尤其是 dwg 文件本身比较大的时候，此时可以采用 "layiso"（图层隔离）命令让欲填充的范围线所在的层孤立或 "冻结"，再用 "hatch" 图案填充就可以快速找到所需填充范围。

另外，填充图案的边界确定有一个边界集设置的问题（在高级栏下）。在默认情况下，hatch 通过分析图形中所有闭合的对象来定义边界。对屏幕中的所有完全可见或局部可见的对象进行分析以定义边界，在复杂的图形中可能耗费大量时间。要填充复杂图形的小区域，可以在图形中定义一个对象集，称作边界集。hatch 不会分析边界集中未包含的对象。

3. 绘制清扫口

Step 01 单击 "默认" 选项卡 "绘图" 面板中的 "圆" 按钮⊙，绘制一个圆半径为 180，如图 7-71 所示。

Step 02 单击 "默认" 选项卡 "绘图" 面板中的 "矩形" 按钮□，在圆形内绘制一个 196×181 的矩形，如图 7-72 所示。

图 7-71　绘制圆

图 7-72　绘制一个矩形

4. 绘制排水栓

Step 01 单击 "默认" 选项卡 "绘图" 面板中的 "圆" 按钮⊙，绘制半径为 160 的圆。如图 7-73 所示。

Step 02 单击 "默认" 选项卡 "绘图" 面板中的 "直线" 按钮✎，绘制十字交叉线，如图 7-74 所示。

图 7-73　绘制一个矩形

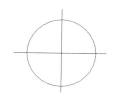

图 7-74　绘制十字交叉线

使用 "直线" 命令时，若为正交轴网，可按 "F8" 打开正交模式，根据正交方向提示，直线直接输入下一点距离即可，而不需要输入@符号。若为斜线，则单击 "捕捉" 按钮设置斜线角度。此时，图形即进入自动捕捉所需角度的状态，可大大提高制图时直线输入距离的速度。注意两者不能同时使用。

5. 绘制排水管

Step 01 将排水—管线，设为当前图层。单击"默认"选项卡"绘图"面板中的"多段线"按钮，绘制几段多段线。指定起点宽度为40，端点宽度为40，如图7-75所示。

Step 02 单击"默认"选项卡"注释"面板中的"多行文字"按钮 **A**，在多段线之间输入"**W**"字样，如图7-76所示。

图 7-75　绘制多段线　　　　　　　　　　图 7-76　输入文字

6. 绘制铜球阀

Step 01 单击"默认"选项卡"绘图"面板中的"矩形"按钮，绘制一个矩形，如图7-77所示。

Step 02 单击"默认"选项卡"绘图"面板中的"直线"按钮，在矩形内绘制交叉线，如图7-78所示。

　　　　　　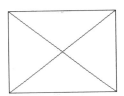

图 7-77　绘制矩形　　　　　　　　　　图 7-78　绘制交叉线

Step 03 单击"默认"选项卡"绘图"面板中的"圆"按钮，在矩形内部绘制一个矩形，如图7-79所示。

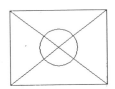

图 7-79　绘制圆

Step 04 单击"默认"选项卡"修改"面板中的"修剪"按钮，修剪图形，如图7-80所示。

Step 05 单击"默认"选项卡"绘图"面板中的"图案填充"按钮，填充圆，完成图形绘制，如图7-81所示。

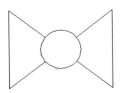　　　　　　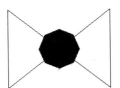

图 7-80　修剪图形　　　　　　　　　　图 7-81　填充图形

提 示

当使用"图案填充"命令时,所使用图案的比例因子均为 1,即使用原本定义时的真实样式。然而,随着界限定义的改变,比例因子应作相应的改变,否则会使填充图案过密或过疏,因此,在选择比例因子时可使用下列技巧进行操作。

- 当处理较小区域的图案时,可以减小图案的比例因子值;相反,当处理较大区域的图案填充时,则可以增加图案的比例因子值。
- 比例因子应恰当选择,选择时要视具体的图形界限的大小而定。
- 当处理较大的填充区域时,要特别小心。如果选用的图案比例因子太小,则所发生的图案就像是使用 Solid 命令所得到的填充结果一样。这是因为在单位的距离中有太多的线,不仅看起来不恰当,而且也增加了文件的长度。
- 比例因子的取值应遵循"宁大不小"。

图中其他图例请参见图 7-82 所示。

给排水图例表

名　称	图　例	名　称	图　例
台式洗面器		角　阀	
水表(DN20)		通 气 帽	
坐式大便器		立管检查口	
洗涤盆		P存水弯	
浴　缸		S存水弯	
皮带水龙头	DN15	排 水 栓	
普通截止阀		清 扫 口	
铜 球 阀		地　漏	
闸　阀		多用地漏	
给 水 管		排 水 管	
热 水 管		溢 水 管	

图 7-82　图例列表

Step 06 单击"默认"选项卡"修改"面板中的"复制"按钮，选择已有图例为复制对象,将其放置到打开的源文件中,如图 7-83 所示。

提 示

在使用复制对象时,可能误选某不该选择的图元,则需要删除该误选操作,此时可以在"选择对象"提示下输入 r (删除),并使用任意选择选项将对象从选择集中删除。如果使用"删除"选项并想重新为选择集添加该对象,请输入 a (添加)。

通过按住 SHIFT 键,并再次单击对象选择,或者按住 SHIFT 键然后单击并拖动窗口或交叉选择,也可以从当前选择集中删除对象。可以在选择集中重复添加和删除对象。该操作在图元修改编辑时是极为有用的。

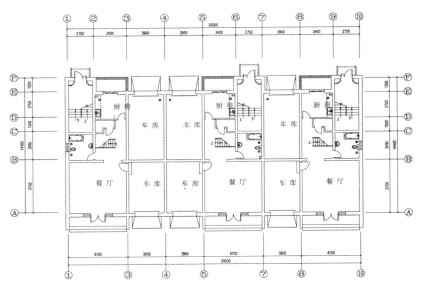

图 7-83　复制图例

绘制给水排水施工图时要参照标准，主要参照标准《GB/T 500012-2001 房屋建筑制图统一标准》《GB/T 50106-2001 给水排水制图标准》《GB/T 50114-2001 暖通空调制图标准》等标准，关于制图的图线、比例、标高、标注方法、管径编号、图例等都做了详细的说明。

7. 绘制给水管线

将"给水—管线"设置为当前图层。单击"默认"选项卡"绘图"面板中的"圆"按钮⊙，绘制立管图形，根据室内消防要求布置消防给水管线。单击"默认"选项卡"绘图"面板中的"多段线"按钮⤵，并调用所学知识完成剩余给水管线的绘制，将"热水—管线"设置为当前图层。绘制图形中的热水管线，如图 7-84 所示。

室内排水系统图的图示方法：
1.室内排水系统图仍选用正面斜等测，其图示方法与给水系统图基本一致。
2.排水系统图中的管道用粗线表示。
3.排水系统图只须绘制管路及存水弯，卫生器具及用水设备可不必画出。
4.排水横管上的坡度，因画图例小，可忽略，按水平管道画出。

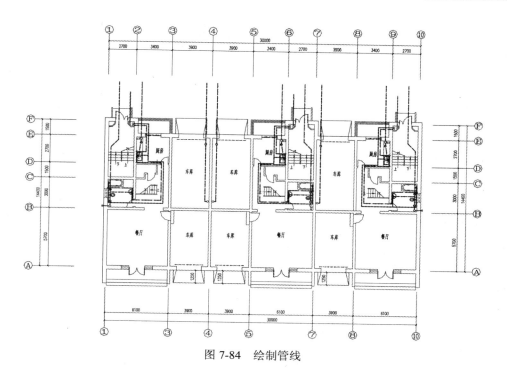

图 7-84　绘制管线

8．文字标注及相关必要的说明

将当前图层定义为标注。

建筑给水排水工程图，一般采用图形符号与文字标注符号相结合的方法，文字标注包括相关尺寸、线路的文字标注，以及相关的文字特别说明等，都应按相关标准要求，做到文字表达规范、清晰明了。

9．管径标注

给排水管道的管径尺寸以毫米（mm）为单位。

对于水煤气输送钢管（镀锌或不镀锌）、铸铁管、硬聚氯丙烯管等，用公称直径 DN 表示。

10．编号

当建筑物的的排水排出管的根数大于一根时，通常用汉语拼音的首字母和数字对管道进行编号，如图 7-85 所示。圈中横线上方的汉语拼音字线表示管道类别，横线下方的数字表示管道进出口编号。

如图 7-86 所示，对于给水立管及排水立管，指穿过一层或多层的竖向给水或排水管道，当其根数大于一根时，也应采用汉语拼音首字母及阿拉伯数字进行编号，如"JL-1"表示 1 号给水立管，"J"表示给水，"W"表示排水。

为什么有时无法修改文字的高度？

当定义文字样式时，使用的字体的高度值不为 0 时，用 DTEXT 命令输入文本时将不提示输入高度，而直接采用已定义的文字样式中的字体高度，这样输出的文本高度是不变的，包括使用该字体进行的标注样式。

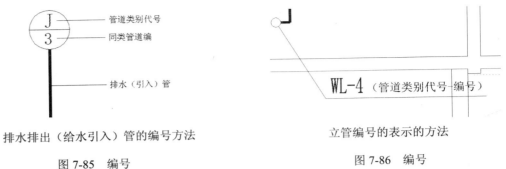

排水排出（给水引入）管的编号方法

图 7-85　编号

立管编号的表示的方法

图 7-86　编号

11．管材采用

给水管：单元进户管、楼内立管、分户给水管皆采用铝塑 PP-R 冷水管，1.0 MPa，热熔连接。

热水管：采用铝塑 PP-R 热水管，1.0 MPa，标准工作温度 82℃。敷设于垫层内的热水管不应有接头，并采用 5 mm 厚橡塑保温，其他明设部分热熔连接。

排水管：立管采用 UPVC 螺旋排水管、室内支管及埋地干管采用普通 UPVC 管，皆为白色，承插胶粘连接。

将当前图层定义为"标注"。按上述相同方法完成排水排出（给水引入）管的编号方法，如图 7-87 所示。

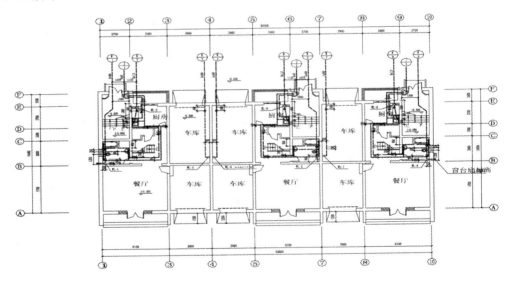

图 7-87　添加标注

提 示　当图形文件经过多次的修改，特别是插入多个图块以后，文件占用空间越来越大，这时电脑进行的速度变慢，图形处理的速度也变慢。此时，可以通过选择"文件"菜单中的"绘图实用程序"→"清除"命令，清除无用的图块、字型、图层、标注样式、复线形式等，这样图形文件也会随之变小。

12．管道试压

给水管道试压，参见《建筑给水排水及采暖工程施工质量验收规范》(GB50242-2002)，《建筑给水聚丙烯管道(PP-R)工程技术规程》(DBJ/CT5012-99)。

单击"默认"选项卡"注释"面板中的"线性"按钮，为图形添加细部标注。

单击"默认"选项卡"注释"面板中的"多行文字"按钮 **A**，为给水图形添加文字说明，如图 7-88 所示。

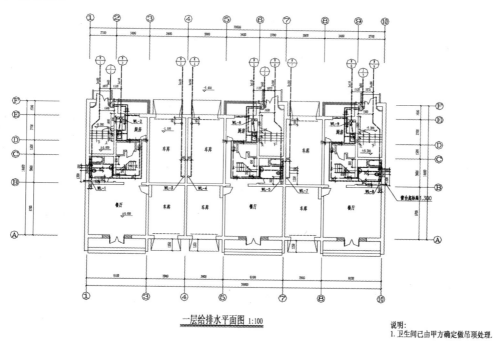

说明：
1. 卫生间已由甲方确定做吊顶处理.

图 7-88　添加文字说明

7.2.2　拓展实例——某办公楼二层给排水平面图

读者可以利用上面所学的相关知识完成某办公楼二层给排水平面图的绘制，如图 7-89 所示。

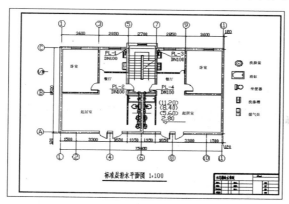

图 7-89　二层给排水平面图

Step 01 单击"快速访问"工具栏中的"打开"按钮 📂，打开已有建筑平面图，如图 7-90 所示。

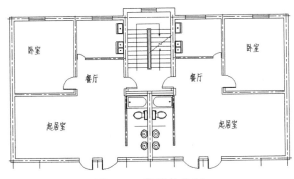

图 7-90　楼梯的绘制

Step 02 单击"默认"选项卡"绘图"面板中的"多点"按钮 ⋅、"多段线"按钮 ⤵，绘制洗脸池给水点和浴缸给水点，如图 7-91、7-92 所示。

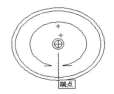

图 7-91　洗脸池给水点

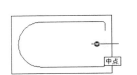

图 7-92　浴缸给水点

Step 03 单击"默认"选项卡"绘图"面板中的"多段线"按钮 ⤵，绘制管道线，如图 7-93 所示。

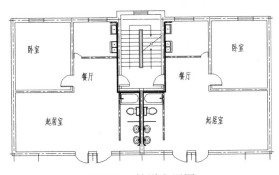

图 7-93　管道布置图

Step 04 单击"默认"选项卡"注释"面板中的"多行文字"按钮 A，为管道添加文字说明，如图 7-89 所示。

7.3　消防平面图设计实例——某办公楼消防报警平面图

本章在配电图绘制的基础上，绘制消防报警系统的平面图。消防报警系统属于弱电工程的系统，需要利用许多以前的弱电图例。本图为某单位厨房及餐厅的消防报警平面图。首先绘制建筑结构的平面图，然后绘制一些基本设施，重点介绍消防报警系统的线路和装置的布置和画法。其中将对部分专业知识进行讲解。下面以某办公楼消防报警平面图为例为大家讲解，如图 7-94 所示。

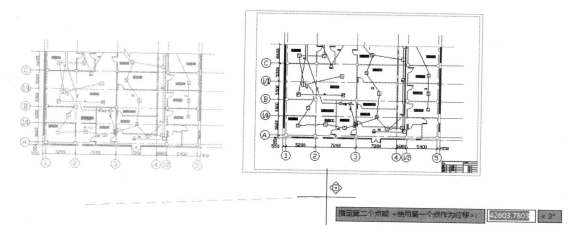

图 7-94 消防报警平面图

7.3.1 操作步骤

1. 设置绘图环境

Step 01 以无样板方式新建 CAD 文件，命名为"消防报警平面图"。利用 limits 命令将图形的界限定位在 42000 mm×29700 mm 的界限内。将图层分为轴线、墙线、门窗、室内布置、配电、消防、标注、图签等 8 个图层，并按照图 7-95 所示进行设置。

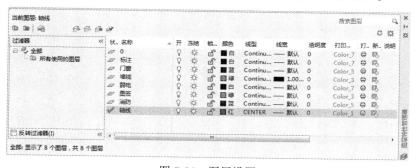

图 7-95 图层设置

Step 02 按照上一节的方法进行绘制，水平轴线分别为 1、2/1、2、1/2、3，竖直轴线为 A、B、C、D、E、G。间距如图 7-96 所示。然后插入轴线标号，如图 7-97 所示。轴线圆半径 800 mm，文字高度设置为 800。

提 示 当绘制轴线编号时，有些编号如 1/B、1/2 等，用高度 800 的文字，会出现文字宽度太大而不能放入圆内的情况，如图 7-98 所示。这时可以在输入文字后双击文字，在"文字编辑器"中，将"宽度比例"设置为 0.5，如图 7-99 所示。

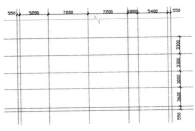

图 7-96　轴线布置

图 7-97　轴线标号

图 7-98　宽度过大的文字

图 7-99　文字编辑器

Step 03 采用上述方法，陆续完成对其余轴号的修改，结果如图 7-100 所示。

Step 04 选择所有轴线，单击鼠标右键打开"特性"对话框，然后将线型比例设置为100。改变之后，轴线呈点画线的形态，如图 7-101 所示。

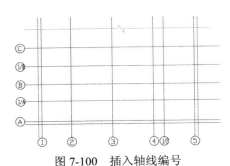

图 7-100　插入轴线编号

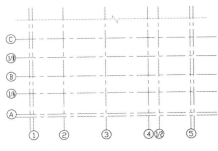

图 7-101　轴线绘制

2．绘制墙线

Step 01 将当前图层设置为墙线图层，墙线的绘制和前面相同，利用多线的命令，改变墙体宽度，进行绘制。注意墙线与轴线的对应关系。

Step 02 选取"菜单"→"格式"→"多线样式"命令，打开"多线样式"对话框，单击"新建"按钮，弹出"创建新的多线样式"对话框，如图 7-102 所示。在"名称"框中输入"wq"，单击"继续"按钮，打开"新建多线样式：WQ"对话框，将多线偏移量设置为150和-150，如图 7-103 所示，单击"确定"按钮。

图 7-102　编辑多线名称

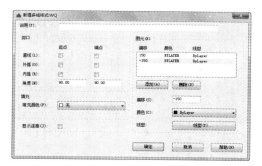

图 7-103　编辑多线偏移量

单击"保存"按钮，将多线样式"wq"保存，单击"添加"按钮，将"wq"多线添加到当前下拉菜单中，单击"确定"按钮，如图 7-104 所示。

利用"多线"命令绘制墙线，如图 7-105 所示，注意多线样式的选取。

图 7-104　添加外墙线形

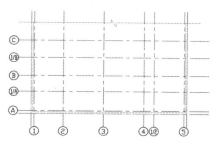

图 7-105　绘制外墙

Step 04 用同样的方法，绘制内墙，将内墙的多线偏移量设置为 60 和-60，内墙绘制完成后，如图 7-106 所示。

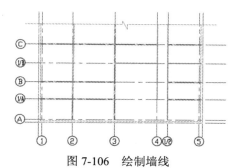

图 7-106　绘制墙线

3．插入柱子

柱子截面大小为 500 mm×500 mm。插入后对墙线进行修建和延伸操作，完成后如图 7-107 所示。

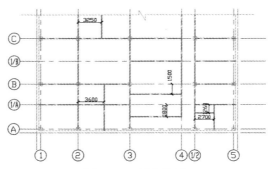

图 7-107　插入柱子

内墙和外墙的交接处以及内墙和内墙的交接处可以通过选取"菜单"→"修改"→"对象"→"多线…"来进行修改，也可以通过将多线利用"分解"命令打散，并用"修剪"命令进行修改，前一种方法比较简便。

4．插入门窗

门分为 3 种，单扇门为 900 mm 宽和 1000 mm 宽，大门为 1600 mm 宽，如图 7-108 所示。

图 7-108　绘制门模块

将门插入后，如图 7-109 所示。

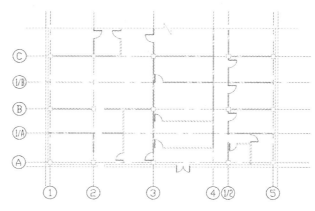

图 7-109　插入门

5．绘制走线

窗户和外墙走线的画法同配电图，利用"多线"命令进行绘制。这时可以设定 5 根墙线，偏移量分别设置为 150、60、0 和-60、-150，绘制时将起始位置设置在中间，如图 7-110 所示。

绘制完走线后，结构平面图绘制完成，如图 7-111 所示，然后来添加消防报警系统。

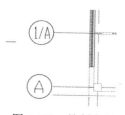

图 7-110　绘制走线

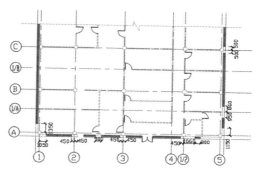

图 7-111　结构平面图

6．绘制弱电符号

本例中，需要用到弱电报警系统的一些图例，由于图例库中未包含这些符号，需要自己绘制。需要的符号如图 7-112 所示。绘制完成后可以将这些符号添加到"弱电布置图例"中，以备以后的绘图中使用。

Step 01 将文件的当前图层转换为消防层，然后绘制"电力配电箱"的图例，如图 7-113 所示，单击"默认"选项卡"绘图"面板中的"矩形"按钮□，绘制一个 500 mm×1000 mm 的矩形，单击"默认"选项卡"绘图"面板中的"直线"按钮／，绘制其中心线。单击"默认"选项卡"绘图"面板中的"图案填充"按钮▥，选择"solid"图案，将右半个矩形填充。

图 7-112　消防报警系统图例　　　　　　　　　　图 7-113　绘制电力配电箱

Step 02 绘制"感烟探测器"和"气体探测器"，单击"默认"选项卡"绘图"面板中的"矩形"按钮□，在图中绘制一个 600 mm×600 mm 的矩形，继续单击"默认"选项卡"绘图"面板中的"直线"按钮／，在矩形中部绘制一个电符号，如图 7-114 所示。再单击"默认"选项卡"绘图"面板中的"矩形"按钮□，绘制一同样的矩形，继续单击"默认"选项卡"绘图"面板中的"直线"按钮／，在矩形中心绘制 3 条直线，单击"默认"选项卡"绘图"面板中的"圆"按钮◎，在直线的交点处绘制一小直径的圆，单击"默认"选项卡"绘图"面板中的"图案填充"按钮▥，选择"hatch"图案进行填充，如图 7-115 所示。

图 7-114　感烟探测器

图 7-115　气体探测器

Step
03
利用上述同样的方法，绘制"手动报警按钮＋消防电话插孔""感温探测器""消火栓按钮"和"扬声器"的图例，如图 7-116～图 7-119 所示。

图 7-116　手动报警按钮＋消防电话插孔

图 7-117　感温探测器

图 7-118　消火栓按钮

图 7-119　扬声器

Step
04
绘制防火阀，单击"默认"选项卡"绘图"面板中的"圆"按钮⊙，在图中画一个半径为 300 mm 的圆，单击"默认"选项卡"绘图"面板中的"直线"按钮，利用捕捉工具栏和旋转功能，通过圆心画一条 45°的斜线，单击"默认"选项卡"注释"面板中的"多行文字"按钮 A ，在圆的右下角输入 70℃的文字，如图 7-120 所示。

Step
05
绘制好各个符号后，将它们利用"写块"命令保存为模块，然后将绘制的模块补充到"弱电布置图例"模块库中，以便以后绘图的时候调用。

图 7-120　防火阀的绘制

7．插入模块

Step
01
切换到"餐厅消防报警平面图"文件中，将各个模块插入到"消防报警系统平面图"中。注意位置的摆放，如图 7-121 所示。

Step
02
将当前图层改为弱电层，单击"默认"选项卡"绘图"面板中的"直线"按钮 绘制电路，注意在线路的交叉处要断开一条线，利用"默认"选项卡"修改"面板中的"打断"按钮 进行绘制，断点如图 7-122 所示。

图 7-121　插入模块图

图 7-122　线路交点

线路输入完成后，如图 7-123 所示。

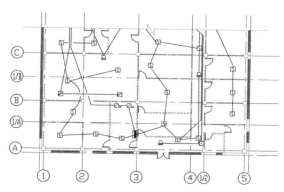

图 7-123　插入线路

Step 03　将标注层设置为当前层，单击"默认"选项卡"注释"面板中的"多行文字"按钮 A，在线路旁边注明线路的名称和编号，分别为"FS""FG""FH"几种。标注编号时主要在线路上画一条倾斜的小短线，如图 7-124 所示。

图 7-124　插入文字编号

Step 04　插入编号后，消防报警图例基本插入完成，如图 7-125 所示。注意这里只是平面图的局部，具体绘制过程应按照设计方案绘制。

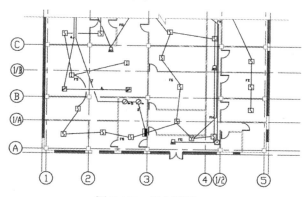

图 7-125　绘制线路

8．尺寸标注及文字说明

单击"默认"选项卡"注释"面板中的"多行文字"按钮 A，进行文字标注，然后利用连续标注功能进行尺寸标注。标注样式设置为：文字高度 500，从尺寸线偏移 100，箭头样式为"建筑标记"，箭头大小为 300，起点偏移量设置为 500，标注后平面图如图 7-126 所示。

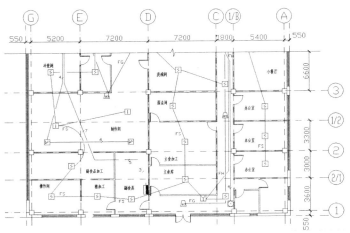

图 7-126　尺寸标注

9．生成图签

Step 01 将图层转换到"图签"层，单击"默认"选项卡"绘图"面板中的"矩形"按钮 口，绘制 A3 图纸的图幅和图框，大小为 42000 mm×29700 mm 和 39500 mm×28700 mm，如图 7-127 所示。

Step 02 打开设计中心，插入标题栏模块，如图 7-128 所示。

图 7-127　绘制图框

图 7-128　插入标题栏

Step 03 选取所有图形，单击"默认"选项卡"修改"面板中的"移动"按钮 ✥，将所绘制的所有图形移动到图框中，如图 7-129 所示。

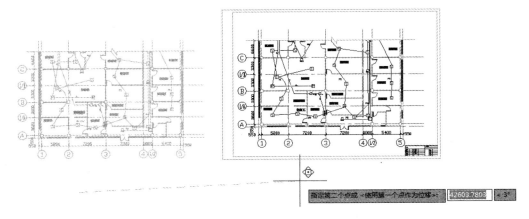

图 7-129　移动图形

注意图形位置要居中。填写标题栏，完成绘图。最终完成的图形如图 7-94 所示。

7.3.2　拓展实例——某办公楼消防平面图

读者可以利用上面所学的相关知识完成某办公楼消防平面图的绘制，如图 7-130 所示。

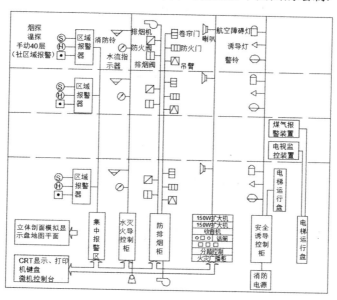

图 7-130　某办公楼消防平面图

Step 01 单击"默认"选项卡"绘图"面板中的"直线"按钮 ∕、"圆弧"按钮 ⌒、"矩形"按钮 ▢ 等，绘制轮廓线，如图 7-131 所示。

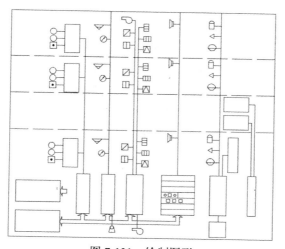

图 7-131　绘制图形

Step 02 单击"默认"选项卡"注释"面板中的"多行文字"按钮 A，在上步绘制图形内添加文字，完成某办公楼消防平面图的绘制。

7.4 建筑采暖系统图设计实例——某居民楼采暖系统图

采暖系统轴测图，可以清晰地表示室内采暖管网和各设备之间连接关系及空间位置关系等情况。本节主要讲述某居民楼采暖系统图的绘制，如图 7-132 所示。

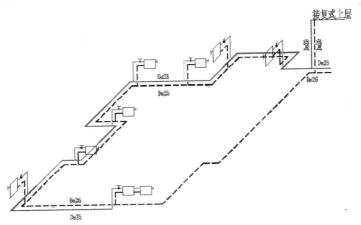

图 7-132 采暖系统图

7.4.1 操作步骤

1. 绘制采暖管线

新建"采暖—供水"图层并将其设置为当前层，在该图层上绘制供水管线。

建筑外墙及地坪线的绘制，只需绘制其轮廓，采用线型为"细实线"，线宽为 0.25b，外墙的相关尺寸（如标高等）可由平面图确定。

线段的绘制可单击"默认"选项卡"绘图"面板中的"直线"按钮 或"多段线"按钮。绘制时注意系统图中管线的长度与平面图中的管线长度的对应关系，也可根据需要首先绘制一些辅助线进行定位找点，绘制完成后将其删除即可，如图 7-133 所示。

在绘制正面斜等测轴测图时，其倾斜角为 45°。使用 AutoCAD 制图时，可单击状态栏的"极轴追踪"按钮，进行 45°角追踪捕捉（绘图界面中将出现 45°的虚线捕捉）。

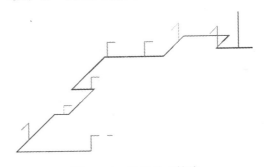

图 7-133 绘制供水管线

使用"特性匹配"（matchprop）功能，可以将一个对象的某些或所有特性复制到其他图像，其菜单执行路径为：修改→特性匹配。

可以复制的特性类型包括（但不仅限于）：颜色、图层、线型、线型比例、线宽、打印样式和三维厚度。

2. 绘制回水管线

单击"默认"选项卡"绘图"面板中的"直线"按钮✏️或"多段线"按钮⤴️，绘制回水管线。但考虑本采暖系统的设计情况，可单击"默认"选项卡"修改"面板中的"偏移"按钮🖫，偏移供水管线，在修改偏移得到的供水管线的图层设置或线型等，来完成样式的修改。绘制完成后的图如图 7-134 所示。

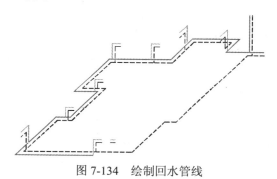

图 7-134 绘制回水管线

3. 布置设备

Step 01 AutoCAD 设计中心提供了管道常用的块，选中某个块可以进行调用，如图 7-135 所示。

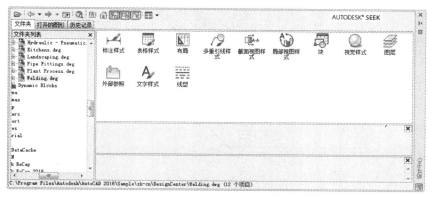

图 7-135 调用图块

Step 02 可以根据需要创建一些图块，也可以选择设计中心的相关图块，单击"默认"选项卡"修改"面板中的"复制"按钮🕴️，或单击"默认"选项卡"块"面板中的"插入"按钮🗗将相应的设备与管线相连接，如图 7-136 所示。

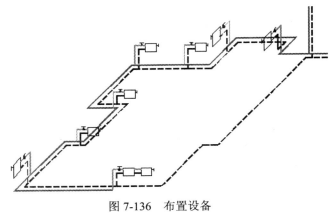

图 7-136　布置设备

　提　示

绘图时，可以使用新的对象捕捉修饰符号来查找任意两点之间的中点。例如，在绘制直线时，可以按住 Shift 键并单击鼠标右键来显示"对象捕捉"快捷菜单，单击"两点之间的中点"之后，请在图形中指定两点。该直线将以这两点之间为起点。

4．管道标注

Step 01　当前图层为"标注"。主要是管径的标注，管径的标注方法为单击"默认"选项卡"注释"面板中的"多行文字"按钮 **A**，标注相同标注，单击"默认"选项卡"修改"面板中的"复制"按钮，选择复制的文字内容，将其双击进行编辑修改。相关标注如图 7-137 所示。

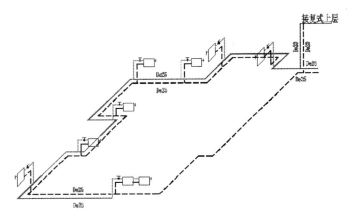

图 7-137　A 户型采暖系统图

Step 02　本例还涉及到其他户型的采暖系统图，绘制方法基本相同，在这里我们不再详细阐述，请参见图 7-138、图 7-139。

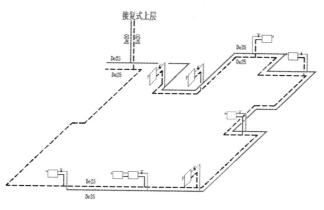

图 7-138　B 户型采暖系统图

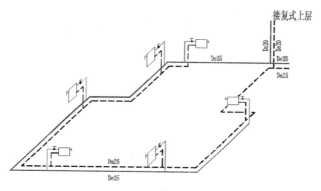

图 7-139　C 户型采暖系统图

7.4.2　拓展实例——某办公楼采暖系统图

读者可以利用上面所学的相关知识完成某办公楼采暖系统图，如图 7-140 所示。

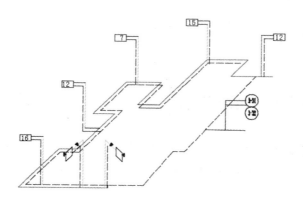

图 7-140　办公楼采暖系统图

Step 01 单击"默认"选项卡"绘图"面板中的"直线"按钮，绘制外轮廓，如图 7-141 所示。

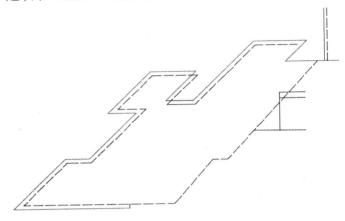

图 7-141 绘制线段

Step 02 单击"默认"选项卡"绘图"面板中的"直线"按钮、"矩形"按钮□、"圆"按钮⊘和"修改"面板中的"复制"按钮、"移动"按钮，绘制放置图形，如图 7-142 所示。

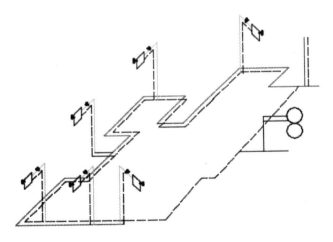

图 7-142 绘制图形

Step 03 单击"默认"选项卡"注释"面板中的"多行文字"按钮A，在图形内添加文字，如图 7-140 所示。

7.5 建筑采暖平面图设计实例——某居民楼采暖平面图

采暖工程是指冬季为创造适宜人们生活和生产的温度环境，保持各类生产设备的正常运转，保证产品质量从而保持室温要求的工程。下面以某居民楼采暖平面图为例为大家讲解，如图 7-143 所示。

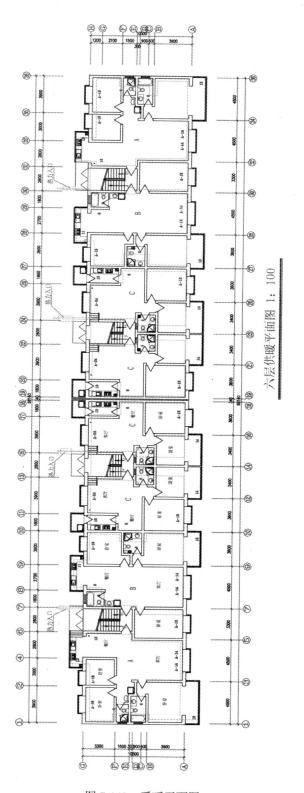

六层供暖平面图 1：100

图 7-143　采暖平面图

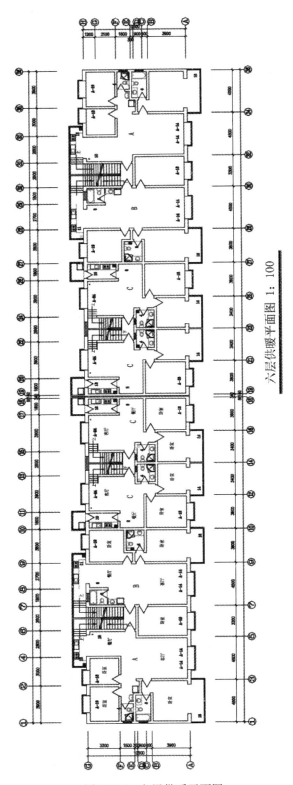

图 7-144　六层供暖平面图

7.5.1 操作步骤

1．绘图准备

选择菜单中的"文件"→"打开"命令，打开"源文件/平面/六层供暖平面图"，如图 7-144 所示。

提 示 空格键的灵活运用：默认情况下敲击空格键表示重复 AutoCAD 的上一个命令，故用户在连续采用同一个命令操作时，只需连续敲击空格键即可，而无须费时费力地连续点击同一命令。

2．绘制截止阀

Step 01 单击"默认"选项卡"绘图"面板中的"矩形"按钮 ▢，绘制一个矩形，如图 7-145 所示。

Step 02 单击"默认"选项卡"绘图"面板中的"直线"按钮 ✎，在矩形内绘制对角线，如图 7-146 所示。

图 7-145　绘制矩形

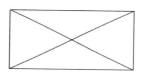

图 7-146　绘制对角线

提 示 对于非正交 90° 轴线，可以使用"旋转" ↺ 命令将正交直线按角度旋转，调整为弧形斜交轴网，也可使用"构造线" ✎ 命令绘制定向斜线。

Step 03 单击"默认"选项卡"修改"面板中的"修剪"按钮 ⊬，对图形进行修剪，如图 7-147 所示。

图 7-147　修剪图形

提 示 在使用修剪命令的时候，通常在选择修剪对象的时候，是逐个单击选择的，有时显得效率不高，要更快实现修剪的过程，可以这样操作：执行修剪命令"TR"或"TRIM"，命令行提示"选择修剪对象"时，不选择对象，继续回车或单击空格键，系统默认选择全部对象！这种方法效率更高，没用过的读者不妨一试。

3.绘制闸阀及锁闭阀

闸阀和锁闭阀的绘制方法与截止阀的绘制方法基本相同，这里不再阐述，如图 7-148 所示。

4.绘制散热器

Step 01 单击"默认"选项卡"绘图"面板中的"矩形"按钮□，绘制一个矩形。单击"默认"选项卡"绘图"面板中的"直线"按钮/，绘制一段水平直线和垂直直线，如图 7-149 所示。

Step 02 单击"默认"选项卡"注释"面板中的"多行文字"按钮 **A**，在图形上方标注文字，如图 7-150 所示。

提示

特性匹配功能：

使用"特性匹配"（matchprop）功能，可以将一个对象的某些或所有特性复制到其他对象。其菜单执行路径为：修改→特性匹配。

可以复制的特性类型包括（但不仅限于）：颜色、图层、线型、线型比例、线宽、打印样式和三维厚度。

闸阀

锁闭阀

图 7-148　绘制阀

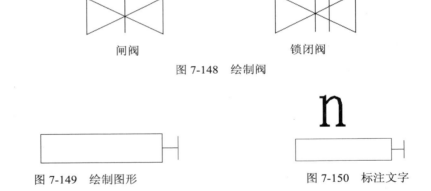

图 7-149　绘制图形

图 7-150　标注文字

5.绘制自动排气阀

Step 01 单击"默认"选项卡"绘图"面板中的"矩形"按钮□，绘制一个矩形，单击"默认"选项卡"绘图"面板中的"圆"按钮◎，选取矩形中心绘制一个圆，如图 7-151 所示。

Step 02 单击"默认"选项卡"修改"面板中的"分解"按钮〇，分解图形。单击"默认"选项卡"修改"面板中的"修剪"按钮/--，对图形进行修剪，如图 7-152 所示。

Step 03 单击"默认"选项卡"绘图"面板中的"直线"按钮/，绘制两端竖直直线，如图 7-153 所示。

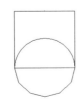

图 7-151　绘制圆　　　　　图 7-152　修剪图形　　　　　图 7-153　绘制直线

6．绘制过滤器

Step 01 单击"默认"选项卡"绘图"面板中的"矩形"按钮 ▭，绘制一个矩形，如图 7-154 所示。

Step 02 单击"默认"选项卡"绘图"面板中的"直线"按钮 ✎，绘制直线，如图 7-155 所示。

图 7-154　绘制矩形

图 7-155　绘制连续直线

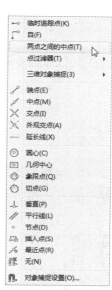

提 示　绘图时，可以使用新的对象捕捉修饰符来查找任意两点之间的中点。例如，在绘制直线时，可以按住 SHIFT 键并单击鼠标右键来显示"对象捕捉"快捷菜单，如图 7-156 所示。单击"两点之间的中点"之后，请在图形中指定两点。该直线将以这两点之间的中点为起点。

Step 03 单击"默认"选项卡"修改"面板中的"分解"按钮 ⬚，分解矩形。单击"默认"选项卡"修改"面板中的"修剪"按钮 ⊁，修剪图形，如图 7-157 所示。

图 7-156　捕捉中点

7．绘制热表

Step 01 单击"默认"选项卡"绘图"面板中的"矩形"按钮 ▭，绘制一个矩形。单击"默认"选项卡"绘图"面板中的"直线"按钮 ✎，在矩形内绘制一段斜向直线，如图 7-158 所示。

Step 02 单击"默认"选项卡"绘图"面板中的"图案填充"按钮 ▦，填充矩形，如图 7-159 所示。

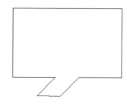

图 7-157　修剪图形

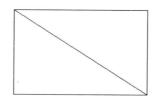

图 7-158　绘制直线

图 7-159　填充矩形

提 示

AutoCAD 中鼠标各键的功能:
左键: 选择功能键(选象素、选点、选功能)
右键: 绘图区——快捷菜单或[ENTER]功能
1. 变量 SHORTCUTMENU 等于 0——[ENTER]
2. 变量 SHORTCUTMENU 大于 0——快捷菜单
3. 环境选项——快捷菜单开关设定
中间滚轮:
1. 旋转轮子向前或向后,实时缩放、拉近、拉远
2. 压轮子不放并拖曳 实时平移
3. 双击 ZOOM 缩放

8. 绘制散热器恒温控制阀

Step 01 单击"默认"选项卡"绘图"面板中的"直线"按钮✐,绘制一段水平直线,一段竖直直线,如图 7-160 所示。

Step 02 单击"默认"选项卡"绘图"面板中的"圆"按钮⊙,绘制一个圆,如图 7-161 所示。

Step 03 单击"默认"选项卡"绘图"面板中的"图案填充"按钮▤,将圆填充,如图 7-162 所示。

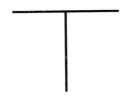
图 7-160　绘制直线

图 7-161　绘制一个圆

图 7-162　填充圆

9. 绘制压力表

Step 01 单击"默认"选项卡"绘图"面板中的"圆"按钮⊙,绘制一个圆,如图 7-163 所示。

Step 02 单击"默认"选项卡"绘图"面板中的"直线"按钮✐,绘制几段直线,如图 7-164 所示。

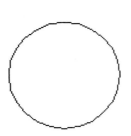
图 7-163　绘制圆

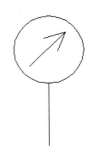
图 7-164　绘制直线

10．绘制温度计

Step 01　单击"默认"选项卡"绘图"面板中的"矩形"按钮囗，绘制一个矩形，如图 7-165 所示。

Step 02　单击"默认"选项卡"绘图"面板中的"直线"按钮╱，绘制一段直线，如图 7-166 所示。

图 7-165　绘制矩形

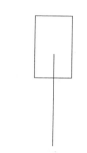

图 7-166　绘制直线

11．绘制热水给水管线

单击"默认"选项卡"修改"面板中的"复制"按钮，将绘制好的图例，按供暖工程设计布置的需要一一对应复制到相应位置，注意复制时选择合适的"基点"。当供暖图例为对称时，还可以单击"默认"选项卡"修改"面板中的"镜像"按钮，镜像图形，提高制图效率，布置如图 7-167 所示。

提　示　可以将各种基本建筑单元制作成图块，然后插入当前图形，这样可以提高绘图效率，同时加强绘图的规范性和准确性。

绘制管线线路前应注意其安装走向及方式，一般可顺时针绘制，立管（或入口）作为起始点。绘制热水给水管用粗实线，采用单线表示法。管线连接各采暖设备，表达其连接关系。

工程中采用不同供回水干管的设计，直接采用立管将散热器连接。

热水回水管线为粗实线。管线的绘制命令仍然同前述，一般采用直线或多段线命令，绘制时需要捕捉端点，同时适当绘制一些辅助线。

管材明装部分采用热镀锌钢管，连接方式采用丝扣连接，如图 7-168 所示。

12．文字标注及相关必要的说明

单击"默认"选项卡"注释"面板中的"多行文字"按钮A，为图形添加文字说明，如图 7-144 所示。

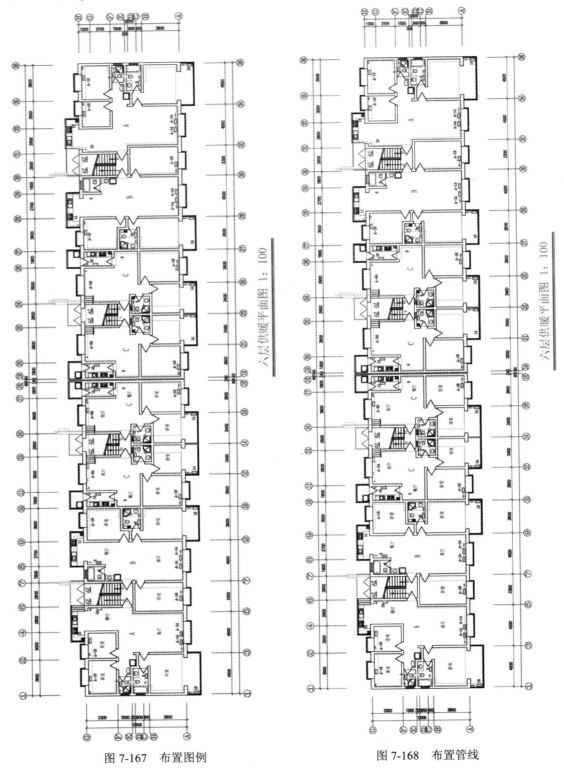

图 7-167　布置图例　　　　　　　　图 7-168　布置管线

7.5.2　拓展实例——某办公楼采暖平面图

读者可以利用上面所学的相关知识完成某办公楼采暖平面图的绘制，如图 7-169 所示。

Step 01　打开已有源文件，如图 7-170 所示。

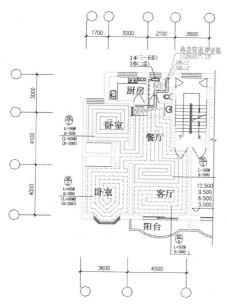

图 7-169　办公楼采暖平面图

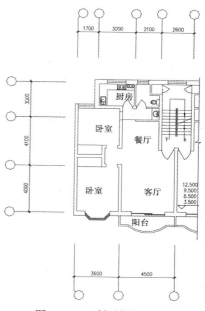

图 7-170　暖气铺设平面图

Step 02　单击"默认"选项卡"绘图"面板中的"多段线"按钮，绘制热表管道井，如图 7-171 所示。

Step 03　单击"默认"选项卡"注释"面板中的"多行文字"按钮 A，为图形添加文字说明，如图 7-172 所示。

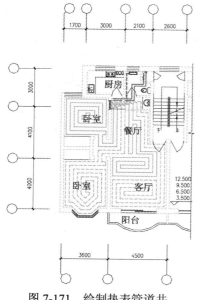

图 7-171　绘制热表管道井

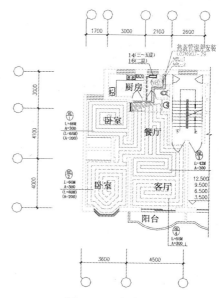

图 7-172　添加文字说明

第 8 章

建筑结构设计综合实例——
别墅建筑结构设计

知识导引

本章结合别墅的实际工程实例讲解建筑结构 AutoCAD 绘图的过程。其中，讲述了工程的深入设计，分别讲解了柱设计、梁设计、剪力墙设计、预应力梁设计以及板的设计过程，并绘制了相应的结构施工图。

通过本章的学习，读者可以了解结构设计的过程以及需要注意的问题，同时能够对 AutoCAD 的操作方法有深入的理解。

内容要点

- 别墅基础平面布置图
- 某别墅大样详图
- 别墅框架柱布置图
- 别墅二层梁配筋图
- 别墅二层板配筋图

8.1   建筑结构初步设计实例——某别墅基础平面布置图

基础平面图与上面所讲述的地下室顶板结构平面图类似，其中的基础平面布置图与其他层的平面布置图类似，不再赘述。下面以某别墅基础平面图布置图为例为大家讲解基础平面图中相对独特的建筑结构，比如自然地坪以下防水做法、集水坑结构做法以及各种构造柱剖面图等的绘制，如图 8-1 所示。

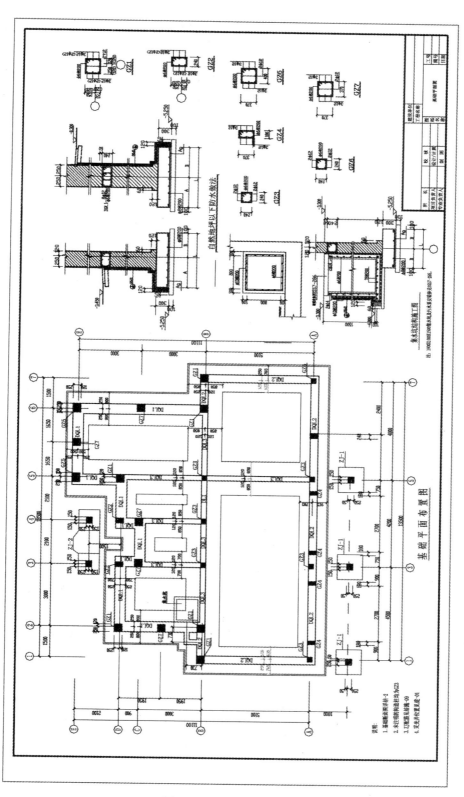

图 8-1 基础平面布置图

8.1.1 操作步骤

1. 自然地坪以下防水做法

Step 01 单击"默认"选项卡"绘图"面板中的"多段线"按钮 ⤵，指定起点宽度和端点宽度，在图形空白位置绘制连续多段线，如图 8-2 所示。

Step 02 单击"默认"选项卡"修改"面板中的"镜像"按钮 ⚠，选择上步绘制的多段线为镜像对象对其进行镜像处理，如图 8-3 所示。

图 8-2　绘制多段线　　　　　　图 8-3　镜像对象

Step 03 单击"默认"选项卡"绘图"面板中的"多段线"按钮 ⤵，指定起点宽度和端点宽度，在上步绘制多段线底部绘制连续多段线，如图 8-4 所示。

Step 04 单击"默认"选项卡"绘图"面板中的"直线"按钮 ╱，在图形适当位置绘制多条水平直线，如图 8-5 所示。

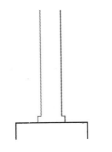 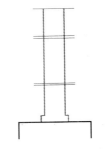

图 8-4　绘制多段线　　　　　　图 8-5　绘制水平直线

Step 05 单击"默认"选项卡"绘图"面板中的"矩形"按钮 ▭，在上步图形下部位置绘制一个适当大小的矩形，如图 8-6 所示。

Step 06 单击"默认"选项卡"修改"面板中的"修剪"按钮 ⊬，对上步绘制图形进行修剪处理，如图 8-7 所示。

Step 07 单击"默认"选项卡"绘图"面板中的"直线"按钮 ╱，在上步图形顶部位置绘制连续直线，如图 8-8 所示。

Step 08 单击"默认"选项卡"修改"面板中的"修剪"按钮 ⊬，以上步绘制的连续直线为修剪对象，对其进行修剪处理，如图 8-9 所示。

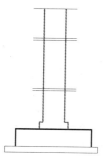

图 8-6　绘制矩形

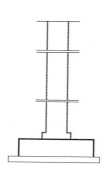

图 8-7　修剪图形

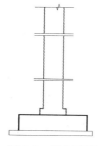

图 8-8　绘制直线

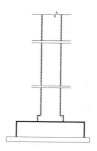

图 8-9　修剪对象

Step 09 利用上述方法完成剩余相同图形的绘制，如图 8-10 所示。

Step 10 单击"默认"选项卡"绘图"面板中的"直线"按钮 ✏，在上步图形左侧绘制连续直线，如图 8-11 所示。

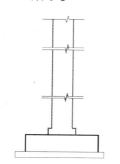

图 8-10　绘制相同图形

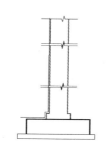

图 8-11　绘制连续直线

Step 11 单击"默认"选项卡"修改"面板中的"偏移"按钮 ⚅，选择上步绘制的连续直线为偏移对象，向外侧进行偏移，如图 8-12 所示。

Step 12 单击"默认"选项卡"绘图"面板中的"直线"按钮 ✏，在图形适当位置绘制一条竖直直线，如图 8-13 所示。

Step 13 单击"默认"选项卡"绘图"面板中的"多段线"按钮 ⟲，指定起点宽度为 30，端点宽度为 30，在图形适当位置绘制连续多段线，如图 8-14 所示。

Step 14 单击"默认"选项卡"修改"面板中的"修剪"按钮 ⚹，对上步线段进行修剪处理，如图 8-15 所示。

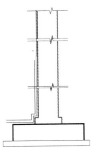

图 8-12　偏移直线

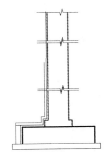

图 8-13　绘制竖直直线

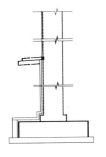

图 8-14　绘制连续多段线

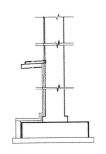

图 8-15　修剪对象

Step 15 单击"默认"选项卡"绘图"面板中的"直线"按钮 ，在上步图形内绘制水平直线，如图 8-16 所示。

Step 16 利用前面讲述的方法完成内部图形的绘制，如图 8-17 所示。

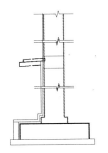

图 8-16　绘制水平直线

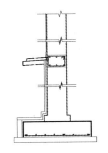

图 8-17　绘制图形

Step 17 结合前面所学知识完成图形中图案的填充，完成基本图形的绘制，如图 8-18 所示。

Step 18 单击"默认"选项卡"注释"面板中的"线性"按钮 和"连续"按钮 ，为图形添加标注，如图 8-19 所示。

Step 19 单击"默认"选项卡"绘图"面板中的"直线"按钮 和"多行文字"按钮 A ，为图形添加标高，如图 8-20 所示。

Step 20 单击"默认"选项卡"绘图"面板中的"直线"按钮 ，在图形适当位置绘制一条水平直线，如图 8-21 所示。

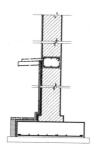

图 8-18　填充图形

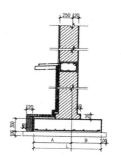

图 8-19　连续标注

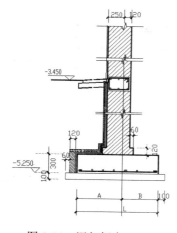

图 8-20　添加标高

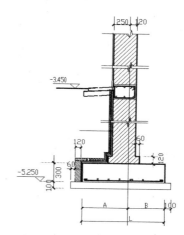

图 8-21　绘制水平直线

Step 21　单击"默认"选项卡"绘图"面板中的"圆"按钮⊙，在上步绘制的水平直线上选取一点为圆心绘制一个适当半径的圆，如图 8-22 所示。

Step 22　单击"默认"选项卡"注释"面板中的"多行文字"按钮 A，为图形添加文字说明，如图 8-23 所示。

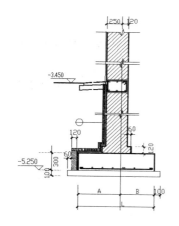

图 8-22　绘制圆

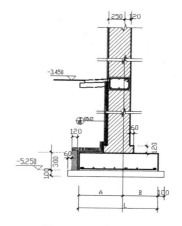

图 8-23　添加文字

Step 23　单击"默认"选项卡"绘图"面板中的"直线"按钮╱和"多行文字"按钮 A，为图形

添加剩余文字，如图 8-24 所示。

Step 24 利用上述方法完成剩余自然地坪以下防水做法，如图 8-25 所示。

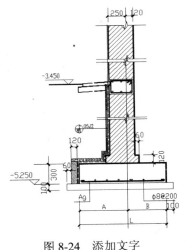

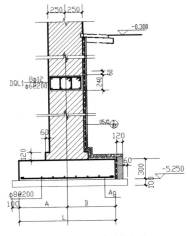

图 8-24　添加文字　　　　　　　　　图 8-25　绘制图形

2．绘制集水坑结构施工图

Step 01 单击"默认"选项卡"绘图"面板中的"多段线"按钮 ⤴，指定起点宽度和端点宽度，在图形适当位置绘制连续多段线，如图 8-26 所示。

Step 02 单击"默认"选项卡"绘图"面板中的"多段线"按钮 ⤴，指定起点宽度和端点宽度，在上步多段线下端绘制连续多段线，如图 8-27 所示。

图 8-26　绘制连续多段线　　　　　　　图 8-27　绘制连续多段线

Step 03 单击"默认"选项卡"绘图"面板中的"直线"按钮 ✏，封闭上步绘制的多段线，如图 8-28 所示。

Step 04 单击"默认"选项卡"绘图"面板中的"直线"按钮 ✏，在上步绘制的直线上绘制连续直线，如图 8-29 所示。

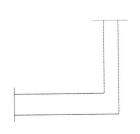

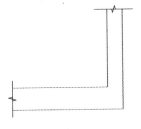

图 8-28　绘制直线　　　　　　　　　图 8-29　绘制连续直线

Step 05 单击"默认"选项卡"修改"面板中的"修剪"按钮✂，对上步绘制的连续线段进行修剪，如图 8-30 所示。

Step 06 单击"默认"选项卡"绘图"面板中的"直线"按钮╱，在上步图形适当位置绘制连续直线，如图 8-31 所示。

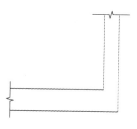
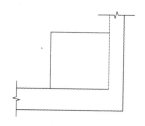

图 8-30　修改线段　　　　　图 8-31　绘制直线

Step 07 单击"默认"选项卡"绘图"面板中的"多段线"按钮⤵，指定起点宽度为 35，端点宽度为 35，绘制连续多段线，如图 8-32 所示。

Step 08 单击"默认"选项卡"绘图"面板中的"圆"按钮⊙和"图案填充"按钮▨，绘制图形如图 8-33 所示。

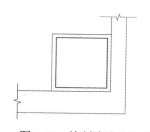
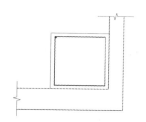

图 8-32　绘制连续多段线　　　图 8-33　绘制圆图形

Step 09 单击"默认"选项卡"修改"面板中的"复制"按钮°³，选择上步绘制图形为复制对象，对其进行连续复制，如图 8-34 所示。

Step 10 单击"默认"选项卡"绘图"面板中的"矩形"按钮▢，在上步图形内绘制一个适当大小的矩形，如图 8-35 所示。

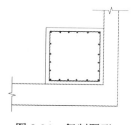
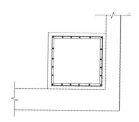

图 8-34　复制图形　　　　　图 8-35　绘制矩形

Step 11 结合所学知识完成基本图形的绘制，如图 8-36 所示。

Step 12 单击"默认"选项卡"注释"面板中的"线性"按钮┠和"连续"按钮╫╫为上步图形添加标注，如图 8-37 所示。

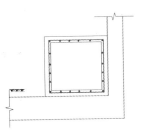

图 8-36 绘制图形

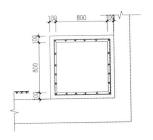

图 8-37 添加标注

Step 13 单击"默认"选项卡"绘图"面板中的"直线"按钮 / 和"多行文字"按钮 **A**，为图形添加文字说明，如图 8-38 所示。

Step 14 利用上述方法完成集水坑结构施工图的绘制，如图 8-39 所示。

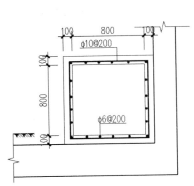

图 8-38 添加文字

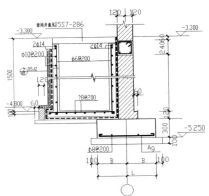

图 8-39 集水坑

Step 15 单击"默认"选项卡"注释"面板中的"多行文字"按钮 **A**，为集水坑结构施工图添加文字说明，如图 8-40 所示。

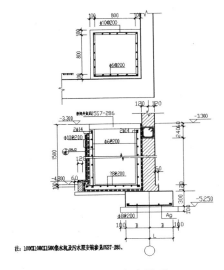

图 8-40 文字说明

3．绘制构造柱剖面 1

Step 01 单击"默认"选项卡"绘图"面板中的"矩形"按钮□，在图形空白位置绘制一个矩形，如图 8-41 所示。

Step 02 单击"默认"选项卡"绘图"面板中的"多段线"按钮↷,指定起点宽度和端点宽度，在上步绘制的矩形内绘制连续多段线，如图 8-42 所示。

图 8-41 绘制矩形

图 8-42 绘制多段线

Step 03 单击"默认"选项卡"绘图"面板中的"圆"按钮⊙和"图案填充"按钮▨，在上步绘制的多段线内绘制填充圆图形，如图 8-43 所示。

Step 04 单击"默认"选项卡"注释"面板中的"线性"按钮├┤和"连续"按钮├┼┤，为图形添加标注，如图 8-44 所示。

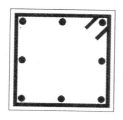

图 8-43 填充圆图形

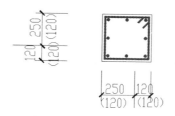

图 8-44 添加标注

Step 05 单击"默认"选项卡"绘图"面板中的"圆"按钮⊙，在上步图形标注线段上绘制两个相同半径的轴号圆，如图 8-45 所示。

Step 06 单击"默认"选项卡"绘图"面板中的"直线"按钮╱和"注释"面板中的"多行文字"按钮A，为图形添加文字说明，如图 8-46 所示。

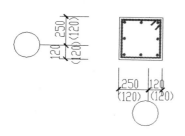

图 8-45 绘制圆

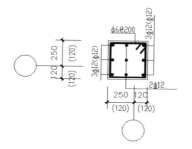

图 8-46 添加文字

4．绘制构造柱剖面 2

利用上述方法完成构造柱 2 的绘制，如图 8-47 所示。

5．绘制构造柱剖面 3

利用上述方法完成构造柱 3 的绘制，如图 8-48 所示。

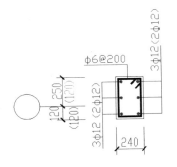

图 8-47　绘制构造柱 2

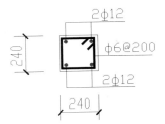

图 8-48　绘制构造柱 3

6．绘制构造柱剖面 4

利用上述方法完成构造柱 4 的绘制，如图 8-49 所示。

7．绘制构造柱剖面 5

利用上述方法完成构造柱 5 的绘制，如图 8-50 所示。

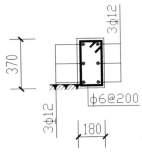

图 8-49　绘制构造柱 4

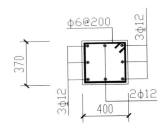

图 8-50　绘制构造柱 5

8．绘制构造柱剖面 6

利用上述方法完成构造柱 6 的绘制，如图 8-51 所示。

9．绘制构造柱剖面 7

利用上述方法完成构造柱 7 的绘制，如图 8-52 所示。

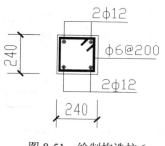

图 8-51　绘制构造柱 6　　　　　　　　　　　　图 8-52　绘制构造柱 7

10．绘制基础平面图

利用上述方法完成基础平面图的绘制，如图 8-53 所示。

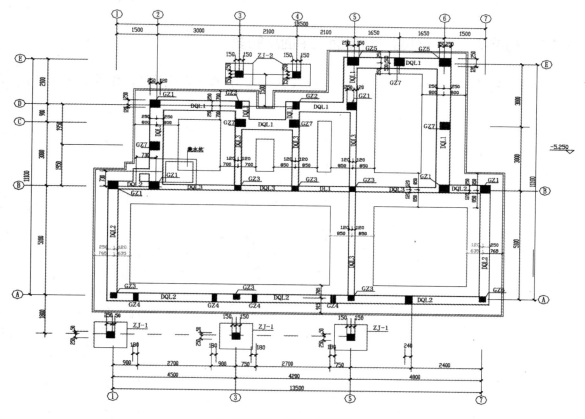

图 8-53　基础平面图

11．添加总图文字说明

单击"默认"选项卡"注释"面板中的"多行文字"按钮 A，为图形添加文字说明，如图 8-54 所示。

12．插入图框

单击"默认"选项卡"块"面板中的"插入"按钮，弹出"插入"对话框，如图 8-55

367

所示。单击"浏览"按钮,弹出"选择图形文件"对话框,选择"源文件/图块/A2 图框"图块,将其放置到图形适当位置,结合所学知识为绘制的图形添加图形名称,最终完成别墅基础平面布置图,最终结果如图 8-1 所示。

说明:

1. 基础断面图详结-2

2. 未注明的构造柱均为GZ3

3. ZJ配筋见结施-09

4. 采光井位置见建-01

图 8-54　添加文字说明

图 8-55　"插入"对话框

8.1.2　拓展实例——某别墅斜屋面板平面配筋图

读者可以利用上面所学的相关知识完成某别墅斜屋面板平面配筋图,如图 8-56 所示。

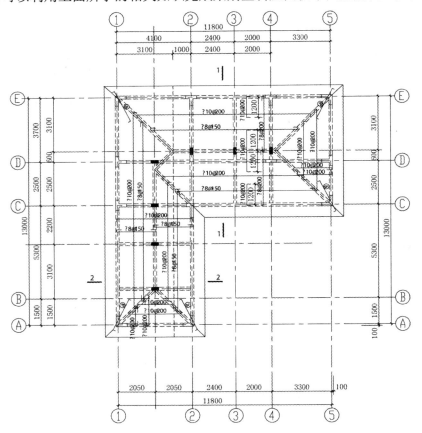

斜屋面板平面配筋图

图 8-56　斜屋面板平面配筋图

Step 01　单击"默认"选项卡"绘图"面板中的"直线"按钮 和"修改"面板中的"偏移"按钮 ，绘制轴线，如图 8-57 所示。

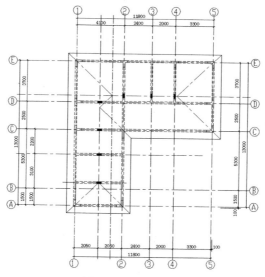

图 8-57　绘制轴线

Step 02　单击"默认"选项卡"修改"面板中的"删除"按钮 、"分解"按钮 、"修剪"按钮 等，绘制剩余的图形，如图 8-58 所示。

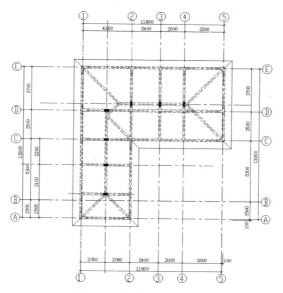

图 8-58　绘制剩余的图形

Step 03　单击"默认"选项卡"绘图"面板中的"多段线"按钮 、"圆"按钮 和"注释"面板中的"线性"按钮 、"多行文字"按钮 A 和"修改"面板中的"复制"按钮 ，绘制图形，结果如图 8-59 所示。

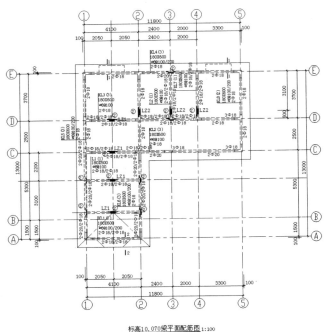

标高10.070梁平面配筋图 1:100

图 8-59　标注图名

8.2　建筑结构基础大样详图设计实例——某别墅大样详图

本节以别墅基础详图设计为例讲述土木工程设计中最基本的基础详图设计的内容，同时详细讲解基础详图设计图纸的绘制方法，使读者在逐步了解设计过程的同时，掌握绘图的操作方法及过程。下面以某别墅大样详图为例进行讲解，如图 8-60 所示。

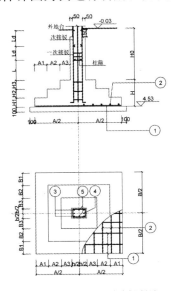

图 8-60　某别墅大样详图

8.2.1　操作步骤

1．绘图准备

在正式设计前应该进行必要的准备工作，包括建立文件、设置图层等，下面简要介绍。

Step 01 首先在 AutoCAD 中新建文件，并保存为"基础大样详图"。单击"图层"工具栏中的"图层特性管理器"按钮，打开"图层特性管理器"对话框，新建详图、尺寸、文字和轴线图层，如图 8-61 所示。

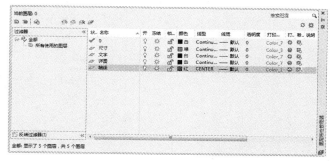

图 8-61　设置图层

Step 02 单击"默认"选项卡"注释"面板中的"标注样式"按钮，打开"标注样式管理器"对话框。单击"修改"按钮，打开"修改标注样式：ISO-25"对话框。将超出尺寸线设置为 80，起点偏移量为 80；箭头为建筑标记，箭头大小为 100；文字高度设置为 300，如图 8-62 所示。

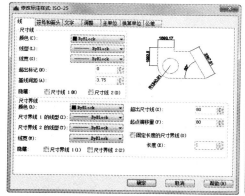

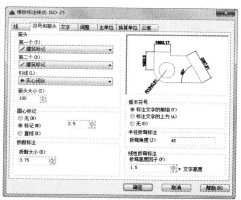

图 8-62　修改标注样式

Step
03
单击"默认"选项卡"注释"面板中的"文字样式"按钮A，打开"文字样式"对话框，单击"新建"按钮，新建文字样式命名为"文字标注"，将文字字体设置为宋体，字符高度为300，如图 8-63 所示。

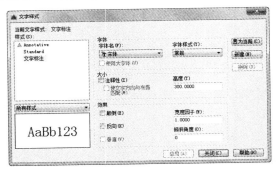

图 8-63　设置文字样式

2．绘制柱截面

Step
01
单击"默认"选项卡"图层"面板中的"图层特性"按钮，打开"图层特性管理器"对话框，将轴线图层设置为当前层。

Step
02
单击"默认"选项卡"绘图"面板中的"直线"按钮，绘制两条垂直相交的轴线，如图 8-64 所示。

Step
03
将"详图"图层设置为当前图层，单击"默认"选项卡"绘图"面板中的"矩形"按钮，绘制一个矩形，如图 8-65 所示。

图 8-64　绘制轴线　　　　　　　　　　图 8-65　绘制矩形

Step
04
单击"默认"选项卡"绘图"面板中的"直线"按钮，在轴线左侧绘制连续线段，如图 8-66 所示。

Step
05
单击"默认"选项卡"修改"面板中的"镜像"按钮，将上步绘制的连续线段镜像到另外一侧，如图 8-67 所示。

Step
06
单击"默认"选项卡"绘图"面板中的"矩形"按钮，在两条相交的轴线处绘制一个小矩形，如图 8-68 所示。

Step
07
单击"默认"选项卡"修改"面板中的"偏移"按钮，将小矩形依次向外偏移多个矩形，结果如图 8-69 所示。

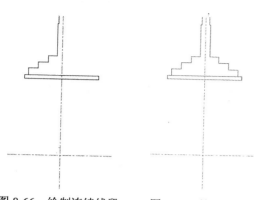
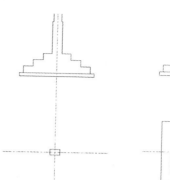
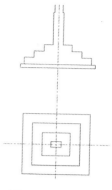

图 8-66　绘制连续线段　　图 8-67　镜像线段　　图 8-68　绘制小矩形　　图 8-69　偏移小矩形

3．绘制预留柱插筋

Step 01 单击"默认"选项卡"绘图"面板中的"多段线"按钮，沿竖直轴线向下绘制一条多段线，如图 8-70 所示。

Step 02 单击"默认"选项卡"修改"面板中的"偏移"按钮，将多段线向两侧偏移，如图 8-71 所示。

Step 03 单击"默认"选项卡"绘图"面板中的"多段线"按钮，以上步偏移的多段线的下端点为起点分别向两侧绘制一小段多段线，如图 8-72 所示。

Step 04 单击"默认"选项卡"绘图"面板中的"多段线"按钮，在图中合适的位置处绘制柱箍，如图 8-73 所示。

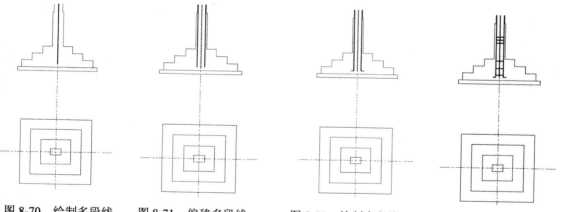

图 8-70　绘制多段线　　图 8-71　偏移多段线　　图 8-72　绘制多段线　　图 8-73　绘制柱箍

Step 05 单击"默认"选项卡"绘图"面板中的"多段线"按钮，在图中合适的位置处绘制一个矩形形状的多段线，如图 8-74 所示。

Step 06 单击"默认"选项卡"绘图"面板中的"圆"按钮，在上步绘制的多段线内绘制一个圆，如图 8-75 所示。

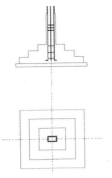

图 8-74　绘制多段线

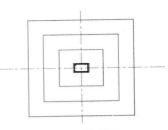

图 8-75　绘制圆

Step 07　单击"默认"选项卡"绘图"面板中的"图案填充"按钮，打开"图案填充创建"选项卡，如图 8-76 所示。选择 SOLID 图案，单击"拾取点"按钮，返回绘图区，选择填充区域，然后填充圆，结果如图 8-77 所示。

图 8-76　"图案填充创建"选项卡

Step 08　单击"默认"选项卡"修改"面板中的"复制"按钮，将填充的圆复制到图中其他位置处，完成预留柱插筋的绘制，结果如图 8-78 所示。

图 8-77　填充圆　　　　　　　　　　　　图 8-78　复制填充圆

4．绘制底板配筋

Step 01　单击"默认"选项卡"绘图"面板中的"多段线"按钮，在图中合适的位置处绘制一条水平多段线，如图 8-79 所示。

Step 02　单击"默认"选项卡"绘图"面板中的"圆"按钮，在上步绘制的多段线上绘制一个圆，如图 8-80 所示。

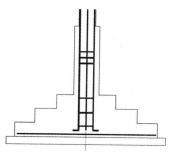

图 8-79　绘制多段线

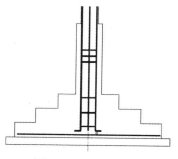

图 8-80　绘制圆

Step 03 单击"默认"选项卡"绘图"面板中的"图案填充"按钮，填充圆，如图 8-81 所示。

Step 04 单击"默认"选项卡"修改"面板中的"复制"按钮，将填充圆复制到图中其他位置处，如图 8-82 所示。

图 8-81　填充圆

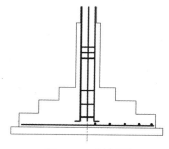

图 8-82　复制圆

Step 05 单击"默认"选项卡"绘图"面板中的"样条曲线拟合"按钮，在图中合适的位置处绘制一条样条曲线，如图 8-83 所示。

Step 06 单击"默认"选项卡"修改"面板中的"修剪"按钮，修剪掉多余的直线，如图 8-84 所示。

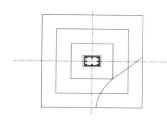

图 8-83　绘制样条曲线

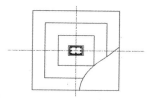

图 8-84　修剪直线

Step 07 单击"默认"选项卡"绘图"面板中的"多段线"按钮，绘制多条多段线，最终完成配筋的绘制，如图 8-85 所示。

Step 08 单击"默认"选项卡"绘图"面板中的"多段线"按钮，细化图形，如图 8-86 所示。

Step 09 单击"默认"选项卡"绘图"面板中的"直线"按钮，绘制折断线，结果如图 8-87 所示。

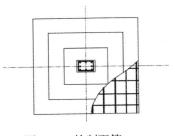

图 8-85　绘制配筋

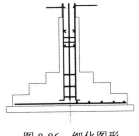

图 8-86　细化图形

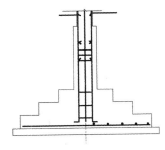

图 8-87　绘制折断线

5．标注尺寸

Step 01　单击"默认"选项卡"图层"面板中的"图层特性"按钮，打开"图层特性管理器"对话框，将尺寸图层设置为当前层。

Step 02　单击"默认"选项卡"注释"面板中的"线性"按钮，为图形标注尺寸，如图 8-88 所示。

6．标注文字

Step 01　单击"默认"选项卡"绘图"面板中的"直线"按钮，在图中绘制标高符号，如图 8-89 所示。

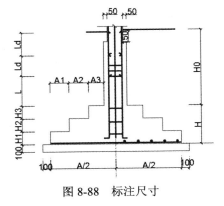

图 8-88　标注尺寸

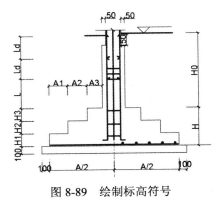

图 8-89　绘制标高符号

Step 02　单击"默认"选项卡"注释"面板中的"多行文字"按钮A，输入标高数值，如图 8-90 所示。

Step 03　单击"默认"选项卡"修改"面板中的"复制"按钮，将标高复制到图中其他位置处，并双击标高数值进行修改，完成其他位置处标高的绘制，如图 8-91 所示。

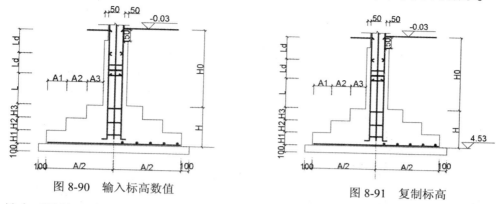

図 8-90　输入标高数值　　　　　　　　　　図 8-91　复制标高

Step 04　单击"默认"选项卡"绘图"面板中的"直线"按钮 ，在图中合适的位置处引出直线，然后单击"默认"选项卡"注释"面板中的"多行文字"按钮 A，标注文字，如图 8-92 所示。

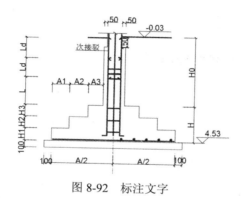

图 8-92　标注文字

Step 05　同理，标注图中其他位置的文字，如图 8-93 所示。

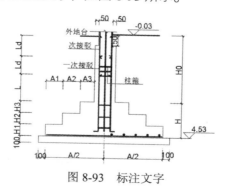

图 8-93　标注文字

Step 06　单击"默认"选项卡"绘图"面板中的"直线"按钮 ，引出直线。

Step 07　单击"默认"选项卡"绘图"面板中的"圆"按钮 和"多行文字"按钮 A，绘制标号，如图 8-94 所示。

Step 08　单击"默认"选项卡"修改"面板中的"复制"按钮 ，将标号复制到图中其他位置处，然后双击数字进行修改，完成其他位置处标号的绘制，最终结果如图 8-95 所示。

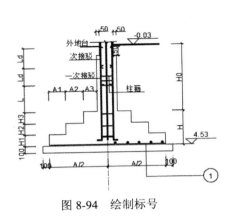

图 8-94　绘制标号

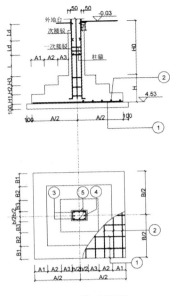

图 8-95　修改标号

8.2.2　拓展实例——某别墅大样详图二

读者可以利用上面所学的相关知识完成某别墅大样详图二，如图 8-96 所示。

Step 01　单击"默认"选项卡"修改"面板中的"复制"按钮、"删除"按钮，整理图形，如图 8-97 所示。

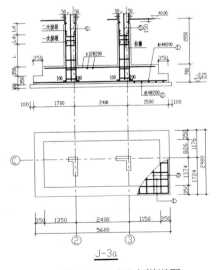

图 8-96　别墅大样详图

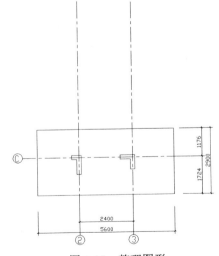

图 8-97　整理图形

Step 02　单击"默认"选项卡"绘图"面板中的"直线"按钮、"矩形"按钮和"修改"面板中的"镜像"按钮、"偏移"按钮，绘制连接线段，如图 8-98 所示。

Step 03　单击"默认"选项卡"绘图"面板中的"多段线"按钮和"修改"面板中的"复制"

378

按钮🖧，绘制箍筋，如图 8-99 所示。

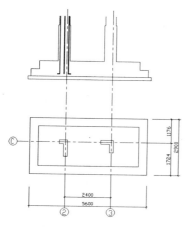

图 8-98　绘制多段线

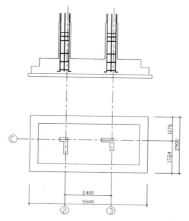

图 8-99　绘制箍筋

Step 04　单击"默认"选项卡"绘图"面板中的"多段线"按钮🔶、"圆"按钮⊙、"样条曲线拟合"按钮🗠、"图案填充"按钮🔳和"修改"面板中的"复制"按钮🖧、"修剪"按钮╱，完成配筋的绘制，如图 8-100 所示。

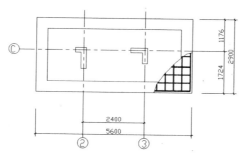

图 8-100　绘制配筋

Step 05　单击"默认"选项卡"绘图"面板中的"直线"按钮╱和"多段线"按钮🔶，绘制折断线，如图 8-101 所示。

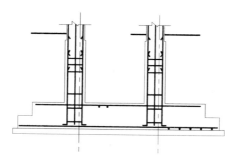

图 8-101　绘制折断线

Step 06　单击"默认"选项卡"绘图"面板中的"直线"按钮╱、"圆"按钮⊙和"注释"面板中的"多行文字"按钮A、"线性"按钮⊢以及"修改"面板中的"复制"按钮🖧，完成别墅基础详图绘制，如图 8-96 所示。

8.3 建筑结构深化设计实例——别墅框架柱布置图

柱设计属于土木工程结构平面图中的重要内容。本章以别墅柱布置平面图和柱详图设计为例讲述土木工程设计中柱设计的内容，同时详细讲解柱设计图纸的绘制方法，使读者在逐步了解设计过程的同时，掌握绘图的操作方法及过程。下面以别墅框架柱布置图为例进行讲解，如图 8-102 所示。

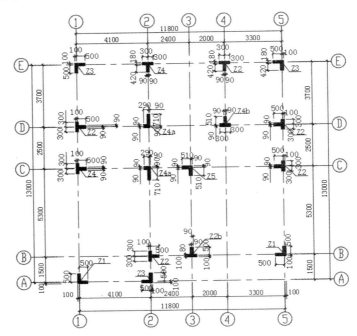

框架柱布置图 1:100

图 8-102 别墅框架柱布置图

8.3.1 操作步骤

1. 编辑旧文件

Step 01 打开 AutoCAD 2016 应用程序，单击"快速访问"工具栏上的"打开"按钮 ，弹出"选择文件"对话框，选择在初步设计中已经绘制的图形文件"基础梁平面配筋图"或者在"文件"下拉菜单中最近打开的文档中选择"基础梁平面配筋图"，双击打开文件，将文件另存为"框架柱布置图.dwg"并保存。打开后的图形如图 8-103 所示。

Step 02 单击"默认"选项卡"修改"面板中的"删除"按钮 ，将图中的梁、吊筋、文字标注以及部分尺寸标注删除，然后整理图形，结果如图 8-104 所示。

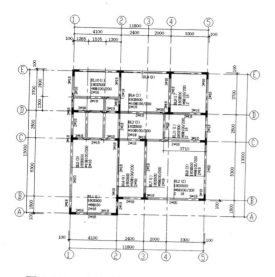

图 8-103　"基础梁平面配筋图"施工图

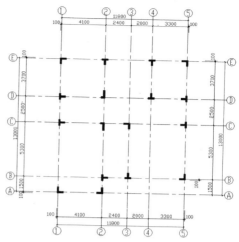

图 8-104　整理后的图形

提　示

删除梁等内容的时候也可以采用编辑图层的方法进行删除，单击"图层特性管理器"，选中"梁"图层，然后单击"删除"，即可删除"梁图层"，绘图区域中"梁"图层中的所有图形也被随之删除。

如果"梁"图层在后面的绘图中有可能用到，则可不进行删除操作，可以通过编辑梁图层中的"开关""冻结""锁定"等来控制图层的状态属性。这 3 个状态开关功能如下。

- 开关：关闭图层后，该层上的实体不能在屏幕上显示或由绘图仪输出。重新生成图形时，该层上的实体也将重新生成。
- 冻结：冻结图层后，该层上的实体不能在屏幕上显示或由绘图仪输出。在重新生成图形时，冻结层上的实体将不被重新生成。
- 锁定：图层上锁后，用户只能观察该层上的实体，不能对其进行编辑和修改，但实体仍可以显示和输出。

根据上述各状态开关的功能，如果想达到图 8-104 所示的图形效果，直接冻结图层即可。

Step 03　单击"默认"选项卡"绘图"面板中的"直线"按钮 ⁄，在图中合适的位置处绘制长为 90，宽为 180 的直线，如图 8-105 所示。

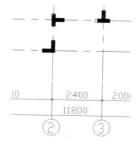

图 8-105　绘制直线

Step 04 单击"默认"选项卡"绘图"面板中的"图案填充"按钮，打开"图案填充创建"选项卡，选择 AR-CONC 图案，设置填充比例为 0.5，如图 8-106 所示，单击"拾取点"按钮，返回绘图区，选择填充区域，然后填充图形，结果如图 8-107 所示。

图 8-106 "图案填充创建"选项卡

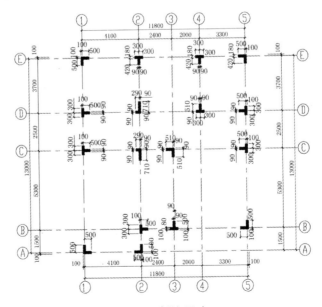

图 8-107 填充图形

2．标注尺寸

Step 01 单击"默认"选项卡"注释"面板中的"标注样式"按钮，打开"标注样式管理器"对话框，单击"修改"按钮，打开"修改标注样式：ISO-25"对话框，然后分别对各个选项卡进行设置，可参照前面章节的介绍，这里不再赘述。

Step 02 单击"默认"选项卡"注释"面板中的"线性"按钮，为图形进行尺寸标注，结果如图 8-108 所示。

图 8-108 标注尺寸

3．标注文字

Step 01 单击"默认"选项卡"绘图"面板中的"直线"按钮，在图中引出直线，如图 8-109 所示。

Step 02 单击"默认"选项卡"注释"面板中的"多行文字"按钮 A，在直线上方输入文字，如图 8-110 所示。

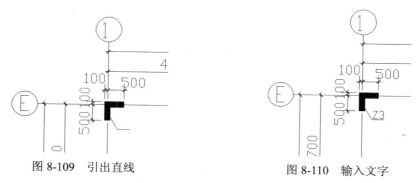

图 8-109 引出直线　　　　图 8-110 输入文字

Step 03 同理，标注其他位置处的文字，结果如图 8-111 所示。

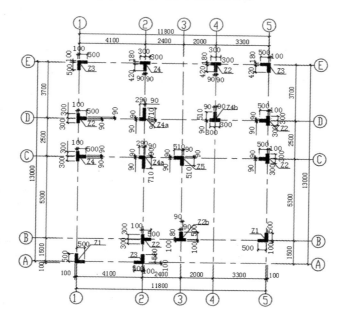

图 8-111 标注文字

Step 04 单击"默认"选项卡"注释"面板中的"多行文字"按钮 A，在图形下方输入图名"框架柱布置图"。

Step 05 单击"默认"选项卡"绘图"面板中的"多段线"按钮，在文字下方绘制一条多段线，然后单击"默认"选项卡"绘图"面板中的"直线"按钮，绘制一条水平线，最终完成图名的绘制，结果如图 8-112 所示。

框架柱布置图 1:100

图 8-112 标注图名

8.3.2 拓展实例——别墅柱配筋详图

读者可以利用上面所学的相关知识完成某别墅柱配筋详图的绘制,如图 8-113 所示。

Step 01 单击"默认"选项卡"绘图"面板中的"多段线"按钮 和"修改"面板中的"删除"按钮 ,绘制箍筋,如图 8-114 所示。

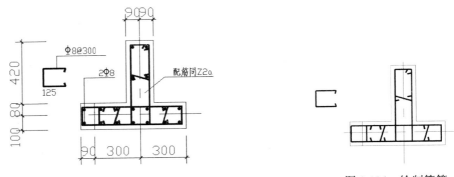

图 8-113　别墅柱配筋详图　　　　　　　　　　图 8-114　绘制箍筋

Step 02 单击"默认"选项卡"绘图"面板中的"圆"按钮 、"图案填充"按钮 和"修改"面板中的"复制"按钮 ,完成纵筋的绘制,如图 8-115 所示。

Step 03 单击"默认"选项卡"注释"面板中的"线性"按钮 和"连续"按钮 ,完成柱配筋详图的标注,如图 8-116 所示。

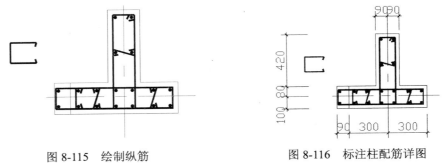

图 8-115　绘制纵筋　　　　　　　　　　图 8-116　标注柱配筋详图

Step 04 单击"默认"选项卡"绘图"面板中的"直线"按钮 和"注释"面板中的"多行文字"按钮 A,完成文字说明的绘制,如图 8-113 所示。

8.4 梁配筋图实例——别墅二层梁配筋图

在本章中着重讲述梁的平法标注规则和要求,以及梁设计平面图的绘制方法,同时详细讲解梁的土木工程图纸的绘制要求及内容,使读者在逐步了解设计过程的同时,进一步理解绘图的操作方法及过程。下面以别墅二层梁配筋图为例进行讲解,如图 8-117 所示。

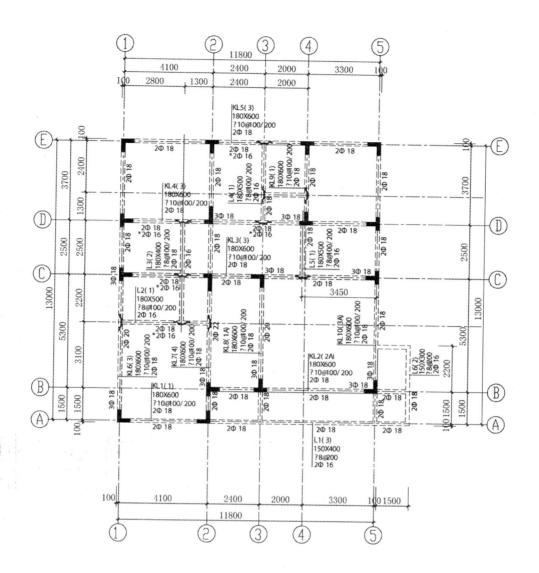

二 层 梁 平 面 配 筋 图

图 8-117 别墅二层梁配筋图

8.4.1 操作步骤

1. 编辑旧文件

Step 01 打开 AutoCAD 2016 应用程序，单击"快速访问"工具栏中的"打开"按钮 ，弹出"选择文件"对话框，选择在初步设计中已经绘制的图形文件"基础梁平面配筋图"或者在"文件"下拉菜单中最近打开的文档中选择"基础梁平面配筋图"，双击打开文件，将文件另存。打开后的图形如图 8-118 所示。

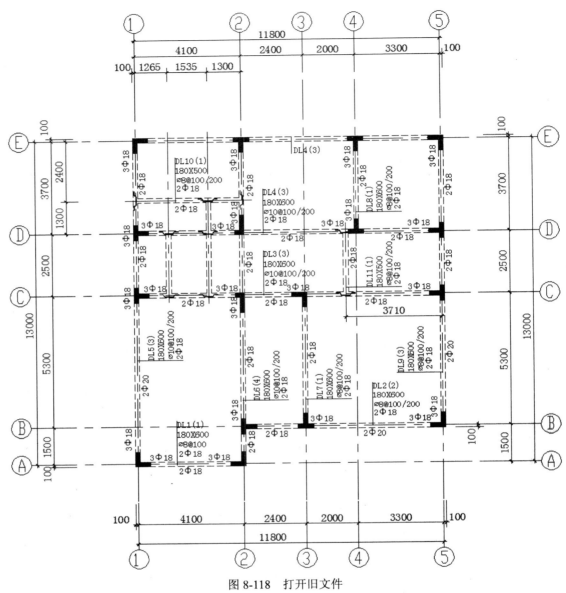

图 8-118 打开旧文件

提示

之所以采用打开同一张图纸的方法进行绘制，就是想让读者对同一工程的各个部分都
能进行系统的绘制，以此来加深对结构施工图的理解。

Step 02 单击"默认"选项卡"修改"面板中的"删除"按钮 ✐ ，删除多余的图形，如图 8-119
所示。

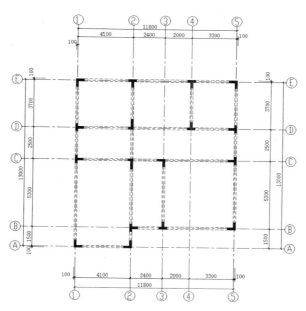

图 8-119　删除多余图形

2. 绘制框架梁

Step 01 单击"默认"选项卡"修改"面板中的"偏移"按钮，选择 1 号轴线为偏移对象，将其向右偏移 2800，D 号轴线向上偏移 1300，C 号轴线向下偏移 2200，5 号轴线向左偏移 3450，如图 8-120 所示。

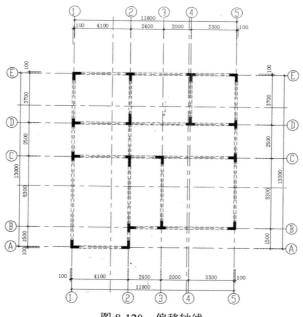

图 8-120　偏移轴线

Step 02 选择菜单栏中的"格式"→"多线样式"命令，打开"多线样式"对话框，如图 8-121 所示。单击"新建"按钮，打开"创建新的多线样式"对话框，在"新样式名（N）:"文本框

中输入"梁",如图 8-122 所示。

图 8-121　"多线样式"对话框　　　　　　图 8-122　"创建新的多线样式"对话框

Step 03 单击"继续"按钮,打开"新建多线样式:梁"对话框,在"偏移"文本框中设置偏移量为 90 和-90,如图 8-123 所示。

Step 04 选择菜单栏中的"绘图"→"多线"命令,设置比例为 1,对正类型为无(Z),根据轴线绘制梁,如图 8-124 所示,命令行提示与操作如下:

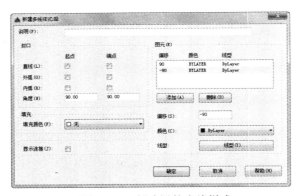

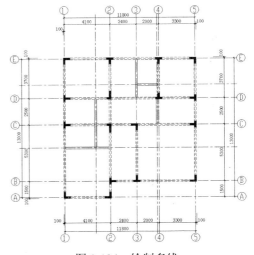

图 8-123　创建梁的多线样式　　　　　　　图 8-124　绘制多线

```
命令: MLINE
当前设置: 对正 = 上, 比例 = 20.00, 样式 = 梁
指定起点或 [对正(J)/比例(S)/样式(ST)]: S
输入多线比例 <20.00>: 1
当前设置: 对正 = 上, 比例 = 1.00, 样式 = 梁
指定起点或 [对正(J)/比例(S)/样式(ST)]: J
输入对正类型 [上(T)/无(Z)/下(B)] <上>: Z
当前设置: 对正 = 无, 比例 = 1.00, 样式 = 梁
指定起点或 [对正(J)/比例(S)/样式(ST)]:
指定下一点:
指定下一点或 [放弃(U)]:
```

Step 05 单击"默认"选项卡"修改"面板中的"分解"按钮 🗗，将多线分解，并修改线型，如图 8-125 所示。

Step 06 单击"默认"选项卡"修改"面板中的"修剪"按钮 ⊹，修剪掉多余的直线，如图 8-126 所示。

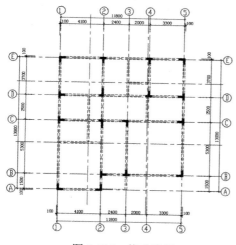

图 8-125　修改线型

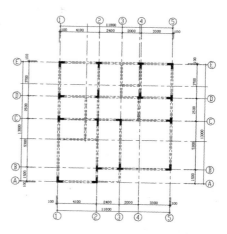

图 8-126　修剪多余直线

Step 07 单击"默认"选项卡"修改"面板中的"偏移"按钮 ⊆，将 5 号轴线向右偏移 1600，B 号轴线向上偏移 2200，如图 8-127 所示。

Step 08 单击"默认"选项卡"绘图"面板中的"直线"按钮 ✍，绘制其他位置处的梁，如图 8-128 所示。

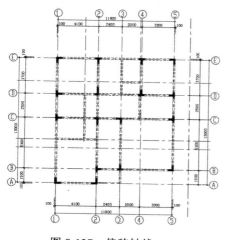

图 8-127　偏移轴线

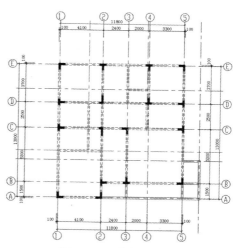

图 8-128　绘制直线

Step 09 单击"默认"选项卡"修改"面板中的"修剪"按钮 ⊹，修剪掉多余的直线，如图 8-129 所示。

Step 10 最后修改线型，最终完成梁的绘制，如图 8-130 所示。

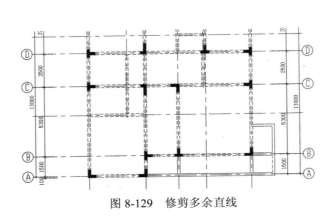

图 8-129 修剪多余直线

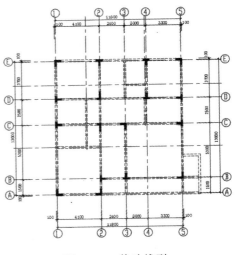

图 8-130 修改线型

> 在绘制梁时，有两种方法，一种利用多线命令绘制梁；另一种利用直线命令绘制梁。
> 根据图纸需要，选择合适的绘制方法，以便快速完成梁的绘制。

提示

3．绘制吊筋

Step 01 单击"默认"选项卡"绘图"面板中的"多段线"按钮 ⟳，设置宽度为 20，绘制吊筋，如图 8-131 所示。

Step 02 单击"默认"选项卡"修改"面板中的"复制"按钮 %，将上步绘制的吊筋复制到图中其他位置处，然后单击"默认"选项卡"修改"面板中的"旋转"按钮 ◎，将吊筋旋转到合适的角度，结果如图 8-132 所示。

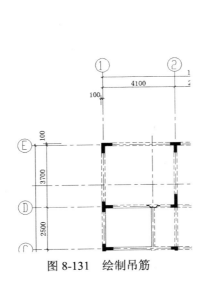

图 8-131 绘制吊筋

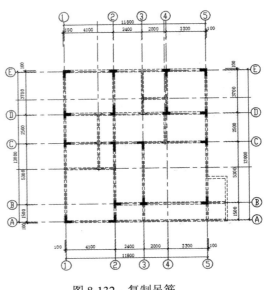

图 8-132 复制吊筋

4．标注尺寸

Step 01 单击"默认"选项卡"注释"面板中的"标注样式"按钮 ，打开"标注样式管理器"对话框，并进行相关的设置。

Step 02 单击"默认"选项卡"图层"面板中的"图层特性"按钮 ，打开"图层特性管理器"对话框，将标注图层设置为当前层。

Step 03 单击"默认"选项卡"注释"面板中的"线性"按钮 ，为图形标注尺寸，如图 8-133 所示。

Step 04 单击"注释"选项卡"标注"面板中的"连续"按钮 ，快速完成图形的尺寸标注，如图 8-134 所示。

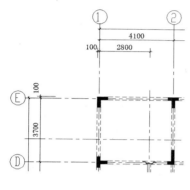

图 8-133 标注尺寸

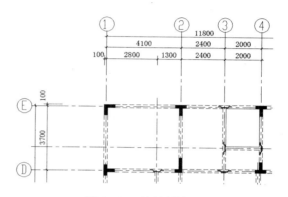

图 8-134 连续标注

Step 05 同理，标注图形其他位置处的尺寸，结果如图 8-135 所示。

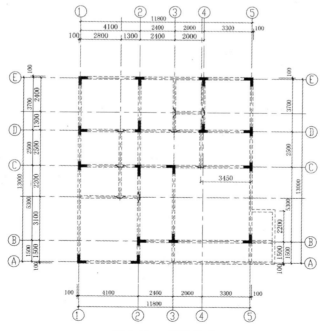

图 8-135 标注尺寸

5. 标注文字

Step
01
单击"默认"选项卡"绘图"面板中的"直线"按钮，在图中引出直线，如图8-136所示。

Step
02
单击"默认"选项卡"注释"面板中的"多行文字"按钮**A**，在直线右侧标注文字，如图8-137所示。

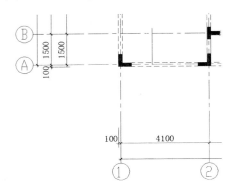

图 8-136　引出直线

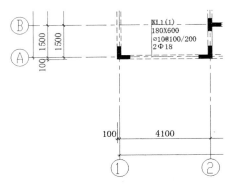

图 8-137　标注文字

Step
03
单击"默认"选项卡"修改"面板中的"复制"按钮，将文字复制到图中其他位置处，如图8-138所示，然后双击文字，修改文字内容，如图8-139所示。

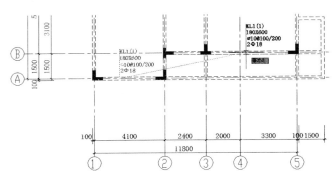

图 8-138　复制文字

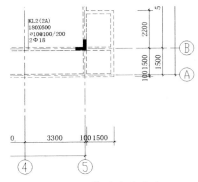

图 8-139　修改文字内容

提　示

在复制的过程中，要尽量选择容易控制的点作为复制的基点，这样容易控制复制的位置。在本次复制中，选择引线的一端可以直接捕捉另一条梁的轴线，从而定位复制的位置。

Step
04
同理，标注其他位置处的文字，结果如图8-140所示。

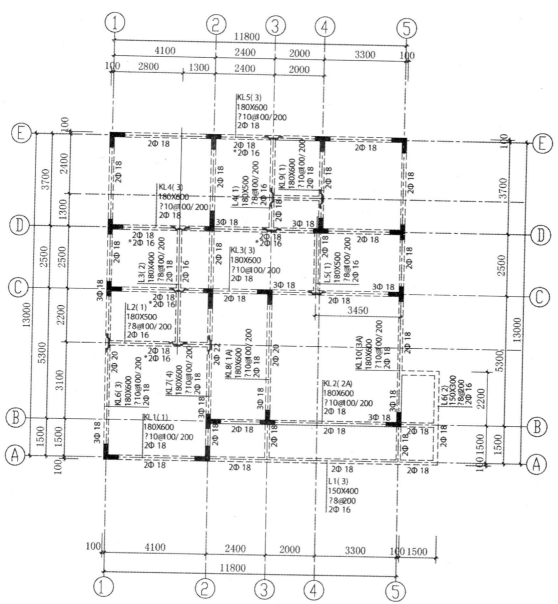

二 层 梁 平 面 配 筋 图

图 8-140　标注文字

Step 05　单击"默认"选项卡"注释"面板中的"多行文字"按钮 A、"绘图"面板中的"直线"按钮／和"多段线"按钮⊃，标注图名，如图 8-141 所示。

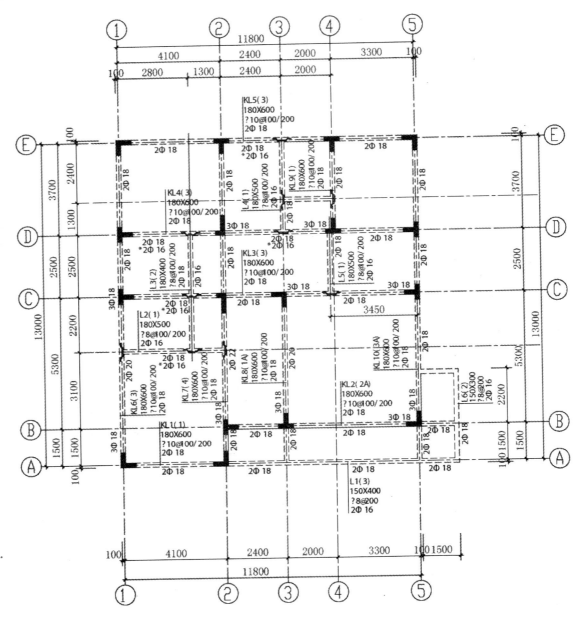

二 层 梁 平 面 配 筋 图

图 8-141 标注图名

8.4.2 拓展实例——别墅三层梁配筋图

读者可以利用上面所学的相关知识完成某别墅三层梁配筋图，如图 8-142 所示。

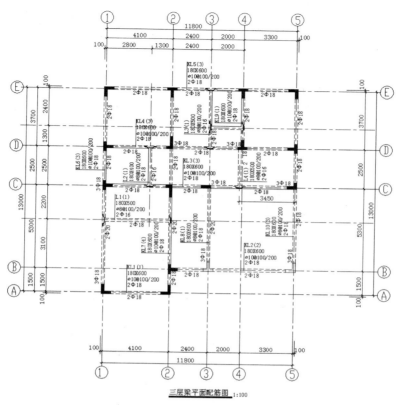

图 8-142　标注图名

Step 01 单击"默认"选项卡"修改"面板中的"删除"按钮 ✐，删除多余线段并整理图形，如图 8-143 所示。

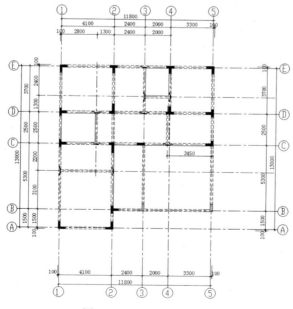

图 8-143　删除多余图形

Step 02 单击"默认"选项卡"绘图"面板中的"直线"按钮 、"多段线"按钮 和"注释"面板中的"多行文字"按钮 A 以及"修改"面板中的"复制"按钮 ，标注图名，完成三层梁配筋图的绘制，如图 8-142 所示。

8.5 板配筋图实例——别墅二层板配筋图

对于任何一项工程来说，都离不开板的设计，与梁、柱相比，板的安全储备系数较低，因此板的设计过程也较为简单。在本章中详细讲述板平面配筋图的绘制，使读者在逐步了解设计过程的同时，进一步理解绘图的操作方法及过程。下面以别墅二层板配筋图为例进行讲解，如图 8-144 所示。

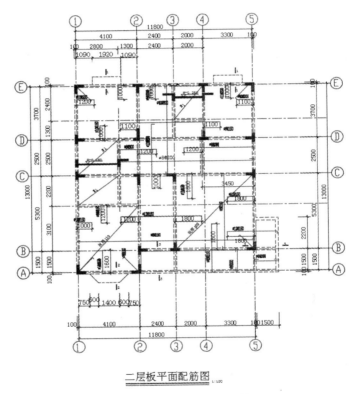

二层板平面配筋图

图 8-144　别墅二层板配筋图

8.5.1 操作步骤

1. 编辑旧文件

打开 AutoCAD 2016 应用程序，选择"快速访问"工具栏中的"打开"按钮 ，打开"选择文件"对话框，如图 8-145 所示，将"二层梁平面配筋图"打开，单击"默认"选项卡"修改"面板中的"删除"按钮 ，删除多余的图形，如图 8-146 所示。

图 8-145 打开"二层梁平面配筋图"

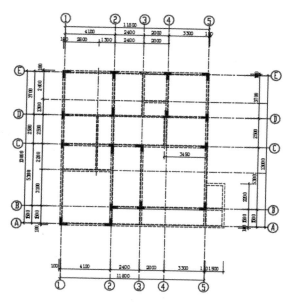

图 8-146 删除多余的图形

提 示

从板的受力形式来看,板可以分为单向板和双向板。当板的长边与短边的比大于 2 时,此板为单向板,单向板的传力途径为短边方向;当板的长边与短边的比小于 2 时,此板为双向板,双向板的传力途径为四周梯形传递。对于单向板来说,短边为主受力方向,因此在短边方向配主筋,而在长边方向配构造筋;对于双向板来说,两方向均为主受力方向,均应配置主筋。

2. 绘制板

Step 01 单击"默认"选项卡"图层"面板中的"图层特性"按钮，打开"图层特性管理器"对话框，新建图层名称为"板"，其余不变，结果如图 8-147 所示。

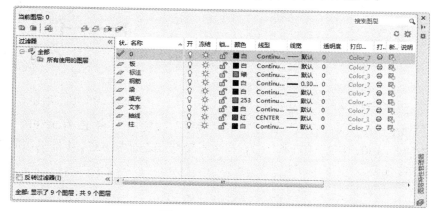

图 8-147 新建板图层

Step 02 单击"默认"选项卡"修改"面板中的"偏移"按钮，将 C 号轴线向上偏移，偏移

距离为 615、136、100 和 264，然后将 1 号轴线向右偏移，偏移距离为 3437，如图 8-148
所示。

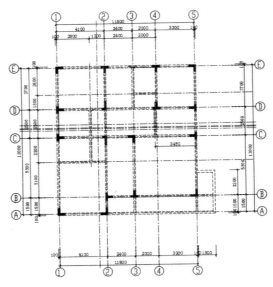

图 8-148　偏移轴线

Step 03 单击"默认"选项卡"绘图"面板中的"直线"按钮，根据偏移的轴线绘制墙体，
并将多余的轴线删除，如图 8-149 所示。

Step 04 单击"默认"选项卡"绘图"面板中的"图案填充"按钮，选择 SOLID 图案，然后
填充墙体，结果如图 8-150 所示。

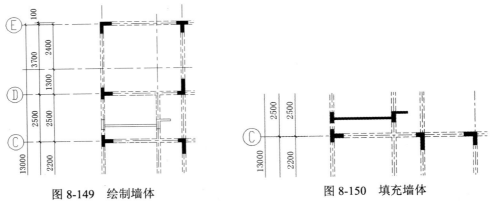

图 8-149　绘制墙体　　　　　　　　　　图 8-150　填充墙体

Step 05 单击"默认"选项卡"修改"面板中的"偏移"按钮，将 E 号轴线向下偏移，偏移
距离为 579、100、137、100 和 163，将 3 号轴线向左偏移 637，4 号轴线向右偏移 637，
如图 8-151 所示。

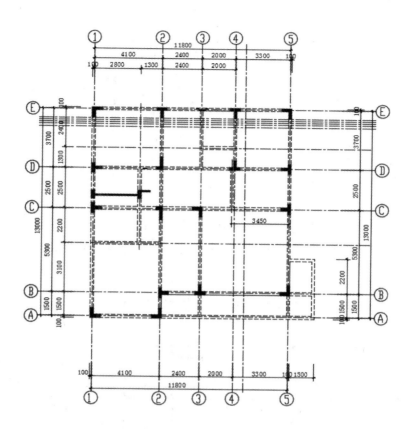

图 8-151 偏移轴线

Step 06 单击"默认"选项卡"绘图"面板中的"直线"按钮 ，根据偏移的轴线绘制其他位置处的墙体，然后将多余的轴线删除，如图 8-152 所示。

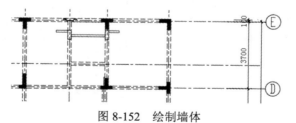

图 8-152 绘制墙体

Step 07 单击"默认"选项卡"绘图"面板中的"图案填充"按钮 ，填充墙体，如图 8-153 所示。

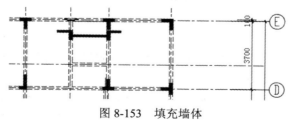

图 8-153 填充墙体

Step 08 单击"默认"选项卡"绘图"面板中的"直线"按钮 ，绘制斜线，如图 8-154 所示。

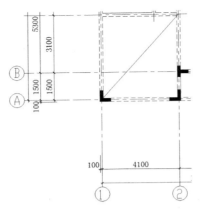

图 8-154　绘制斜线

Step 09　同理，绘制其他位置处的斜线，完成板的绘制，如图 8-155 所示。

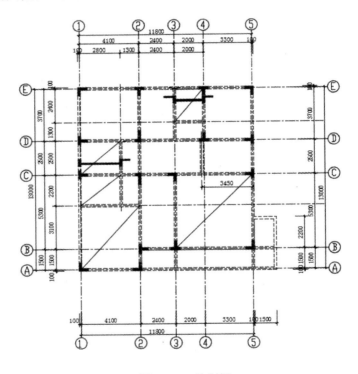

图 8-155　绘制板

3．绘制配筋

Step 01　单击"默认"选项卡"图层"面板中的"图层特性"按钮，打开"图层特性管理器"对话框，将钢筋图层设置为当前层。

Step 02　对于普通的板，为了施工的方便，通常对配筋进行归并，尽量采用同一规格的钢筋，并且将钢筋通长配置，单击"默认"选项卡"绘图"面板中的"直线"按钮，绘制钢筋，如图 8-156 所示。

Step 03　同理，可以绘制其他区域的配筋，结果如图 8-157 所示。

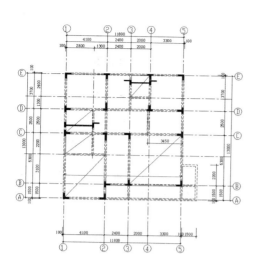

图 8-156 绘制钢筋

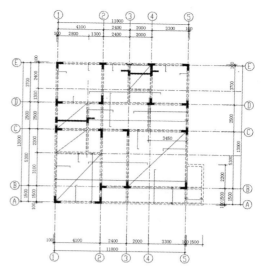

图 8-157 绘制总体钢筋

Step 04 单击 "默认" 选项卡 "绘图" 面板中的 "直线" 按钮 ，绘制转角筋，如图 8-158 所示。

Step 05 单击 "默认" 选项卡 "绘图" 面板中的 "直线" 按钮 ，绘制剩余图形，结果如图 8-159 所示。

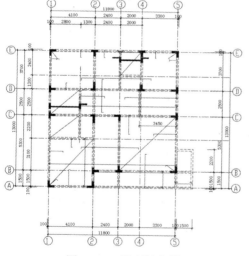

图 8-158 绘制转角筋

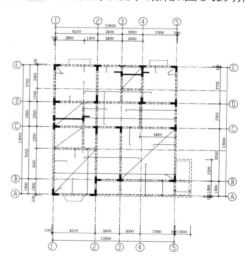

图 8-159 绘制剩余图形

4. 标注尺寸

Step 01 单击 "默认" 选项卡 "注释" 面板中的 "线性" 按钮 ，标注外部尺寸，如图 8-160 所示。

Step 02 单击 "默认" 选项卡 "注释" 面板中的 "线性" 按钮 ，标注内部尺寸，如图 8-161 所示。

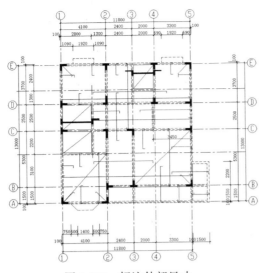

图 8-160　标注外部尺寸

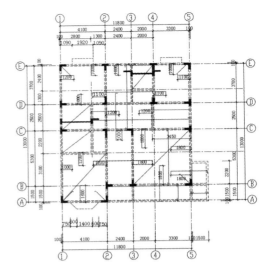

图 8-161　标注内部尺寸

5．标注文字

Step 01 单击"默认"选项卡"绘图"面板中的"直线"按钮，绘制标高符号，如图 8-162 所示。

Step 02 单击"默认"选项卡"注释"面板中的"多行文字"按钮A，输入标高数值，如图 8-163 所示。

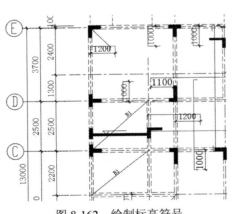

图 8-162　绘制标高符号

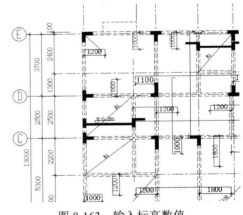

图 8-163　输入标高数值

Step 03 单击"默认"选项卡"修改"面板中的"复制"按钮，将绘制的标高复制到其他位置处，如图 8-164 所示。

Step 04 单击"默认"选项卡"注释"面板中的"多行文字"按钮A，标注板厚，然后单击"默认"选项卡"修改"面板中的"旋转"按钮，将文字旋转到合适的角度，如图 8-165 所示。

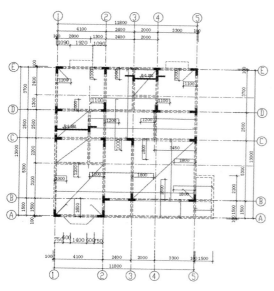

图 8-164　复制标高

图 8-165　标注板厚

Step 05　单击"默认"选项卡"注释"面板中的"多行文字"按钮 **A**，标注其他位置处的文字，如图 8-166 所示。

Step 06　单击"默认"选项卡"绘图"面板中的"多段线"按钮 ⟳，设置为 30，绘制剖切符号，如图 8-167 所示。

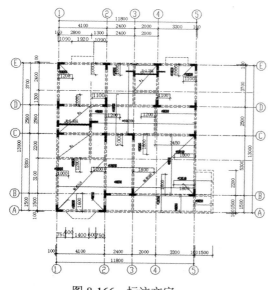

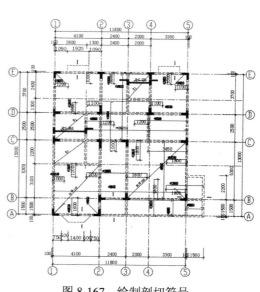

图 8-166　标注文字

图 8-167　绘制剖切符号

Step 07　单击"默认"选项卡"注释"面板中的"多行文字"按钮 **A**，输入剖切数值，如图 8-168 所示。

Step 08　单击"默认"选项卡"注释"面板中的"多行文字"按钮 **A**、"绘图"面板中的"直线"按钮 ╱ 和"多段线"按钮 ⟳，标注图名，如图 8-169 所示。

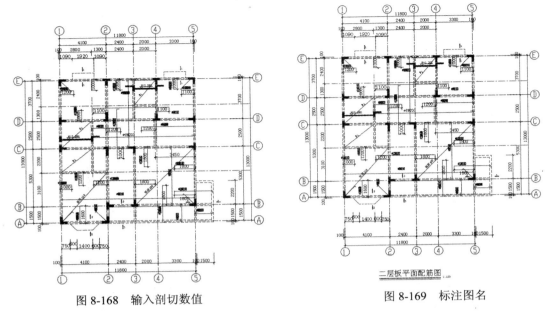

图 8-168 输入剖切数值

图 8-169 标注图名

8.5.2 拓展实例——别墅三层板配筋图

读者可以利用上面所学的相关知识完成某别墅三层板配筋图，如图 8-170 所示。

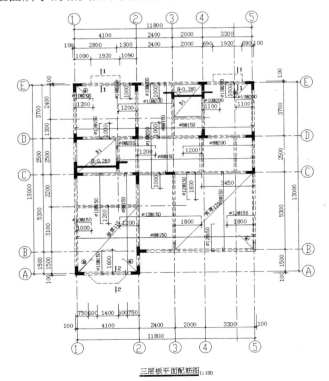

图 8-170 别墅三层板配筋图

Step 01 单击"默认"选项卡"修改"面板中的"删除"按钮 🖊，整理三层板平面配筋图，如图 8-171 所示。

Step 02 单击"默认"选项卡"修改"面板中的"偏移"按钮 🖳 和"分解"按钮 🖽 等，绘制图形，如图 8-172 所示。

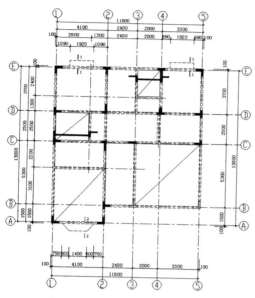

图 8-171 删除多余的图形

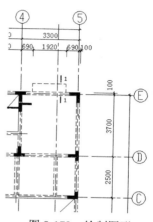

图 8-172 绘制图形

Step 03 单击"默认"选项卡"绘图"面板中的"直线"按钮 🖊，绘制钢筋，如图 8-173 所示。

Step 04 单击"默认"选项卡"绘图"面板中的"直线"按钮 🖊，绘制配筋，如图 8-174 所示。

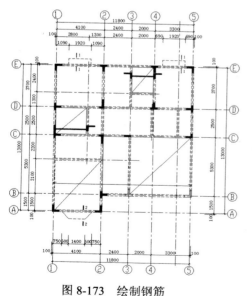

图 8-173 绘制钢筋

图 8-174 绘制配筋

Step 05 单击"默认"选项卡"绘图"面板中的"直线"按钮 🖊，绘制转角筋，如图 8-175 所示。

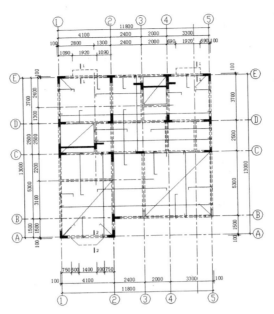

图 8-175　绘制转角筋

Step 06 单击"默认"选项卡"绘图"面板中的"直线"按钮 和"注释"面板中的"多行文字"按钮 A、"线性"按钮 和"修改"面板中的"复制"按钮，完成文字的添加，如图 8-170 所示。